Roland Stock *Geschichte des Militärfunks*

Der Autor

Roland Stock, Jahrgang 1941, Diplomingenieur für Nachrichten- und Gerätetechnik, tätig bei der Funkaufklärung und Funkabwehr, nach 1990 auf dem Gebiet der IT-Systemtechnik in einer neugegründeten Firma und als Dozent mit den Schwerpunkten moderne Medien der Datenübertragung (Glasfaser, optischer- und Mikrowellen-Richtfunk) sowie elektronische Sicherheitssysteme und elektro-magnetische Verträglichkeit. Zu diesen Themen publizierte er in der Fachpresse. Stock ist verheiratet und lebt in Brandenburg.

Das Buch

Entstehung und Entwicklung der drahtlosen Nachrichtenübertragung sind weitgehend in Vergessenheit geraten. Doch ohne sie gäbe es keinen Rundfunk, kein Fernsehen, keinen Mobilfunk und keine Satelliten-Navigation. Viele der hier beschriebenen und gezeigten Darstellungen sind selbst in technischen Museen nicht mehr zu sehen. Dokumentiert wird erstmals der militärische Einsatz der Funktechnik bis etwa 1925, insbesondere in den deutschen Kolonien. Umfassend, wie noch nie, wird hier militärische und geheimdienstliche Funktechnik gezeigt, die gegen die Warschauer Vertragsstaaten eingesetzt wurde, einschließlich der Sonden des US-Geheimdienstes der Landstreitkräfte INSCOM.

Roland Stock

Geschichte des Militärfunks

Von den Anfängen bis zur Gegenwart

MILITÄRVERLAG

Ich danke Herrn Diplomarchivar J. Schmalfuß von der Stiftung Deutsches Technikmuseum, zu der auch das Archiv von AEG-Telefunken gehört, für seine hilfreiche Unterstützung

Roland Stock

ISBN 978-3-360-02706-1

Umschlaggestaltung: Buchgut, Berlin, unter Verwendung
eines Fotos von picture-alliance/akg-images
Abbildungen: Archiv des Autors, Robert Allertz S. 46, 48, 52, 55, 57, 75
Druck und Bindung: Salzland Druck, Staßfurt

Ein Verlagsverzeichnis schicken wir Ihnen gern:
Das Neue Berlin Verlagsgesellschaft mbH
Neue Grünstraße 18, 10179 Berlin
Tel. 01805/30 99 99
(0,14 Euro/Min., Mobil max. 0,42 Euro/Min.)

Die Bücher des Militärverlages und des Verlages Das Neue Berlin
erscheinen in der Eulenspiegel Verlagsgruppe

www.militaerverlag.de

Vorbemerkung

Das Buch soll eine Verbindung herstellen zwischen der Gegenwart und den Anfängen von Forschung, Entwicklung, Produktion und Anwendung der Funktechnik auf militärischem Gebiet. Anhand von praktischen Beispielen mit vielen historischen Bildern und Grafiken möchte ich den Beginn zeigen, der uns angesichts der Alltäglichkeit von Handy und stellitengestütztem Telefon völlig aus dem Blick geraten ist. Zugleich will ich zeigen, dass sofort das Militär sich auch für diese Entdeckung am Ende des 19. Jahrhunderts interessierte. Unmittelbar nach den ersten erfolgreichen Versuchen der drahtlosen Telegrafie befahl Kaiser Wilhelm II. Oberleutnant Hans Bartsch von Sigsfeld, Stationen für drahtlose Telegrafie für das Landheer zu entwickeln. Diese Order erging am 2. September 1897 zur Herbstparade auf dem Tempelhofer Feld.

Die erste Station entstand 1899. Im Jahr darauf waren bereits vier Stationen beim Kaisermanöver in Stettin in Betrieb. Mit ihnen überbrückte das Militär bereits 28 Kilometer. Seit dem 1. März 1905 gehörte eine neugebildete Funkentelegrafen-Abteilung zum Telegrafen-Bataillon I.

Auf Weisung von Wilhelm II. wurde am 27. Mai 1903 die Gesellschaft für drahtlose Telegraphie m. b. H. (Telefunken) gegründet. Sie sollte die Entwicklungen auf dem Gebiet der militärischen Funktechnik vorantreiben.

So entstand im Jahr 1906 der Sender Nauen bei Berlin. Er war der Dreh- und Angelpunkt für die schnell fortschreitenden Systementwicklungen auf der Sender- und der Empfängerseite. Später stand Nauen westlich von Berlin im Mittelpunkt bei der Realisierung eines geplanten Weltfunknetzes.

Schnell stieg die Anzahl der arbeitenden Funkstationen. Waren es 1908 nur 508, erhöhte sich ihre Zahl bis 1919 weltweit auf 6.623. Das setzte die Ausbildung von Funkern voraus, für die entsprechende Leistungsmerkmale sowohl national als auch international ausgearbeitet wurden. Auf die Leistungsanforderungen an die Funker und ihre Arbeitsweise wird im Buch ebenso eingegangen werden wie auf den Inhalt von gesendeten und aufgenommenen Funksprüchen.

Der Erste Weltkrieg beschleunigte die Entwicklung insgesamt wie auch die der Typenvielfalt bei der militärischen Funktechnik.

Die Rolle einzelner Personen, Firmen und Anwender in diesem Gesamtprozess, ob im historisch positiven oder negativen Sinne, werden erwähnt und dargestellt. Ein Meilenstein in diesem Zusammenhang war die Eröffnung der Funkbrücke zwischen Deutschland und den USA am 12. Januar 1914. Ein historisch negatives Beispiel hingegen war der Einsatz der Funktechnik bei der Niederschlagung der Herero und Nama 1904 in Namibia, der als Deutsch-Südwestafrika bezeichneten Kolonie.

Das Streben der Forscher und Techniker zur Überbrückung immer größerer Entfernungen, die Entwicklung neuer technischer Baugruppen, die Erfahrungen im Antennenbau und die Anstrengungen für die Erzeugung immer höherer Frequenzen sind in den einzelnen Teilen des Buches erkennbar.

Behandelt werden auch die Anfänge der Funkpeilung als wichtiges Orientierungsmittel für Schiffe und Luftfahrzeuge, der Wetterfunk und das Zeitzeichensignal, aber auch der Beginn des Abhörens von Funkverbindungen, das Stören von Funksendungen, die Funktäuschung und schließlich die Geheimdienstfunktechnik.

Im weiteren geschichtlichen Verlauf stehen im Mittelpunkt die Funktechnik für die Ortung feindlich eingestufter Sender und die Sender/Empfänger militärischer Spezialeinheiten und der Geheimdienste zwischen 1933 bis 1945.

Der bruchlose Übergang von Nazireich zur Nachkriegszeit bei der Nutzung dieser Technik und deren Verwendung im Kalten Krieg wird in den letzten Abschnitten gezeigt. Sie enthalten die Funktechnik von Agenten der CIA und des BND in der DDR ebenso wie bei der Geheimorganisation *Stay behind*, auch als Gladio oder Überrollagenten bezeichnet, und der Fernspäheinheiten bzw. der *Special Forces* der NATO-Staaten und der Schweiz. Aufgezeigt werden die technischen Entwicklungstendenzen der Nachrichtenübertragung in der Kurzwelle, ob terrestrisch oder extraterrestrisch, von MEROD bis zur Frequenzsprungtechnik und die unbemannten Sonden der INSCOM der USA, die in der DDR in den 80er Jahren von der Funkabwehr im VHF-/UHF-Bereich festgestellt und außer Betrieb gesetzt wurden.

Roland Stock
Februar 2011

1. Die Signalübertragung mittels Leitungen

Die geschichtliche Entwicklung der drahtlosen Nachrichtenübertragung hat eine Vorgeschichte – die der drahtgebundenen Nachrichtenübertragung. Beide Arten sind technisch eng miteinander verbunden. Die Gemeinsamkeiten liegen auf den Gebieten der Signalcodierung, wie dem bekannten Morsecode, den Signalgebern und den Signalempfängern.

Den Ausgangspunkt dafür bildeten die mit den drahtgebundenen Signalübertragungen gefundenen technischen Lösungen. Ohne diese ausführlich zu beschreiben, haben sie es verdient, wenigstens genannt zu werden, weil sie die nachfolgenden technischen Entwicklungsetappen erst ermöglichten.

Es begann mit dem Muster des elektro-chemischen Telegrafen von Samuel Thomas von Sömmering im Jahre 1808. Der Signalsender und der Signalempfänger waren über 25 Leitungen miteinander verbunden. Das Grundprinzip beruhte auf der Elektrolyse von Wasser. Durch Stromstöße entstand Wasserstoff und Sauerstoff, und an den im Wasser befindlichen einzelnen Zeichen zugeordneten Elektroden bildeten Gasbläschen. Der Beobachter notierte sich das Zeichen und daraus entstand der übermittelte Text. Es blieb jedoch nur bei Laborversuchen.

Ein weiterer Schritt war der von den Göttinger Professoren Gauß und Weber 1832 erfundene Multiplikator. In einer Spule bewegte sich ein Stab mit einer daran befestigten Nadel, der sich beim Anlegen einer Spannung in Abhängigkeit der Polarität nach links oder rechts bewegte. Durch eine Kodierung der Ausschläge war die Übertragung von Nachrichten möglich. Die Abbildung 1 zeigt den verwendeten Code. Darin bedeutet: r = Rechtausschlag der Nadel und l = Linksausschlag der Nadel.

r	*a*	rrr	*c,k*	lrl	*m*	lrrr	*w*	llrr	*4*
l	*e*	rrl	*d*	rll	*n*	rrll	*z*	lllr	*5*
rr	*f*	rlr	*f,v*	rrrr	*p*	rlrl	*0*	llrl	*6*
rl	*o*	lrr	*g*	rrrl	*r*	rllr	*1*	lrll	*7*
lr	*u*	lll	*h*	rrlr	*s*	lrrl	*2*	rlll	*8*
ll	*b*	llr	*l*	rlrr	*t*	lrlr	*3*	llll	*9*

Codiertafel des Multiplikators

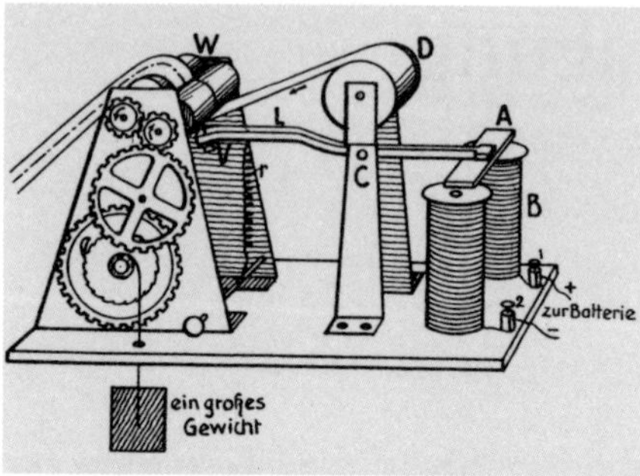

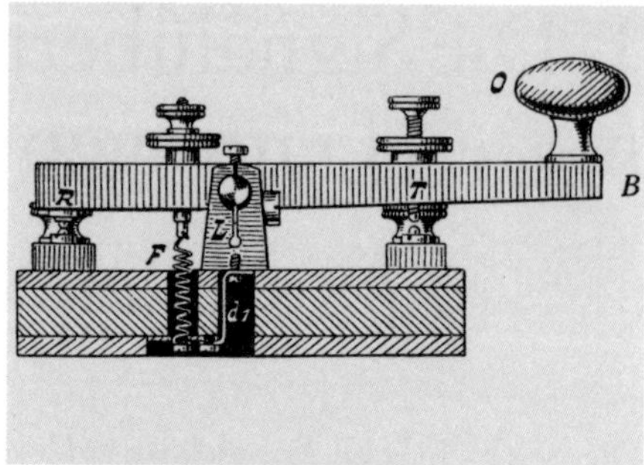

Wesentliche Teile des Schreibtelegrafen von Morse (l.), daneben Schnittdarstellung einer Morsetaste. Rechts: Farbschreiber nach Morse

1845 führten die englischen Forscher Cook und Wheatstone den Nadeltelegrafen in England ein. Bis zu diesem Zeitpunkt mussten die so empfangenen Signale abgelesen und aufgeschrieben werden. Das änderte sich mit dem von dem technisch interessierten amerikanischen Maler Samuel Morse entwickelten Schreibtelegrafen. Die ersten Versuche begannen 1837 und fanden ihren vorläufigen Höhepunkt mit dem zweiten Patent für einen Schreibtelegrafen 1846. Ein Jahr später führten die USA das Morsesystem einheitlich ein.

Die Funktionsweise des Morsetelegrafen ist aus der Abbildung erkennbar. Der Hebel L ist am Punkt C beweglich gelagert, und eine Feder r hält ihn in einer unteren Lage. Am linken Ende ist ein Stift befestigt, der auf den sich bewegenden Papierstreifen die Signale aufschreibt. Diese entstehen beim Fließen eines Stroms durch die Spulen eines Eisenkerns, weil der dadurch entstehende Magnetismus den Hebel nach unten bewegt. Der Stromkreis auf der Sendeseite wurde mit einer Morsetaste geschlossen.

Der Farbschreiber nach Morse fand große Verbreitung in der drahtgebundenen Telegrafie. Es gab die verschiedensten Modifikationen der Hersteller, was aber die Grundwirkungsweise nicht beeinflusste. Auf dem Papierstreifen waren die Morsezeichen in Form von Punkten und Strichen abgebildet, die danach von den Bedienern der Geräte in Texte umzuwandeln waren. Das jedoch führte zu der Überlegung, den Schritt des manuellen Umwandelns der

Morsezeichen in lesbaren Text automatisch durchzuführen. Das gelang in einer anwendbaren Version eines Typendruckers 1855 dem Amerikaner David Edward Hughes mit seinem Drucktelegrafen.

Da die zum Sender Nauen gehörende Empfangsanlage Geltow ab 1921 mit dem Haupttelegrafenamt in Berlin mit zwei drahtgebundenen Hughes-Linien verbunden war, soll darauf an dieser Stelle eingegangen werden. Die

Frühe Ausführung von Hughes' Typendruckers zum Senden und Empfangen mit Gewichtsantrieb. Unten rechts: Schema des Tastenwerks beim Hughes-Apparat, links: einfache Ausführung des Klopfers

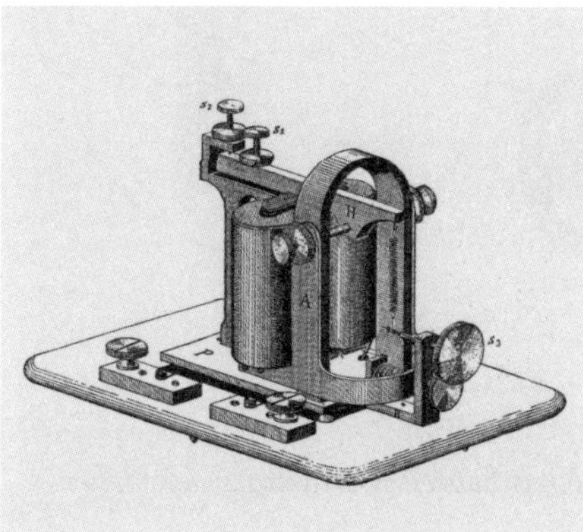

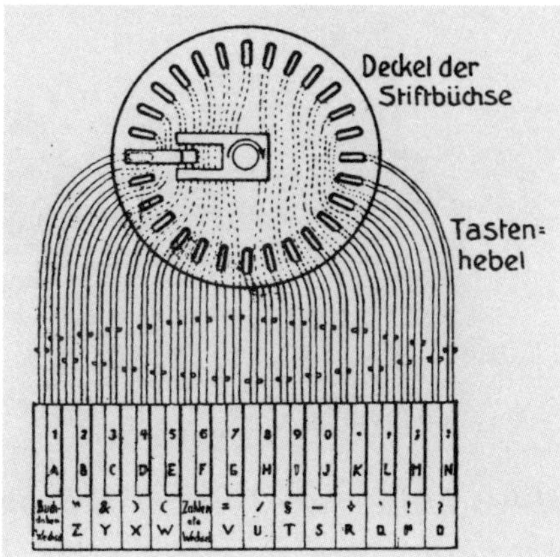

Funktionsweise des Hughes-Apparats ist dem Zeigertelegrafen ähnlich. Die mit Farbe versehenen Zeichen waren auf einer rotierenden Stahlscheibe, die elektromagnetisch angehalten und gegen einen Papierstreifen gepresst wurde. Nun waren die übertragenen Texte auf dem Papierstreifen sofort lesbar. Die Zeichen sind, ähnlich wie bei einer Klaviertastatur, vorhanden.

Um etwa 1862 stellten amerikanische Telegrafisten fest, dass die rhythmischen, mechanischen Geräusche, hervorgerufen durch die übertragenen Morsezeichen des Hughes-Apparats, mit dem Ohr aufgenommen und niedergeschrieben werden konnten. So entstand ein sehr einfaches Gerät – der Klopfer. Das Grundprinzip des Klopfers beruht darauf, dass im Rhythmus der Morsezeichen ein Stahlstift gegen einen Messingbügel schlägt. Die Vorteile dieses Geräts lagen in der daraus resultierenden höheren wirksamen Übertragungsgeschwindigkeit durch die höhere Selektivität des menschlichen Gehörs gegenüber der Mechanik, was wiederum zu einer geringeren Fehlerquote beim Signalempfang führte.

Eine weitere Art der Signalaufzeichnung entwickelte der englische Physiker William Thomson 1867. Mit ihr sollten besonders kleine Signalströme erkannt und lesbar auf einem Papierstreifen dargestellt werden. Als eine Weiterentwicklung des Galvanometers entstand der Heberschreiber oder Siphon-Recorder.

Die Zeichen auf dem Papierstreifen mussten manuell nach dem Morsekode in Text umgewandelt werden. Der Ausschlag oberhalb der Nulllinie entsprach einem Punkt und unterhalb einem Strich, wie in der obigen Abbildung zu ersehen ist.

Heberschreiber nach Thomson, rechts im Kreis Schreibvorrichtung des Heberschreibers

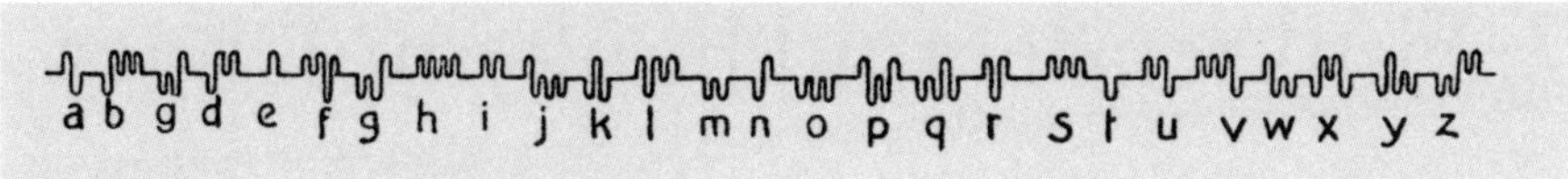

Papierstreifen eines Heberschreibers

Die Änderung des Zeigerausschlags der Schreibvorrichtung des Heberschreibers erreichte man durch die Polaritätsänderung des Stroms. Der auf einer Achse im stromlosen Zustand mittig gelagerte Zeiger schlug bei der Polarität plus-minus nach rechts und umgekehrt nach links aus und schrieb so das Signal auf den Papierstreifen.

Der Heberschreiber entstand mit den immer länger werdenden Kabelverbindungen und den daraus resultierenden schwachen Signalströmen, besonders bei den mehrere tausend Kilometer langen Überseeverbindungen.

Die ersten Versuche auf dem Gebiet der Kabelverlegung im Meer begann um 1850 Jacob Brett. Über ein Seekabel verband er Calais (Frankreich) mit Dover (England). Diese Verbindung bestand nur einen Tag, weil durch die Kabelisolation Wasser eindrang, was dann natürlich zum Kurzschluss führte. Die Verbesserung der Seekabel insgesamt veranlasste 1854 den Amerikaner C. Field eine Kabelverbindung zwischen England und Nordamerika zu planen. Als Vorarbeit verlegte er 1856 erfolgreich ein Kabel zwischen Nova Scotia und Neufundland. Das atlantische Kabel sollte von Valentia (Irland) über 3.000 Kilometer zur Trinity-Bucht (Neufundland) führen. Das Unternehmen startete am 5. August 1857. Doch die Meerestiefe von bis zu 3.200 m ließ das Kabel reißen. Das Gleiche passierte bei zwei weiteren Versuchen, bis es dann endlich am 5. August 1858 gelang.

Die ersten Telegramme über dieses Kabel zwischen Nordamerika und England wechselten drei Tage später. Doch am 1. September 1858 war die Verbindung unterbrochen und ließ sich nicht mehr herstellen. Als mögliche Ursachen könnte wiederum das Eindringen von Wasser in die Kabelisolation oder das zerreißen des Kabels in Betracht kommen.

Die nächsten Versuche zur Herstellung einer Kabelverbindung zwischen England und Nordamerika führten dann am 27. Juli 1866 zum Erfolg. Die erste stabile überseeische Kabelverbindung war vollbracht. Am 8. September 1867 war das zweite Kabel, 1869 das dritte und 1874 das vierte Kabel verlegt.

Am 1. September 1900 hatte auch Deutschland sein erstes Überseekabel in die USA, 1903 und 1904 folgten das zweite und das dritte.

2. Funksender und Funkempfänger

2.1 Funksender

Die Funktechnik entwickelte sich im 20. Jahrhundert rasant wie kaum eine andere Technik. Dabei waren ihre Anfänge geprägt durch das Suchen nach wissenschaftlichen Erklärungen für die Entstehung und die Erzeugung der elektro-magnetischen Wellen, die der Physiker Heinrich Hertz mit seinen Experimenten 1888 nachwies. Der technische Entwicklungsstand soll hier rückblickend von 1928 in komprimierter Form geschildert werden.

Am Anfang der technischen Entwicklung zu gebrauchsfähigen Sendern standen solche, die gedämpfte Schwingungen erzeugten.

Das Grundprinzip bestand in der Erzeugung der elektro-magnetischen Wellen durch Funken. Daher auch die Bezeichnung »Funkensender«. Ihr charakteristisches Merkmal ist die Anzahl der erzeugten Funken pro Sekunde. Am Anfang standen »langsame Funken« mit etwa 10-20 Funken/Sekunde. Beim Empfang der Wellen mit einem Detektor entstand ein Knatterton. Die »schnellen Funken« (etwa 100 Funken/Sekunde) erzeugten einen Knarrton.

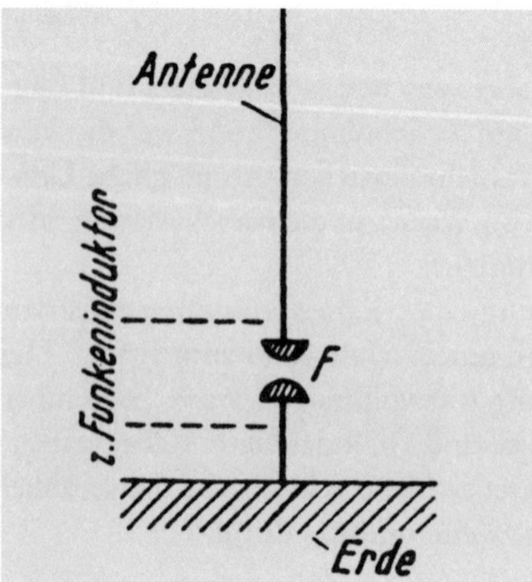

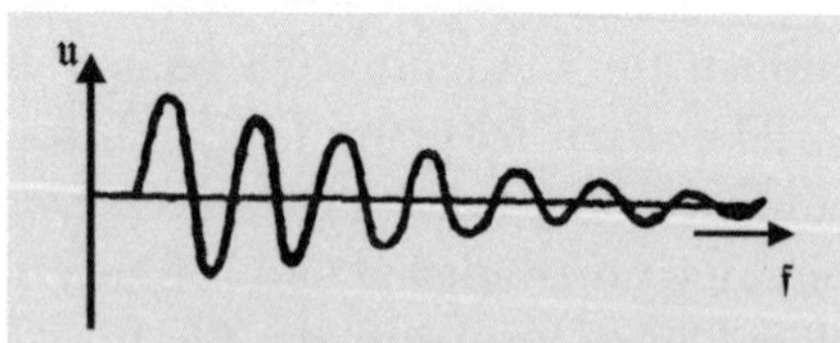

Rechts: Gedämpfte Schwingung, links: Senderprinzip nach Marconi. Rechts unten: Knallfunkenstrecke

Der von dem italienischen Physiker Guglielmo Marconi (1874-1937) entwickelte »rotierende Funken« (etwa 300 Funken/Sekunde) rief in der Empfangsapparatur einen »Trompetenton« hervor.

Beim »tönenden Löschfunken« mit etwa 1.000/Sekunden von Telefunken entstand ein musikalischer Ton. Seine Entwicklung beruhte auf dem von Prof. Ferdinand Braun geschaffenen Sender, der bereits viel schwächer gedämpfte Wellen erzeugte als der Marconi-Sender.

Als nachteilig erwies sich jedoch die Tatsache, dass der offene Schwingkreis zwei Wellen erzeugte, eine im Primärkreis und eine im Sekundärkreis, die genau umgekehrte Polaritäten aufwiesen, und diese über die Antenne abstrahlten. Das konnte zur Störung anderer Sender führen. Die von Prof.Wien durchgeführten Versuche zur Beseitigung der Zweiwelligkeit führten dann bei Telefunken zu der technischen Lösung, dass nur eine Welle und schwach gedämpfte Schwingungen von der Antenne abstrahlten.

Bei Sendern mit ungedämpften Schwingungen unterschied man drei grundsätzliche Systeme, die jedoch in ihrer konkreten Realisierung eine ganze Reihe von Varianten hervorbrachten. Bei allen ist die Übertragung von Telegrafie und von Telefonie möglich.

Dem dänischen Ingenieur Waldemar Poulsen gelang es als Erstem, ungedämpfte Schwingungen hoher Frequenz zu erzeugen. Die dafür entwickelte

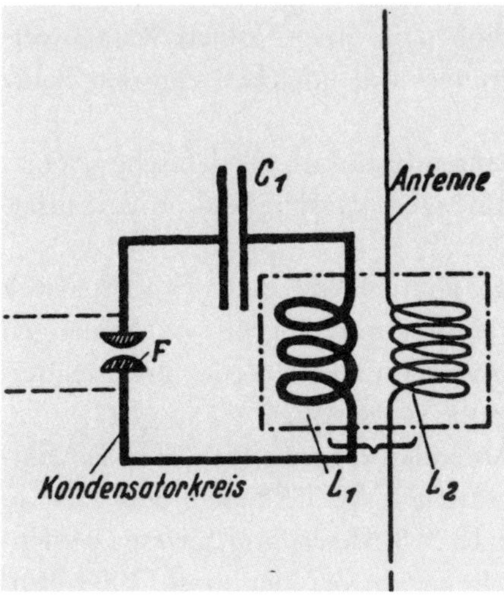

Links: Gekoppelter Sender von Prof. Karl Ferdinand Braun (1850-1918). Gemeinsam mit Guglielmo Marconi erhielt er 1909 den Nobelpreis für Physik. Er war der Erfinder der nach ihm benannten Kathodenstralröhre. Rechts: Löschfunkensender; rechts neben dem Messanzeige die unterteilte Funkenstrecke

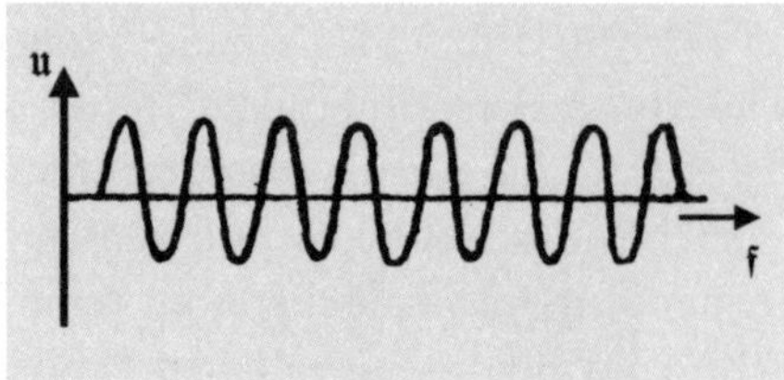

Links: Löschfunkenstrecke, oben: ungedämpfte Schwingung

technische Lösung erscheint in der heutigen Zeit besonders ungewöhnlich. Er erzeugte einen Lichtbogen, der durch das Anlegen einer Gleichspannung an den Elektroden entstand. Parallel dazu schaltete er einen Schwingkreis aus Spule und Kondensator, der 80 ungedämpfte Schwingungen erzeugte.

Zur Aktivierung des Lichtbogens verwandte er auf der einen Seite ein wassergekühltes Kupferrohr als Elektrode und auf der anderen eine Lichtbogenkohle. Diese wurde langsam gedreht. Der Lichtbogen selbst entstand in einer »Flammenkammer«, in die tropfenweise Spiritus eingefüllt wurde. Damit erreichte Poulsen, dass sich der Lichtbogen in einer Kohlen-Wasserstoff-Atmosphäre befand. Die »Flammenkammer« war umgeben von den Polen eines starken Elektromagneten.

Das Patent für den Poulsen-Lichtbogensender erwarb die deutsche Lorenz-AG. Er fand große Verbreitung. Mit ihm waren mittlere und große Entfernungen überbrückbar.

Eine weitere, zweite Entwicklungsstufe auf dem Gebiet der Sendertechnik stellte der Maschinensender dar. Mit ihm konnten große Wellenlängen erzeugt werden. Die einzelnen Entwicklungsrichtungen des Maschinensenders unterschieden sich durch die Art der Frequenzerzeugung.

Da große Wellenlängen auch große Antennen voraussetzen, leiten sich daraus auch die erreichbaren großen Entfernungen ab. Sie fanden besonders in Großstationen wie Nauen (Wellenlänge 18.050 Meter) und Eilvese (Wellenlänge 14.600 Meter) ihre Verwendung. In Eilvese bei Hannover (2009 bundesweit bekannt geworden durch den Suizid des Torwarts Robert Enke) wurde nach zweijähriger Bauzeit 1913 zunächst ein 260 Meter hoher Überseesender Eilvese, auch »Funkenturm« genannt, fertiggestellt. Er war seinerzeit das höchste deutsche Bauwerk. Die Antennen wurden an dem abgespannten

Links: Poulsen-Lampe, 1908. Oben: Entladestrecke nach Poulsen. Unten: Antennenanlage des Großsenders Eilvese

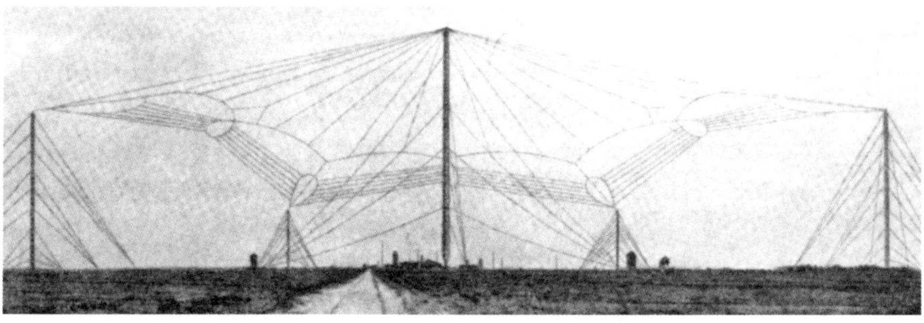

Prof. Rudolf Goldschmidt (1876-1950) und seine Hochfrequenzmaschine, rechts das von ihm entwickelte »Tonrad«, ein Schwebungsempfänger. Gemeinsam mit Albert Einstein entwickelte der Ingenieur und Erfinder 1928 eine Hörhilfe, die 1934 auf beider Namen patentiert wurde

Stahlfachwerkmast aufgehängt. Bei der Inbetriebnahme im Juni 1914 stellte der Sender den ersten Funkkontakt zwischen Europa und den USA her. Zu diesem Ereignis reiste selbst Kaiser Wilhelm II. an. Der Sendemast wurde später von der Transradio AG als Großfunkstelle zur Übermittlung von Telegrammen nach Übersee betrieben. Die Station sendete letztmalig am 15. April 1929, da sie nicht mehr den technischen Anforderungen entsprach. Da es unwirtschaftlich war, die Anlage zu modernisieren, wurde sie 1931 abgerissen.

Die Hochfrequenzmaschinen sind Wechselstrommaschinen, die durch ruhende Frequenzwandler (eine Art Transformatoren) auf die gewünschten hohen Frequenzen gebracht werden konnten. Das System von Alexanderson erzeugte die hohe Frequenz direkt.

Im Gegensatz dazu arbeitete das System nach Rudolf Goldschmidt mit der Frequenzvervielfachung innerhalb der Maschine.

Die Firma Telefunken wiederum entwickelte ein System mit Frequenzvervielfachung außerhalb der Maschine. Die besten Ergebnisse in Bezug auf Konstanz der Amplitude und der Frequenz erreichte man mit Röhrensendern. Sie eigneten sich für kleine und mittlere Reichweiten. Im Vergleich mit den anderen Senderarten war ein schneller Frequenzwechsel möglich. Das Funktionsprinzip der Röhre besteht darin, dass dem Schwingkreis eine geringe Energie zur Steuerung des Röhrengitters entnommen wird und sich damit der Elektronenfluss steuern lässt. Die größte damals erreichte Leistung einer Röhre lag bei 4 bis 5 kW. Durch dass Parallelschalten von Röhren ist die Gesamtleistung gleich der Summe der Einzelleistungen.

2.2 Funkempfänger

Die Funkempfänger mussten für den Empfang der Art der ausgesendeten elektro-magnetischen Wellen, gedämpft (Telegrafie) oder ungedämpft (Telegrafie und Telefonie), geeignet sein. Dementsprechend vollzog sich auch die technische Entwicklung mit ihren spezifischen Lösungen für Funkempfänger.

Bereits 1894 verwendete der russische Physiker Alexander S. Popow für den Nachweis des Empfangs ungedämpfter Wellen eine Anordnung, die später die Bezeichnung *Fritter* (von *fritten* = leichtes Zusammenschmelzen) (nach Prof. Adolf Slaby) bzw. *Kohärer* (lateinisch von *cohaere*) (nach Lodge) erhielt.

Die Funktion entsprach der eines Schalters zwischen der Antenne und der Erde. Popow verwendete dafür 8 mm breite Platinelektroden in einem Abstand von 2 mm, die mit Eisenpulver bedeckt waren. Beim Empfang von elektro-magnetischen Wellen durchfloss ein Strom das Pulver und es kontaktierte sich an den ungleichmäßig ausgeprägten Spitzen (Fritten-Verschmälzen). Es ergab sich dadurch die Wirkung eines Schalters. Popow nutzte diesen Effekt, um eine Klingel zuzuschalten, die läutete. So erkannte er Gewit-

1913 Erste Hochfrequenzmaschine für Telefonie mit 10.000 Perioden und elf Kilowatt Antennenenergie in Nauen

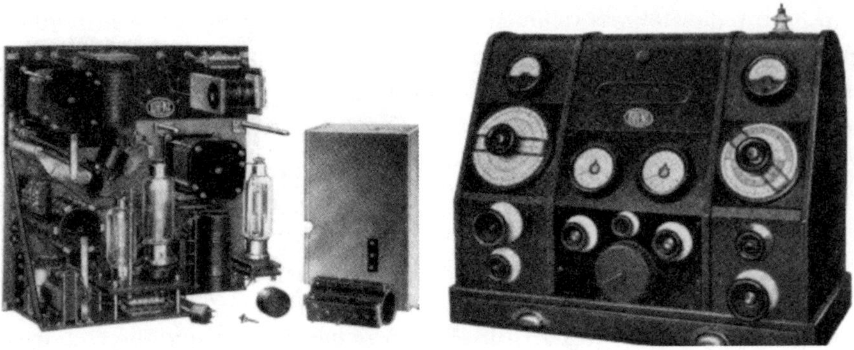

Links: 20 Watt-KW-Röhrensender der Firma Lorenz, etwa 1916; rechts: Röhrensender für Schiffe des gleichen Herstellers, etwa 1918

terentladungen bis zu 30 km Entfernung und nannte dieses Gerät dementsprechend auch Gewittermelder.

Um 1900 verwendete Popow gehärtete Stahlkugeln zwischen zwei Platinelektroden als Hörfritter. Marconi fand eine ähnliche Lösung für den Empfang gedämpfter Wellen, indem er ein Glasröhrchen von 60 mm Länge und mit 4 mm Durchmesser luftleer pumpte und darin zwei Silberelektroden mit Silberamalgan bedeckt in einem Abstand von 0,5 mm verwendete. Der Spalt zwischen den Elektroden bedeckte er mit einem Feilspänegemisch aus 96 Prozent Hartnickel und vier Prozent Silber.

Bei der ersten Überbrückung des Atlantik mit elektro-magnetischen Wellen im Jahre 1901 bestand der Fritter von Marconi aus Queksilberkügelchen zwischen Kohle- und Eisenelektroden.

Der deutsche Physiker Oskar Schlömilch (1823-1901) verwandte für den Empfang eine elektrolytische Zelle. Diese bestand aus zwei Elektroden. Eine davon war aus dickerem Draht (z. B. Platin) und befand sich im Elektrolyt. Die andere Elektrode war ein sehr dünner Draht, bei dem nur die Spitze in ein Elektrolyt tauchte. Diese Anordnung bewirkte eine Gleichrichtung der Wellen und wird als Detektor bezeichnet.

Im Jahr 1906, als der Sender Nauen seinen Betrieb aufnahm, kam der von Prof. Ferdinand Braun entwickelte Kristalldetektor z. B. im Empfänger E.5 von Telefunken zum Einsatz. Der Detektor bestand aus zwei Elektroden mit punktförmiger Berührung. Im Unterschied zu der von Schlömilch entwickelten Lösung bestand eine Elektrode aus einem Mineral (z. B. Pyrit, Bleiglanz, Kupferkies, Molybdänglanz, Carborund, Schwefelkies, Silikon) und die andere Elektrode aus einer Metall- (Bronze, Stahl) oder Grafitspitze, die auf die erste Elektrode drückte.

Die Einschaltung eines Detektors in einen offenen Schwingkreis bewirkt den Empfang in einem Wellenbereich. Man bezeichnet sie als Primärschaltung.

Eine schärfere Abstimmung auf die Welle der gewünschten Funkstation wird mit der Sekundärschaltung erreicht. Der Drehkondensator im geschlossenen Sekundärschwingkreis ermöglicht die Feinabstimmung auf die Welle.

Bis 1905 war in Deutschland nur der Schreibempfang gestattet. Die Morsezeichen mussten auf einen Papierstreifen aufgezeichnet und dann von einem Funker in den empfangenen Text umgewandelt werden. Erst um 1905 führte die deutsche Handelsmarine den Hörempfang ein, d. h. die Morsesignale nahm ein Funker mittels eines Kopfhörers direkt auf. Da das menschliche Ohr viel selektiver und empfindlicher als ein Morseschreiber ist, erhöhte sich so die Effektivität des Signalempfangs um etwa das Fünffache. Die konservative deutsche Marine gestattete erst ab 1909 den Hörempfang. In den USA war dieser jedoch bereits ab 1900 gestattet und üblich.

Die Erfindung der Röhre brachte auch neue Empfangsschaltungen. Am bekanntesten ist die Audionschaltung für den Empfang gedämpfter Wellen von Lee de Forrest, der am 25. Oktober 1906 die von ihm entwickelte Glühkathodenröhre zum Patent anmeldete.

Als schwieriger erwies sich der Empfang von ungedämpften Wellen. Die Gleichspannungssignale waren in Wechselspannungen umzusetzen. Das Problem löste der Überlagerungsempfang.

Der ersten Röhre wurden aus dem Empfangsschwingkreis hochfrequente Wechselströme zugeführt, durch die Rückkopplung verstärkt und überlagert und in den folgenden Röhren durch die Audionwirkung zu Stromstößen zusammengefasst und weiter verstärkt.

Die Überlagerungsschaltung war für den Empfang gedämpfter Schwingungen und Telefonie wie auch für ungedämpfte Schwingungen geeignet, sofern bei der ersteren Art für lose und bei der zweiten Art für eine feste Rückkopplung gesorgt wurde.

3. Einführung des Funks beim deutschen Militär

Die Geschichte vom Anfang des Militärfunks in Deutschland ist direkt mit der Entwicklung der Funktechnik verbunden. Bereits die ersten erfolgreichen Versuche bewertete man unter dem Aspekt der militärischen Verwendbarkeit der drahtlosen Nachrichtenübertragung. Ein besonderes Interesse zeigte, wie nicht anders zu erwarten, Kaiser Wilhelm II., der alle Experimente und deren Ergebnisse aufmerksam verfolgte.

Vom Nachweis von elekto-magnetischen Schwingungen durch Prof. Heinrich Hertz von der Bonner Universität im Jahre 1888 bis zu den ersten kleinen praktischen Erfolgen sollten noch neun Jahre vergehen. Ein ehemaliger Schüler von Heinrich Hertz (1857-1894), Augusto Righi (1850-1920) aus Bologna, regte Guglielmo Marconi zu praktischen Versuchen an. Dieser überbrückte 1896 mit seinen Versuchsaufbauten auf der Reede von Spezia eine Entfernung von drei Kilometer. Zum nächsten Versuch, zu welchem auch Adolf Slaby (1849-1913) von der Technischen Hochschule Berlin eingeladen worden war, wählte Marconi eine Entfernung von 5,5 km zwischen Lavernock Point und der Insel Flatholm (Bristol Kanal) aus. Im Sommer 1897 gelang es ihm, 16 km zu überbrücken. In England fanden seine Forschungen größte Unterstützung, die sich in der Gründung der Marconi-Gesellschaft widerspiegeln.

Wilhelm II. wollte jedoch von der Marconi-Gesellschaft unabhängig sein und unterstützte deshalb die Forschungen von Slaby. Für dessen Versuche stellte er deshalb königliche Besitzungen an der Havel bei Potsdam zur Verfügung. Ein Grund für diese Haltung ist vor allem darin zu suchen, dass die militärische Verwendung der Funktechnik, unabhängig von Marconis Entwicklungen in England, gesichert werden sollte.

Am 2. September 1897 – das Datum gilt seither als Geburtstag der deutschen Militärfunkerei – fand die Herbstparade in Berlin auf dem Tempelhofer Feld statt. Es schien die Zeit gekommen, die Forschungsergebnisse von Adolf Slaby in die militärische Nutzung zu überführen. Oberleutnant Hans Bartsch von Sigsfeld (1861-1902), erhielt vom Kaiser Befehl, Stationen für drahtlose Telegrafie für das Landheer zu entwickeln. Der Oberleutnant war

Hans Bartsch von Sigsfeld aus Bernburg an der Saale wurde1897 vom Kaiser persönlich beauftragt, den Einsatz der von Guglielmo Marconi erfundenen drahtlosen Telegrafie für die militärische Nachrichtenübertragung nutzbar zu machen. In Zusammenarbeit mit Adolf Slaby, der zuvor mit Marconi gearbeitet hatte, wurde im Oktober 1897 eine Funkverbindung aufgebaut. Sowohl in Schöneberg als auch im 21 Kilometer entfernten Rangsdorf hatte Bartsch von Sigsfeld Fesselballons aufsteigen lassen, deren Haltekabel gleichzeitig als Sende- bzw. Empfangskabel dienten

Reserveoffizier im II. Garde-Ulanen-Regiment und zur Preußischen-Luftschiffer-Abteilung kommandiert. Er hatte gemeinsam mit Major August von Parseval (1861-1942) den Drachen-Fesselballon erfunden und kriegsbrauchbar konstruiert.

Das ausgerechnet die Luftschiffer-Abteilung diesen Auftrag erhielt, ist wahrscheinlich auf zwei Gründe zurückzuführen:

a) Die Telegrafentruppe verhielt sich skeptisch bezüglich der künftigen Kriegsverwendungsfähigkeit der drahtlosen Telegrafie.

b) Die Luftschiffer-Abteilung verfügte über Ballons, welche für die Entfaltung der Sende- und Empfangsantennen benötigt wurden. Dabei handelte es sich um Drähte mit einer Länge von mehreren 100m. Man ging davon aus, dass die Antennenlänge für die Reichweite der Sender und für die Empfangsmöglichkeit von Signalen entscheidend ist.

Die Luftschiffer-Abteilung kommandierte ein Major Klussmann. Ihm Unterstanden acht Offiziere und die Mannschaften. Bei ihm wurde Hans Bartsch von Sigsfeld erster Führer des Funktelegrafen-Detachements beim Luftschifferbataillon. Zu seiner Unterstützung zog man bei einer Luftschifferübung die Mitarbeiter von Adolf Slaby, Graf Arco und Klingenberg, hinzu. In diesem Zusammenhang ist es erwähnenswert, dass auch von Sigsfeld ein Ingenieurstudium an der Technischen Hochschule Berlin-Charlottenburg absolviert hatte, an der Prof. Adolf Slaby lehrte. Nach der Luftschifferübung arbeitete von Sigsfeld alleine weiter.

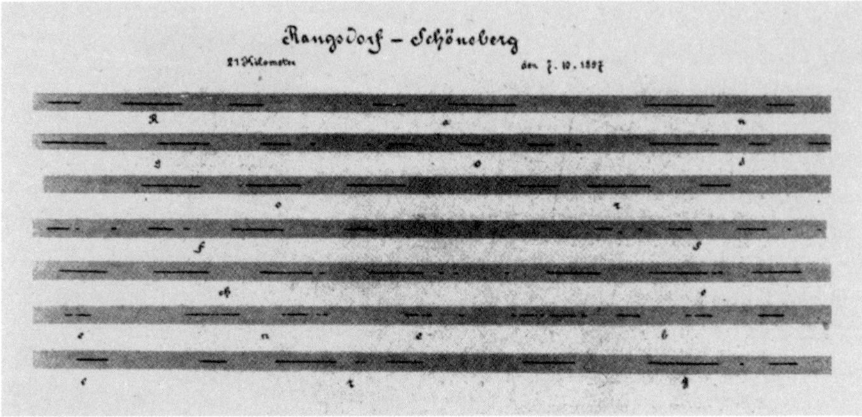

Aufgezeichnete Morsezeichen der Funkverbindung Rangsdorf-Schöneberg am 7. Oktober 1897

Seine ersten Versuche auf dem Tempelhofer Feld verliefen befriedigend. Den ersten größeren Erfolg konnte von Sigsfeld am 7. Oktober 1897 verzeichnen. Er überbrückte eine Entfernung von 21 km zwischen dem Tempelhofer Feld und Rangsdorf. Das war damals Weltrekord. Die 500 m lange Antenne, ein Stahlseil, war an einem Fesselballon befestigt. Die empfangenen Signale zeichnete man auf einem Papierstreifen auf.

Im Frühjahr 1898 folgte ein weiterer Versuch mit einer 300m-Antenne und neuen schaltungstechnischen Lösungen, die von Adolf Slaby entwickelt worden. Es gelang die Überbrückung von 60 km zwischen Berlin und Jüterbog.

Aber nicht nur Prof. Slaby in Berlin beschäftigte sich im Auftrag der AEG mit der Entwicklung von Funktechnik, sondern auch Prof. Ferdinand Braun in Straßburg im Auftrag von Siemens & Halske. So entwickelten sich zwischen 1897 und 1899 zwei unterschiedliche Systeme. Die in diesen Jahren gesammelten experimentellen Erfahrungen sollten nun für den Bau von fahrbaren Funkenstationen Verwendung finden. Als wichtigste Gesichtspunkte dafür fasste man zusammen:

a) Die Station muss aus einem Protzenfahrzeug bestehen, welches nach dem Protzsystem nach Art der Luftschiffer-Fahrzeuge konstruiert ist.

b) Die Station muss mit kleinen Ballons ausgerüstet sein und mindestens fünf Gasbehälter zu je fünf Kubikmetern Wasserstoffgas mitführen.

c) Alle Teile, die zum Geben und Empfangen notwendig sind, sollen auf dem Fahrzeug an bestimmter Stelle montiert sein, mit Ausnahme der Ballons, Drachen und Gasbehälter.

d) Der Vorderwagen soll die Empfängerstation enthalten, der Hinterwagen die Geberstation. Die elektrische Kraft soll durch Benzinmotor und Dynamomaschine erzeugt werden.

e) Das Fahrzeug muss es gestatten, dass die für die Station nötigen Bedienungsleute (6 Mann) aufsitzen können.

Der unter diesen Gesichtspunkten entwickelte und gebaute Funkenwagen entstand 1899. Schon im Sommer 1900 verfügte die Luftschiffer-Abteilung über zwei Funkenwagen. An dem im gleichen Jahr stattfindenden Kaisermanöver bei Stettin nahmen zwei feste und zwei fahrbare Stationen teil. Anstelle der geplanten zu überbrückenden Entfernung von 10 bis 15 Kilometern schaffte man 28.

Nun sollte ein weiterer Schritt zur militärischen Verwendung der Funktechnik erfolgen. Es ging um die Kompatibilität der Systeme von Prof. Braun und von Prof. Slaby. Die Marine war mit dem System der AEG, also von Prof. Slaby-Arco, ausgerüstet und die Armee mit dem von Siemens & Halske, also von Ferdinand Braun. Unter der Leitung vom zum Hauptmann beförderten Hans Bartsch von Sigsfeld reiste das Detachement der Luftschiffer-Abteilung mit zwei fahrbaren Stationen nach Straßburg zu Ferdinand Braun. Man wollte Versuche mit beiden Systemen gemeinsam vornehmen. Dabei stellte sich heraus, dass selbst bei einer Distanz von 50 bis 70 Kilometer Entfernung eine Verständigung möglich war.

Beim Kaisermanöver 1901 bei Danzig sollte der Funkverkehr zwischen Marine und Armee erprobt werden. Zum Einsatz kamen zwei feste und drei fahrbare Stationen. Mit ihnen stellte man sichere Verbindungen mit dem Hörapparat über 50 Kilometer her. In einem Tagesbefehl des Chefs des Großen Generalstabs, Graf von Schlieffen, hob dieser die Leistungen von Sigsfelds »höchst anerkennend« hervor.

Feldstation 1902

Am 1. Februar 1902 verunglückte von Sigsfeld tödlich bei der Landung einer wissenschaftlichen Ballonfahrt bei Antwerpen. Seine Nachfolge trat ein Oberleutnant Hahn an. Nach dessen Abgang in die Industrie übernahm Hauptmann Georg von Tschudi die Oberleitung über die Versuche.

Als »Seele der technischen Fortentwicklung« unter Hauptmann Tschudi wurde Oberleutnant Karl Solff bezeichnet. Er galt als eine der markantesten Persönlichkeiten in der Geschichte der militärischen Funktechnik. Ursprünglich war er Fernsprech-Offizier des Badischen Fußartillerie-Regiments Nr. 14 »Großherzog« der 28. Feldartilleriebrigade in Karlsruhe. Im Sommer 1900 nahm er an einer Übung von Wilhelm II. auf der Feste bei Straßburg i. E. teil. Dort lernte er Prof. Ferdinand Braun kennen, der ihn zur Betätigung auf dem funktelegrafischen Gebiet anregte. 1901 wurde Solff zum Luftschiffer-Bataillon nach Berlin kommandiert und nahm an den Versuchen von v. Sigsfelds teil. Später erlitt Solff bei einer Freiballon-Landung einen schweren Knöchelbruch, war damit felddienstuntauglich und verließ das Militär. 1905 trat Solff der 1903 gegründeten »Telefunken-Gesellschaft« als Spezialist für Militärstationen bei. Sein weiterer Lebensweg war eng mit dieser Gesellschaft verbunden.

Oben: Funkenabteilung bei der Entfaltung mit Ballon
Links: Benzinmotor einer fahrbaren Funkenstation
Alle Aufnahmen entstanden um 1900

Feldstation 1902 nach der Entfaltung. Links: Protze mit Benzinmotor, Induktor, Senderkreis. Rechts: Karren mit Empfänger und Morseschreiber. Links außen: Ein Soldat beobachtet den Fesselballon, an dem die Antenne befestigt ist

Im Jahr 1904 fand das Kaisermanöver in Mecklenburg statt. Über Funk sollten gemeinsame Aktionen von Flotte und Landheer erfolgen. Dafür standen eine feste und fünf fahrbare Stationen zur Verfügung. Eine der fahrbaren Stationen gehörte zu einer gemischten Brigade. Diese wurde in Travemünde auf ein Kriegsschiff geladen, das sie nach Wismar brachte. Die maximal erreichte Entfernung zwischen Sender und Empfänger betrug 75 Kilometer.

Im April 1904 erfolgte der erste Kriegseinsatz der bis dahin entwickelten und lediglich in Manövern erprobten Funktechnik. Für den Feldzug gegen die Hereros in der Kolonie Deutsch-Südwestafrika fordert Oberst Leutwein eine Funktelegrafen-Abteilung an. Am 20. April 1904 erging Befehl an das Luftschiffer-Bataillon, ein Detachement zusammenzustellen. Solff engagierte sich für die Herstellung fahrbarer Funkstationen und deren Kriegseinsatz in der afrikanischen Kolonie. Diese 1. Funktelegrafen-Abteilung bestand aus drei fahrbaren Feldstationen von Telefunken mit je zwei Wagen und einer Karrenstation des Luftschiffer-Bataillons.

Anfang 1905 bildete man die 2. Funktelegrafen-Abteilung für ihren Einsatz in Deutsch-Südwestafrika. Sie sollten am Feldzug gegen die Witbois im Süden des Landes eingesetzt werden. Auch dieses Detachement verfügte über drei fahrbare Stationen, die jedoch technisch verbessert waren. Diese neuen Apparate und Schaltungen gestatteten Funkverbindungen mit Morseschreiber weit über 200 Kilometer.

Am 1. März 1905 wurde die Aufstellung und Neuformierung einer Funkentelegrafen-Abteilung für das Landheer abgeschlossen und dem Telegrafen-Bataillon I zugeteilt. Die Stärke beträgt: acht Offiziere, 15 Unteroffiziere, 85 Soldaten und 40 Pferde. Der erste Führer der Abteilung wurde der Major der Luftschiffer Georg von Tschudi. Nach seinem Ausscheiden aus dem Militär war er zumindest 1909 Geschäftsführer der Internationalen Luftschifffahrt Ausstellung (ILA) in Frankfurt am Main. Zuvor, zwischen 1906 und 1908, war von Tschudi Chefkonstrunkteur und -ingenieur in Marokko.

1905 war das Entwicklungsstadium der Funktechnik vorläufig abgeschlossen. Sie war bei der Truppe eingeführt und unterstand der Inspektion der Telegrafentruppen. Im Jahre 1907 wurde die Anzahl der Telegrafenbataillone auf vier erhöht mit jeweils einer Telegrafenabteilung als 4. Kompanie.

1911 erfolgte die Umwandlung der obersten Kommandobehörde der technischen Truppen in »General-Inspektion des Militär-Verkehrswesens«. An die Spitze wurde General-Inspekteur Moriz Freiherr von Lynker (1853-1932) gestellt. Lyncker entstammte einer preußischen Soldatenfamilie. Sein Vater und sein Großvater waren Offiziere. Er selbst wurde 1870 Soldat und nahm am Deutsch-Französischen Krieg teil, in dem er schwer verwundet wurde. 1895 bis 1898 war er erster Militärgouverneur der kaiserlichen Prinzen. Nach dem plötzlichen Tod des Chefs des Militärkabinetts, General von Hülsen-Haeseler, wurde er am 17. November 1908 Vortragender Generaladjutant und zu dessen Nachfolger ernannt. Er war zuständig für die Personalangelegenheiten der preußischen Armee. Während des Ersten Weltkriegs war er einer der engsten Mitarbeiter Kaiser Wilhelms. Im April 1918 wurde er zum Generaloberst ernannt. 1918 bis 1919 war er Präsident des Reichsmilitärgerichts.

Die funktechnische Ausrüstung des Militärs lieferte die 1903 gegründete »Gesellschaft für drahtlose Telegraphie m. b. H., System Telefunken« mit einem

Major Georg von Tschudi (links), erster Führer der funktelegrafischen Abteilung beim Telegrafen-Bataillon I. Rechts: Moriz Freiher von Lyncker

Stammkapital von 300.000 Goldmark. Doch auch die Postbehörde war an Funktechnik als neues Nachrichtenmittel interessiert. Sie förderte ein Konkurrenzunternehmen zu Telefunken – die Lorenz AG. Diese versuchte 1905/06, das System von de Forest einzuführen, was jedoch auf Grund der bereits von Telefunken entwickelten und eingeführten Systeme nicht gelang. Deshalb entschied man sich 1906 vertraglich für den vom Dänen Valdemar Poulsen (1869-1942) entwickelten Lichtbogensender für Deutschland und Österreich-Ungarn in Lizenz zu erwerben. Poulsen hatte erstmals 1904 eine Sprechverbindung über Funk hergestellt. Seine Technik sollte die Grundlage für die heutige Radio- und Funktechnik bilden.

Nun begann die Entwicklung von Modellstationen, aber nicht für die Post, sondern fürs deutsche Militär. Die ersten Lieferungen von Heer- und Marinestationen nach dem Poulsen-System erfolgten 1908. Im Jahr darauf wurden die Stückzahlen erhöht.

Das Heer erhielt fahrbare Stationen und Festungsstationen, die Marine bekam Schiffsstationen mit 1,5 und 4 kW Senderleistung.

Speziell für die Forderungen der Marine entwickelte die von Carl Lorenz 1880 in Berlin gegründete Telegrafenbauanstalt 1909 Längstwellenempfänger nach dem Poulsen-System im Wellenbereich von 300 bis 10.000 m unter der Bezeichnung *Matz* (Marine-automatischer-Tikker-Zwischenkreisempfänger).

Außerdem entwickelt man für den Signalempfang notwendige Geräte wie den Tikker und Schleifer. Der Tikker sorgte dafür, dass die ungedämpften Schwingungen durch die Erzeugung eines Tones hörbar wurden. Der Vorteil des Tikkers gegenüber dem Detektor lag in der etwa fünffachen Signalstärke.

Tragbare Lorenz-Poulsen-Station in Betrieb, 1912

4. Geschichte des Senders Nauen

4.1 Vorgeschichte

Die Entwicklungsgeschichte der drahtlosen Nachrichtenübertragung in Deutschland ist sehr eng mit dem Senderstandort Nauen verbunden. Sie begann mit der Gründung der Gesellschaft für drahtlose Telegraphie m.b.H. (Telefunken) am 27. Mai 1903. Telefunken war ein gemeinsames Tochterunternehmen der *Allgemeinen Elektricitäts-Gesellschaft* (AEG) und der *Siemens & Halske-Gesellschaft* (S. & H.). Vertreten und gleichsam körpert wurden die Gesellschaften durch Prof. Dr. Ing. Adolf Slaby, Georg Graf von Arco und von Prof. Ferdinand Braun. Die ersten Geschäftsführer von Telefunken waren Georg Graf von Arco und H. Bargmann.

Die wissenschaftlich-technischen Potenziale beider Gesellschaften auf dem Gebiet der drahtlosen Telgrafie sollte so gebündelt werden. Auf diese Weise wollten man mit den nachrichtentechnischen Entwicklungen der Konkurrenz in Großbritannien wie auch der starken Marconi-Gesellschaft Paroli bieten. Auch der Kaiser hatte mit Nachdruck den Zusammenschluss von der AEG und S. & H. gefordert, wobei sein Blick vor allem auf die militärische Nutzung der drahtlosen Nachrichtenübertragung lag. Das imperialistische Deutschland kämpfte schließlich um einen Platz an der Sonne.

Ferdinand Braun, Georg Graf von Arco und Adolf Slaby

Die Forschungen der drei Wissenschaftler auf den Gebieten der drahtlosen Sende- und Empfangstechnik reichten Jahre zurück. So war bereits 1898 in Deutschland, England und weiteren Ländern Brauns Senderanordnung patentiert worden. Sie bestand aus Leydener Flaschen, den Vorläufern der Kondensatoren, und einer Funkenstrecke mit wenig gedämpften Schwingungen, was mit einer Antenne koppelt war.

Die Forschungsergebnisse von Slaby und Graf Arco hingegen brachten fundamentale Ergebnisse auf dem Gebiet des Signalempfangs bezüglich der Frequenzabstimmung.

Dieser Entwicklung vorangegangen waren Forschungen und Experimente des Italieners Marconi. Beide Erfinder, Marconi und Braun, erhielten für ihre Verdienste auf dem Gebiet der Funkentelegrafie gemeinsam 1909 den Nobelpreis für Physik 1909

Bereits kurz nach der Gründung von Telefunken verkaufte das deutsche Unternehmen binnen vier Monaten 163 Stationen an Schweden, die USA und ans Deutsche Reich. 1904 waren es 191. Fast die gesamte russische Marine wurde von Telefunken ausgerüstet.

Um die technischen Entwicklungen auf dem Gebiet des drahtlosen Fernverkehrs weiter voranzubringen, entschloss sich Telefunken zum Bau einer Versuchsanlage. Das Gelände sollte in der Nähe von Berlin liegen, wo jedoch die Bodenpreise sehr hoch waren. Man fand schließlich in der Nähe von Nauen, im havelländischen Luch, vierzig Hektar Wiese. Fideikommissar Fritz Stotze auf Neukammer, der den Nießbrauch des Geländes besaß, wurde entsprechend geltendem Recht die Pacht gewissermaßen abgetrotzt.

Die Bodenleitfähigkeit war gegeben, was ein ganz wichtiges Element für die geplante Antennenanlage darstellte. Nunmehr entstand die erste Sendeanlage der Welt. Am 7. April 1906 schlug der Telefunken-Ingenieur Hirsch in der Mitte des Geländes einen Pfahl ein. An dieser Stelle sollte ein 75 Tonnen schwerer Stahlgittermast für eine geplante 400 m-Schirmantenne errichtet werden. Im gleichen Jahr noch begann auch der systematische Aufbau der ersten Gebäude, Sender und Antennen. Es entstand ein Fachwerkbau für die Unterbringung der technischen Geräte und ein Antennenfeld von ca. 2,5 x 1,2 Kilometer.

Guglielmo Marconi

Aus technischer Sicht lässt sich die Gesamtanlage bis 1918 in nachfolgende Zeitabschnitte einteilen:

1906-1909: Anlage nach dem Knallfunkensystem mit ca. 10 kW Antennenleistung

1909-1911: Anlage nach dem tönenden Löschfunkensystem mit ca. 25 bzw. 35 kW Antennenleistung

1911-1916: a) Anlage nach dem tönenden Löschfunkensystem mit ca. 80 bzw. 100 kW Antennenleistung

b) Anlage mit dem Hochfrequenzmaschinensystem mit ca. 100 kW Antennenleistung

1916-1918: Anlage mit Hochfrequenzmaschinensender für 400 und 150kW Antennenleistung.

Im Verlaufe der Jahrzehnte bis zur Gegenwart hatte der Großsender Nauen zusammenfassend Aufgaben auf den Gebieten:

der praktischen Erprobung von Sende- und Empfangstechnik,
der Militärischen Nachrichtenverbindungen,
der Nachrichtenverbindungen mit den deutschen Kolonien,
der weltweiten allgemeinen Nachrichtenverbreitung (Pressemitteilungen),
des interkontinentalen Telegrammverkehrs,
des Sendens von Wetterberichten, vor allem für die Seefahrt,
des Sendens von Zeitzeichensignalen,
der interkontinentalen Rundfunkübertragungen.

Leydener Flaschen: älteste Bauform eines Kondensators. Auf der Innen- und Außenseite eines Glasgefäßes sind Metallbeläge angebracht; das Glas isoliert

4.2 Nauen zwischen 1906 und 1909

Seit 1904 befasste sich die Firma *Hein, Lehmann & Co. A. G.* in Berlin-Reinickendorf mit der Herstellung von Antennenmasten. Sie erhielt 1906 den Auftrag zur Errichtung eines 100 m-Antennenmastes in Nauen. Es war ein dreieckiger Eisengittermast, gehalten von drei Stahlseilen, an dem eine Schirmantenne befestigt werden sollte. Den Mastfuß bildete ein sechseckiger Marmorstein mit der Kantenhöhe von 40 Zentimeter. Am Mastfuß befand sich der zweistöckige Fachwerkbau für die Unterbringung der Technik. Dazu gehörten ein 50 kW-Wechselstromgenerator, angetrieben von einer 35 PS-Lokomobile.

Über sechs Hochspannungstransformatoren wurde die erzeugte Spannung von 500 V auf 150 kV transformiert. Die Hochspannung lud einen Kondensator, der aus 360 einzelnen großen Leydener Flaschen bestand. Eine Leydener Flasche war ein zylindrisches Glasgefäß, welches innen und außen mit Blattzinn (Staniol) beklebt wurde. Bei der Verbindung der Innen- und Außenschicht mit dem Plus- bzw. Minuspol einer Stromquelle entstand ein elektrisches Feld und der Kondensator lud sich auf. Die Kapazität hatte man in Zentimeter angegeben. Dabei entsprachen 900.000 cm der Kapazität von 1µF.

Er wurde über eine große Funkenstrecke, die aus massiven Zinkscheiben bestand, entladen. Die Entladung erzeugte eine gedämpfte Schwingung, also elektro-magnetische Wellen. Die Schwingungsdämpfung, also die Verringerung der Spannung, vollzog sich sehr schnell, da sich die Kondensatoren unter einem starken Knall sehr rasch entluden. Dieser war selbst in Nauen noch hörbar.

Zur Kopplung mit der Antenne verwandte man eine Selbstinduktionsspule aus versilbertem Rohr. Die erzielte Antennenleistung des Knallfunkensystems lag bei 10 kW.

Am 9. August 1906 begann der Probebetrieb, um dann am 16. August 1906 zum regulären Funkbetrieb überzugehen. Gesendet wurden zunächst Morsesignale.

Der Signalempfang erfolgte mit Hör- und Schreib-(Fritter-)Geräten, die auf einem pultförmigen Tisch aufgebaut waren. Mit dieser Anordnung sollen bereits Signale bis Teneriffa (3.600 km) zu übertragen möglich gewesen sein. Typischerweise waren es wohl eher 1.500 km.

Die Versuche und Experimente wurden weltweit verfolgt. Noch im Jahr 1906 besuchten die Teilnehmer des 2. Internationalen Funkentelegrafischen Kongresses Nauen. Bis 1909 zählte man 10.000 Besucher.

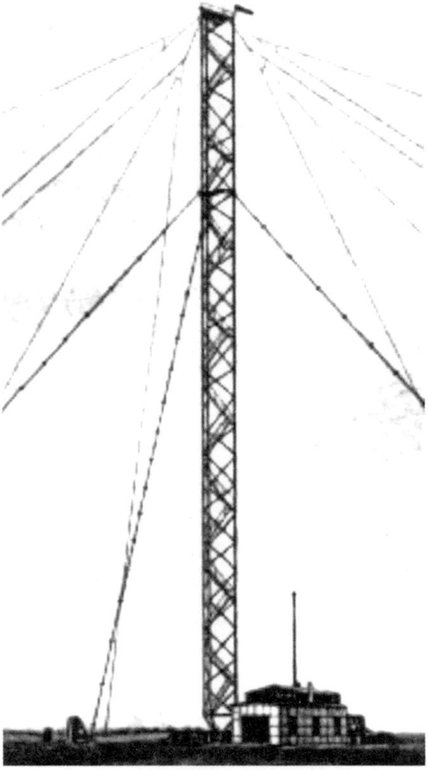

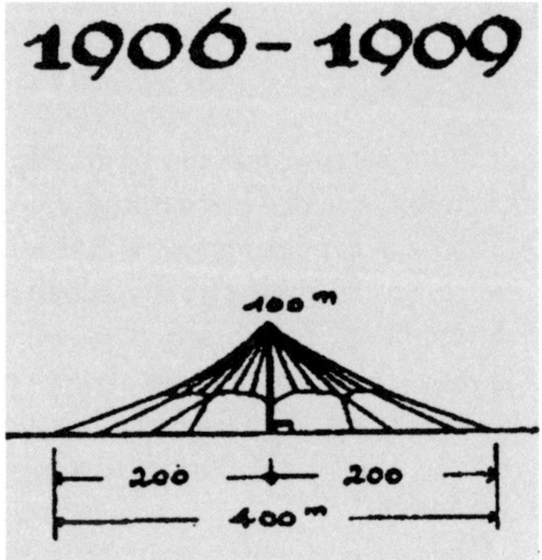

Links der 100 Meter hohe Antennenmast mit dem Fachwerkbau. Darunter der Mastfuß auf dem sechseckigen Marmorstein von 40 Zentimetern Höhe. Unten: die 35 PS-Lokomobile. Darunter: der erste Arbeitsplatz

Die Teilnehmer des 2. Internationalen Funkentelegrafischen Kongresses zu Besuch in Nauen, 1906

4.3 Nauen zwischen 1909 und 1911

Es war der Übergang des Senders Nauen von der Versuchsstation zur betriebsbrauchbaren Verkehrsstation. Ein weiteres Gebäude wurde errichtet. Den Knallfunkensender ersetzte man durch einem tönenden Löschfunkensender mit einer anfänglichen Leistung von 35 kW (Foto rechts unten). Später erhöhte man auf 100 kW. Durch die Aufstellung von zwölf 30 m-Hilfsmasten verbesserte man die wirksame Höhe der Antenne. Die damit erreichte Entfernung lag 1909 bei etwa 5.000 Kilometer.

1909: neues Gebäude und ein 35 kW-Sender tönender Löschfunken

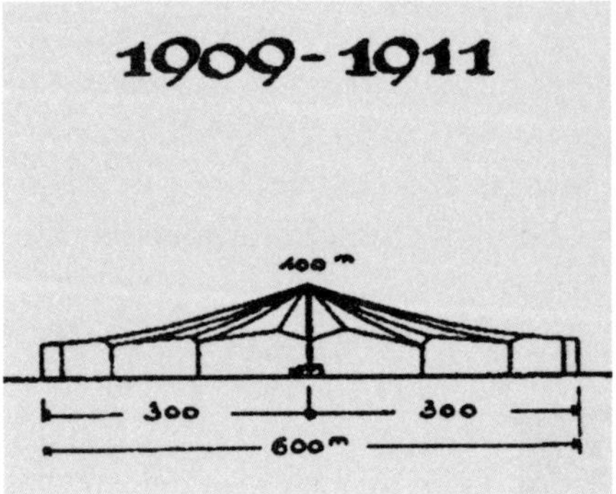

500-Perioden-Generator des Tonfunken-Senders

4.4 Nauen zwischen 1911 und 1916

Aufgrund der Modernisierung des Großsenders wurde nicht mehr benötigte Technik umgesetzt, um diese für Untersuchungen für Weitverkehrsverbindungen zu nutzen. Als neuen Senderstandort wählte man Sayville auf Long Island bei New York aus. Das entsprach einer Entfernung von 6.400 Kilometern. Mit dem Aufbau der Sende- und Empfangsanlage beauftragte die deutsche Telefunken das US-Unternehmen Atlantic Communication Co. (Atlacom). Ingenieur van der Woude, der bereits in Nauen die erste große tönende Funkenstation errichtet hatte, übernahm diese Aufgabe.

Sayville, die Sendestation auf Long Island bei New York, 6.400 Kilometer von Nauen entfernt und mit deutscher Technik bestückt, um »Weitverkehrsverbindungen« zu testen. Links die Station mit Antenne, oben die dortige Sendeapparatur der Telefunken-Großstation

Die zeitgleich mit der 1911 gegründeten *Deutschen Betriebsgesellschaft für drahtlose Telegraphie m. b. H.* (DEBEG) gestartete *Atlantic Communication Co.* fungierte als direkte Gegenstelle für den Sender Nauen und übernahm später auch den Telegrammverkehr zwischen Deutschland und den USA. Um schwache Signale noch empfangen zu können, setzte man Empfänger mit Lieben-Röhren ein.

Nach ihrer endgültigen Fertigstellung wurde die Station am 1. Oktober 1912 dem öffentlichen Verkehr übergeben. Sie verfügte über einen Gitter-Antennenmast mit 150 m Höhe, eine Schirmantenne und Gegengewichte, einem 35 kW-Sender für den Pressedienst und einem 5 kW-Sender für den Schiffsfunkverkehr.

Die bei Funktelefonie-Übertragungen mit dem Maschinensender überbrückte maximale Entfernung betrug in Nauen 600 km. Jedoch aufgrund günstiger Ausbreitungsbedingungen der elektro-magnetischen Wellen wurden die mit einer kleineren modulierten Hochfrequenzmaschine erzeugten Telefoniesignale von einem russischen Telegrafisten auch im Eismeer empfangen. Das war eine Distanz von 2.500 km.

Aber nicht nur mit Sayville wollte Nauen einen stabilen Funkverkehr sicherstellen. Das Interesse des Kaiserreichs richtete sich auch auf die deutschen Kolonien Togo (Kamina) und Deutsch-Südwestafrika (Windhuk), die auf diese Weise mit Berlin verbunden werden sollten. Das erforderte den Aus-

Erweiterungsbauten in Nauen, Frühjahr 1912

Umgestürzter 200-Meter-Antennenmast in Nauen, 31. März 1912

bau von Technik und Gebäuden in Nauen. Es wurde eine tönenden Löschfunkenanlage mit 80 bzw. 100 kW Antennenleistung installiert. Aus diesem Grunde verlängerte man 1911 den Antennen-Gittermast um 100 auf 200 Meter. Am 31. März 1912 jedoch stürzte der Mast unmittelbar nach Fertigstellung bei einem Frühjahrssturm um, noch bevor die Sendeanlage fertiggestellt worden war.

Daraufhin änderte man die Baupläne und errichtete eine neue Antennenanlage. Statt der vorgesehenen Fächerantenne entschied man sich zum Bau einer L-Antenne, deren Hauptstrahlrichtung Togo war, und eine Schirmantenne.

Der Hauptantennenmast wurde auf 250 m verlängert und zwei Masten mit einer Höhe von 120 m errichtet. Sie dienten als Träger für die L-Antenne und die Schirmantenne. Die Arbeiten wurden 1913 abgeschlossen.

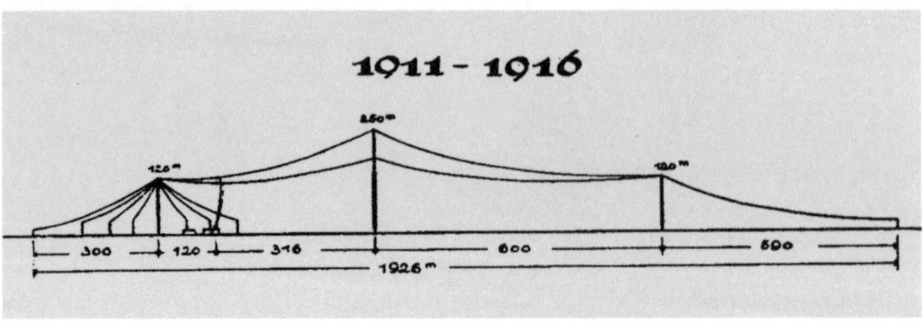

Die ersten Funkverbindungen zwischen Nauen und Kamina in Togo (Distanz 5.200 km) und Windhuk in Deutsch-Südwestafrika (8.100 km) erfolgten bei günstigen atmosphärischen Bedingungen ab 1912. Alle drei Großfunkstellen brachten eine Senderleistung von jeweils 100 kW. Die Übertragungssicherheit war jedoch gering, insbesondere war die Verbindung nach Windhuk sehr instabil und nur beim Zusammentreffen günstiger atmosphärischer Umstände möglich.

Die vorgenommenen technischen Verbesserungen an der Antennen- und der Sendetechnik sollten gleichfalls den deutschen Seefunkverkehr stabilisieren. Die benutzten Wellenlängen für den überseeischen Funkverkehr lagen zwischen 5.000 und 25.000 Meter.

Am 12. Juli 1913 kam erstmals eine Funkverbindung mit einer Hochfrequenzmaschine bei einer Antennenleistung von 5 kW zwischen Sayville und Nauen zustande. Das wertete Telefunken als Erfolg und Ausweis für den hohen technischen Entwicklungsstand.

Im Ergebnis gemeinsamer Telegrafieversuche zwischen Telefunken und Marconi gelang es am 5. und 6. August 1913, erstmals eine Verbindung mit einem 100 kW-Tonfunkensender von Kontinent zu Kontinent herzustellen. Zwischen Nauen (Wellenlänge 4.800 m) und Glace Bay in Kanada (Wellenlänge 6.300 m) – das waren 6.500 Kilometer – bestand Kontakt.

Die Chinesen kommen: Besuch einer Militärdelegation aus Fernost, 1913. Rechts: Gast in Nauen war auch Nobelpreisträger Marconi aus Italien, 1913

Die internationale Presse ist Anfang 1914 in Nauen, als der Funkverkehr zwischen Deutschland und den USA, zwischen Europa und Amerika, offiziell eröffnet wird. US-Präsident Woodrow Wilson schickt ein Telegramm an Kaiser Wilhelm und beglückwünscht diesen am 29. Januar 1914 zur Herstellung der Funkverbindung. Wenige Monate später befindet man sich im Krieg

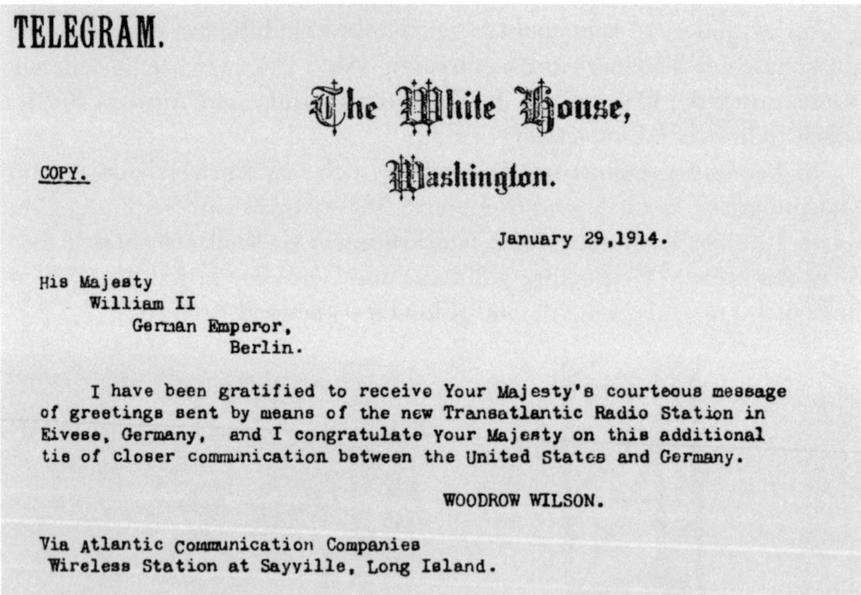

TELEGRAM.

The White House,

COPY.

Washington.

January 29,1914.

His Majesty
William II
German Emperor,
Berlin.

I have been gratified to receive Your Majesty's courteous message of greetings sent by means of the new Transatlantic Radio Station in Eivese, Germany, and I congratulate Your Majesty on this additional tie of closer communication between the United States and Germany.

WOODROW WILSON.

Via Atlantic Communication Companies
Wireless Station at Sayville, Long Island.

Die Eröffnung des offiziellen Funkverkehrs zwischen Deutschland und den USA erfolgte am 12. Januar 1914 zwischen 3.00 und 6.00 Uhr MEZ unter beachtlicher medialer Begleitung.

Der Premiere wohnen in Nauen Vetreter folgender Zeitungen bei: *Vossische Zeitung, Tägliche Rundschau, Berliner Morgenpost, Nationalzeitung, Berliner Tageblatt, Berliner Lokal-Anzeiger, Telegraphen-Union, Daily Mail* und *New York American.*

Jenseits des Großen Teiches, in Sayville, waren zugegen die *New Yorker Staatszeitung, Sun, New York Tribune, New York Times, New York World, New York American, New York Herald* und die Nachrichtenagentur *Associated Press.*

Im Sommer 1914 begann der Probewechselverkehr zwischen Nauen und Kamina bzw. Windhuk. Beide Stationen in Afrika verfügten über einen 100 kW-Sender . Der in Duala (Kamerun) war mit einem 5 kW-Tonfunkensender ausgerüstet.

Der Wechselverkehr mit Togo erfolgte von 0 Uhr bis 6 Uhr MEZ auf der Welle 4.800 m und von 9 Uhr bis 13 Uhr auf der Welle 6.500 m. Übermittelt wurden Beiträge aus dem *Berliner Lokalanzeiger*.

Zu jener Zeit erhielt Nauen eine Hochfrequenz-Maschinenanlage mit einer Leistung von 130 kW und einer Wellenlänge von 9.400 m.

Es wäre übertrieben zu sagen, dass dies der unmittelbaren Vorbereitung auf den Krieg diente, welcher am 1. August 1914 begann und vier Jahre die Welt beschäftigen würde. Insbesondere Europa wurde mit Mord und Elend überzogen, Städte wurden verwüstet und technische Erfindungen in den Dienst der Militärmaschinerie gestellt. So eben auch der Funk.

Am 30. Juli 1914 war der »Zustand der drohenden Kriegsgefahr« in Deutschland vermeldet worden. Am Abend zog eine Schutzwache des 24. Infanterieregiments unter Hauptmann von Lorenz und Leutnant von Sichard mit 60 Soldaten und zwei Maschinengewehren vor dem Sender Nauen auf.

Fortan stand der Sender nicht nur unter militärischer Bewachung, sondern bis zum Ende des Ersten Weltkrieges auch im Dienst des Militärs.

Die erste Anordnung des kaiserlichen Großen Generalstabs lautete, den Probebetrieb sofort abzubrechen und den Funkverkehr zwischen Paris (Eiffelturm) und Moskau zu stören. Bekanntlich gehörten Frankreich und das zaristische Russland zur Entente, dem die Mittelmächte (Deutschland, Österreich-Ungarn, Bulgarien und das Osmanische Reich, die spätere Türkei) im Krieg gegenüberstanden.

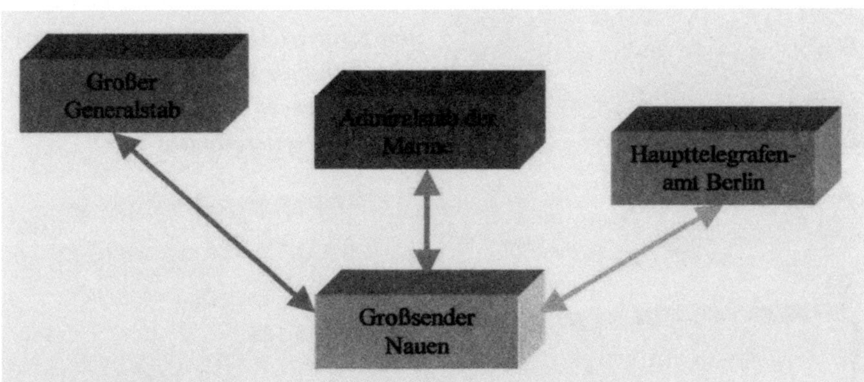

Die Unterstellung des Senders Nauen im Ersten Weltkrieg

1914 im Sender Nauen: drei Arbeitsplätze im Empfangsraum, rechts sogegannte Lieben-Röhren als Verstärker und Überlagerer (1913 patentiert)

Am letzten Juli-Tag wurden Warntelegramme an alle deutschen Schiffe auf See mit dem 100 kW-Tonfunkensender auf der Welle 2.800 m gesendet.

Am 1. August 1914, am Tage des Kriegsbeginns, übernahm ein Hauptmann von Weiher die Stationsführung in Nauen. Kurze Zeit später erschienen Stationsoffiziere und Funker, die fortan in drei Schichten Dienst taten. Zwei Feldhaubitzen und zwei Feldgeschütze wurden vor dem Sender in Stellung gebracht, das 24. Infanterieregiment wurde vom 35. abgelöst.

Empfangsraum mit Personal und Bild vom Kaiser, 1915. Soldaten in Nauen (oben) und die bei Kriegsbeginn errichteten Baracken, in denen das Militär am Sender untergebracht war

Am Tag darauf, am 2. August, wurde die Großfunkstelle Nauen dem Admiralstab der Marine unterstellt. Zwischen Stab und Sender bestand eine ständige Telefonverbindung und zwei drahtgebundene Hughes-Linien zur Nachrichtenübermittlung. Von Nauen wurden Telegramme an deutsche Schiffe und in die deutschen Kolonien in größerem Umfang versandt.

Ferner bestanden stabile Funkverbindungen nach Metz und Köln. Auch mit Togo gelang der Funkkontakt.

Bei Kriegsbeginn waren die Überseekabel, die Deutschland mit seinen Kolonien und anderen Ländern verbanden, durchtrennt worden. Von nun an lief die Kommunikation ausschließlich über den Großsender Nauen. Für die Verbindung nach Südamerika gab es einen Umweg über Westafrika. Von Nauen übermittelte man Telegramme per Funk in die deutsche Kolonie Togo und von dort weiter über Funk nach Monrovia in Liberia, wo diese ins Kabel nach Südamerika eingespeist wurden.

Am 5. August 1914 erklärte Großbritannien Deutschland den Krieg. Noch am gleichen Tage griffen britische Truppen Kolonien des Deutschen Reichs im pazifischen und asiatischen Raum sowie in Afrika an: Togo, Kamerun, Deutsch-Ostafrika und Deutsch-Südwestafrika.

Ab dem 24. August 1914 übernahm der Landsturm des Batallions Kalau die Schutzwache in Nauen. Sie blieb dort bis zum Ende des Krieges.

Die Stationsführung in Nauen wechselte in den folgenden vier Kriegsjahren wiederholt. Von September 1914 bis März 1915 führten Oberleutnant Solff und danach bis November 1915 Leutnant d. R. Schuchardt das Kommando. Dieser wurde im Dezember 1915 von Leutnant d. R. Kuhlen abgelöst. Der übergab es im Januar 1917 erneut an Schuchardt. Dieser behielt die Stationsführung bis Kriegsende.

Da die USA erst im April 1917 Deutschland den Krieg erklärten, erfolgten bis dahin regelmäßige Funkverbindungen mit Sayville auf Long Island. Sayville sendete von 2 bis 8 Uhr auf der Welle 3.400 m MEZ mit einem 35 kW-Tonfunkensender. Nauen sendete mit einer 130 kW-Hochfrequenzmaschine über den Großen Teich. Im Dezember 1914 begann man in Sayville gleichfalls mit dem Aufbau einer 130 kW-Hochfrequenzmaschine, die im Mai 1915 in Betrieb genommen wurde.

Ab Juni 1915 arbeitete man mit Hochdruck an der Verbesserung und Erweiterung der technischen Möglichkeiten des Senders Nauen. Ein weiterer 130 kW- und zwei 400 kW-Hochfrequenzmaschinen kamen zur vorhandenen Technik hinzu. Bekannt ist, dass eine 400 kW-Hochfrequenzmaschine mit einer Grundfrequenz von 6 kHz und eine 130 kW-Hochfrequenzmaschine auf der Welle 12.600 m sendeten.

4.5 Nauen nach 1916

Im September 1916 begann der Umbau und teilweise Neubau der Großfunkstation Nauen. Die Arbeiten umfassten nachfolgende Abschnitte:

- Erweiterung des Antennenfeldes auf einer Länge von 2,8 km und Neubau von Antennen und Antennenträgern. Errichtung von drei neuen Gittermasten, einer von 250 m und zwei mit 120 m Höhe
- Zusätzlicher Aufbau einer Dreieckantenne mit zwei 150 m-Gittermasten und einem 134 m-Gittermast, an dem am oberen Ende einen Querträger von 34 m angebracht wurde
- Umfangreiche gebäudetechnische Erweiterungen der bis dahin vorhandenen Sende- und Empfangsräume.

Links: Erster Spatenstich in Nauen im September 1916. Oben: Stand der Bauarbeiten im Juni 1917

Stand der Bauarbeiten im August 1917. Im dritten Kriegsjahr herrscht überall Mangel, selbst strategisch wichtige Objekte wie der Sender Nauen leiden darunter. Es heißt, in Friedenszeiten hätte man nur ein Drittel der Bauzeit benötigt

Im Herbst 1917 kontrollieren Beamte des Reichspostamtes in Berlin den Fortgang der Arbeiten in Nauen. Inzwischen werden Baumaterial und Facharbeiter knapp, denn selbst sie müssen an die Front. So zieht man denn russische Kriegsgefangene hinzu. Erst im Juni 1919 wird das Bauwerk fertig. Rechts das neue Hauptgebäude und die B-Antenne, 1918

Im Januar 1917 begannen die vorbereitenden Arbeiten für die Turmanlage. Der Winter 1916/17 ist besonders streng und lang, weshalb sich der Beginn der Bauarbeiten verzögert. Im April 1917 legt man endlich los.

Kriegsbedingt herrschte permanenter Mangel an Arbeitskräften, insbesondere bei Fachkräften, und auch an Material. Russische Kriegsgefangene wurden acht Wochen lang bei Erdarbeiten eingesetzt. Die Hausbauten endeten erst im Juni 1919. Da hatte der Kaiser bereits abgedankt und verhandelten im Schloss von Versailles die Siegermächte. Am 28. Juni unterzeichnete Deutschland im Spiegelsaal jenen »Friedensvertrag«, der den Keim für einen neuen

Krieg in sich barg. In diesem Dokument wurde für den Ausbruch des Weltkriegs allein das Deutsche Reich und seine Verbündeten verantwortlich gemacht. Deutschland verpflichtete man zu Gebietsabtretungen, Abrüstung und Reparationszahlungen an die Siegermächte.

1919 war praktisch der acht Jahre währende Ausbau zur Großfunkstelle abgeschlossen. Begonnen hatte diese Phase bekanntlich mit der Errichtung eines Sendegebäudes aus Backstein neben dem alten Fachwerkhaus 1911, in welchem der 80/100 kW-Tonfunkensender installiert wurde, der für die Wellenlängen 3.000 bis 7.000 m ausgelegt war. Seit 1912 erfolgte der Anschluss an das Kreis-Elektrizitätswerk Brandenburg, damit war die Stromversorgung mit der Lokomobile Geschichte. Die 1911 auf 200 Meter aufgestockte Schirmantenne stürzte am 1. April 1912, noch vor Beginn der offiziellen Inbetriebnahme der Sendeanlage, bei einem Orkan um. Ersatzweise wurde eine Notantenne mit zwei 120 m hohen Stahlrohr-Gittermasten errichtet. 1916 begann man mit dem Aufbau neuer Antennenanlagen. Ein weiterer 260 m-Mast, zwei 150 m-Maste und ein 134 m-Mast mit waagerechten Auslegern bildeten das Antennensystem für den Überseeverkehr.

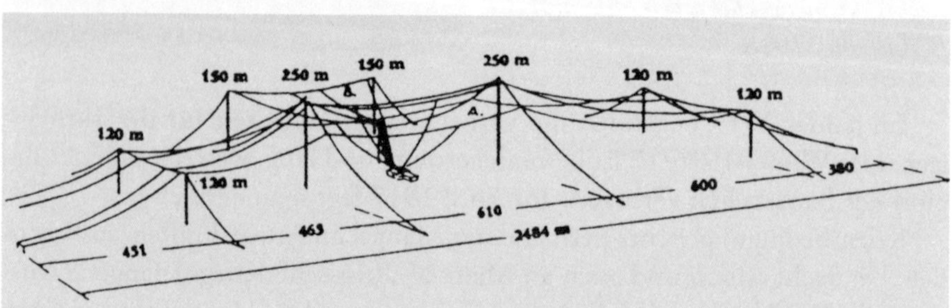

Antennenfeld in Nauen ab 1916: Länge 2.484 Meter, die beiden höchsten Masten messen 250 Meter (siehe Foto oben links). Rechts oben: die provisorische Maschinenanlage im Jahre 1918

Ab Juli 1917 standen nach der Erweiterung des Antennenfeldes zwei Sendeantennen für den gleichzeitigen Betrieb auf den Wellen 12.600 m und 6.300 m zur Verfügung. Die damit erzielte Reichweite bis zu den Antipoden, der Inselgruppe im Südpazifik jenseits von Neuseeland, konnte nachgewiesen werden.

Die A-Antenne bestand aus zwei Masten mit einer Höhe von 250 m und vier Masten mit je 120 m. Die B-Antenne bestand aus einem 150 m hohen Gittermast und aus zwei Masten einer Höhe von 150m.

Die Hauptaufgaben des Senders Nauen erweiterten sich ständig. Sie lassen sich in den aufgeführten Punkten zusammenfassen:

- Verbreitung der deutschen Pressenachrichten,
- Senden deutscher Heeresberichte mit Tonfunkensender auf den Welle 4.800 m und mit der Hochfrequenzmaschine auf 12.600m,
- Funkverbindung mit den deutschen Kolonien,
- Funkverbindungen mit der Kriegsmarine, insbesondere den U-Booten,
- Funkverbindungen mit Luftschiffen wie dem L59,
- Abhören und Aufnahme der Heeresberichte feindlicher Länder,
- Senden des Zeitsignals der Sternwarte Bergedorf, später von der Seewarte Hamburg,
- Senden verschlüsselter Wetterberichte für die Seefahrt und die Front.

Es steht außer Frage, dass Nauen im logistischen Kriegssystem des Deutschen Kaiserreiches eine Schlüsselfunktion innehatte. Insbesondere seine militärische Nutzung machte die Sendestelle Nauen zu einer Großfunkstelle. Man kann auch sagen: Der Erste Weltkrieg hat maßgeblich zu dieser Entwicklung beigetragen. Am 26. Januar 1918 gründete Telefunken die Drahtlose Übersee-Verkehr AG und ließ das Tochterunternehmen mit dem Warenzeichen »Transradio« eintragen. Der Wert der Nauener Großfunkstelle betrug zu jenem Zeitpunkt 3,25 Millionen Reichsmark.

Am 6. April 1917 endete der Funkverkehr mit Sayville, nachdem die USA Deutschland den Krieg erklärt hatte. Damit verlor Nauen seine letzte Gegenstation im Ausland. Erst ein halbes Jahr später sollte neuerlich Kontakt mit den USA hergestellt werden. Am 3. Oktober 1918 ging in der Station Annapolis ein Waffenstillstandsangebot aus Berlin an den Präsidenten der USA, Woodrow Wilson, ein.

An jenem Tag war Max von Baden als Reichskanzler berufen worden. Am 29. September hatte die Oberste Heeresleitung erklärt, dass die militärische Lage für Deutschland aussichtslos sei. Britische Tanks hatten bereits im August die Westfront durchbrochen, Mitte September zerbrach die Balkan-Front, Bulgarien kapitulierte und Österreich-Ungarn stand vor dem Zusam-

Transradio Nauen, bis 1931 Eigentümer der Anlage. Unten: der Muthesiusbau heute.
Er wurde 1920 vom Architekten Hermann Muthesius (1861-1927), einem der Wegbereiter der modernen Architektur des 20. Jahrhunderts, errichtet. Das Haus steht seit 1996 weitgehend leer. Am Rande des 13.000 Quadratmeter großen Sendesaals gibt es einen kleinen Kontrollraum, von dem aus die Drehantennen vor dem Haus im Drei-Schicht-System überwacht und notfalls gesteuert werden

menbruch. Zudem drohte eine »Revolution von unten«, wie sie im Vorjahr in Russland stattgefunden hatte. So entschloss sich der Kronrat für eine »Revolution von oben«, indem man die Regierung umbildete und diese veranlasste, Waffenstillstandsangebote – de facto die Kapitulation – an die Alllierten zu übermitteln. Erstmals wurden zwei SPD-Politiker ins Kabinett geholt. »Sie sollen die Suppe jetzt essen, die sie uns eingebrockt haben«, hatte der Kaiser am 1. Oktober gegenüber seinem Stab erklärt.

Friedrich Ebert appellierte an das »nationale Verantwortungsgefühl« seiner Partei und hoffte dadurch den wachsenden Unmut der Basis, die schon lange nicht mehr an einen »Siegfrieden« glaubte und kriegsmüde war, zum Stillhalten zu veranlassen.

Bekanntlich hielten die Massen nicht still. In den Häfen, in die die Kriegsschiffe zurückgekehrt waren – der Rückruf war von Nauen an die in See befindlichen Schiffe ausgegangen –, erhoben sich die Matrosen. In Kiel, Wilhelmshaven und anderen Hafenstädten widersetzten sie sich den Anordnungen der Vorgesetzten. Am 4. November war Kiel fest in der Hand von etwa 40.000 aufständidischen Matrosen, Soldaten und Arbeitern. Am 6. November war Wilhelmshaven in ihrer Hand; am 7. November erfasste die Revolution alle größeren Küstenstädte sowie Hannover, Braunschweig, Frankfurt am Main, Stuttgart und München. Dort zwang ein Arbeiter- und Soldatenrat den letzten bayerischen König Ludwig III. zum Thronverzicht. Kurt Eisner von der USPD rief in Bayern als erstem Land des Reiches die Republik aus. Auch in den übrigen deutschen Staaten dankten in den nächsten Tagen alle regierenden Fürsten ab, als letzter am 23. November Fürst Günther Victor von Schwarzburg-Sondershausen. Am 9. November erklärte Max von Baden in Berlin, der Kaiser und König habe sich entschlossen, dem Throne zu entsagen. Wilhelm II., der sich in Spa befand, floh daraufhin nach Holland, wo er bis zu seinem Tod 1941 lebte.

Der SPD-Vize Philipp Scheidemann rief – entgegen dem erklärten Willen Friedrich Eberts – vom Reichstag die »deutsche Republik« aus. Zeitgleich proklamierte Karl Liebknecht im Hof des Berliner Stadtschlosses die »freie sozialistische Republik Deutschland«.

Die Revolution machte um Nauen keinen Bogen. Feldwebel Hilderscheid bekam am 10. November in Berlin einen von Heinrich Dorrenbach und Emil Eichhorn unterzeichneten Ausweis und Befehl, »die Funkenstation Nauen für den Arbeiter- und Soldatenrat zu besetzen. Die technische Leitung übernimmt Genosse Rolle. Es sind die Panzerwagen (zwei Stück) sowie Lastwagen mit 20 Mann für diesen Zweck dem Feldwebel Hilderscheid zu unterstellen.« Dorrenbach sollte sich später als Kommandeur der Volksmarinedivision im Marstall tapfer schlagen, Emil Eichhorn, am Vortag zum Berliner Polizeipräsident berufen, wurde am 4. Januar 1919 aus dem Amt getrieben.

Fritz Rolle war Monteur des Telefunkenlaboratoriums. Auch er »erhält Befehl, mit allen Mitteln, die ihm zur Verfügung stehen, zu versuchen, die Station Nauen zu besetzen und in unserem Sinne zu verwenden«. Der Ausweis war offiziell und mit Siegel und Unterschrift eines Reichstagsabgeordneten versehen. Noch am gleichen Tage setzten sie den Funkspruch ab: »An Alle! Funkengroßstation Nauen in den Händen des Arbeiter- und Soldatenrates, Station sendeklar. Rolle, Hilderscheid.«

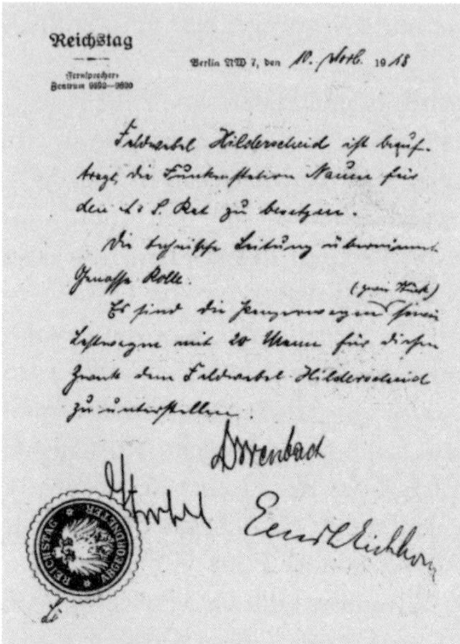

Reichstag

Berlin NW 7, den 10. Nov. 1918

Ausweis für Feldwebel Hilderscheid. Rechts: Kranzniederlegung am Denkmal des Roten Matrosen im Berliner Friedrichshain am 7. November 2010 durch Offiziere der DDR-Volksmarine

Am 30. November 1918 wurden die letzten Militärfunker aus Nauen abgezogen. Damit endete die militärische Funktion des Senders. Die Kaiserliche Admiralität, die bei Kriegsbeginn sich die Station unterstellte, existierte nicht mehr. Zwei Tage später übernahm »Transradio«, die Tochter von Telefunken, die Sendeanlagen. Am 29. September 1920 kam Reichspräsident Friedrich Ebert nach Nauen und weihte das neue Sendegebäude, den Muthesiusbau, feierlich ein. Der mithin erste und älteste Rundfunksender der Welt erhielt dadurch höchste Aufmerksamkeit.

Der in der Zeit der Weimarer Republik privatwirtschaftlich geführte Sender sollte am 1. Januar 1932 von der Deutschen Reichspost übernommen werden.

Die Nachkriegszeit begann mit einer Funkbrücke nach Neuseeland. In 18.000 km Entfernung wurden Signale aus Nauen empfangen. Am 23. Juli 1919 erfolgte die Wiederaufnahme des Funkverkehrs zwischen Nauen und Sayville. Die Initiative ging von den Amerikanern aus. »Will you accept commercial business messages from USA?« lautete der erste Funkspruch.

Natürlich wollte man den Funkverkehr wieder aktivieren. Der fortan genutzte Wellenbereich lag zwischen 12.000 und 24.000 m.

Allerdings zeigte sich inzwischen ein technisches Problem.

Der Sende- und Empfangsbetrieb erfolgte am gleichen Ort. Mit den vorhandenen Antennen konnte man sowohl senden als auch empfangen. Der Senderraum war vom Empfängerraum lediglich durch eine Glasscheibe getrennt. Für die Zuschaltung der jeweiligen Antenne auf Sendung oder Empfang musste der Funker lediglich einen Antennenumschalter betätigen. Als drei Antennen zur Verfügung standen, induzierten die elektro-magnetischen Felder der Sendeantenne in der Empfangsantenne eine so hohe Spannung, dass diese den daran angeschlossenen Empfänger fast zerstörten. Diese Gefahr wuchs mit steigenden Senderleistungen bzw. wenn die Sende- und Empfangsfrequenzen nur wenig auseinanderlagen. Die logische Konsequenz: Man musste Empfänger- und Senderstandort trennen.

Dazu unternahm die Gesellschaft für drahtlose Telegrafie 1918 erste Versuche. Als Standort für den Empfänger wählte man das 200 km entfernte Naumburg aus. Die Empfangsversuche mit den Wellenlängen 13.500 m, 11.300 m und 12.600 m bei einer Antennenleistung des Senders Nauen von 400 kW verliefen erfolgreich.

Als nachteilig erwies sich jedoch die große Entfernung. Zwischen Sender und Empfänger musste für diesen Zweck eine Leitungsverbindung hergestellt werden. Deshalb entschied man sich für Geltow bei Potsdam. Die erste Antenne der dort zunächst provisorisch errichteten Empfangstation war eine Braunsche Rahmenantenne mit einer Seitenlänge von etwa 17 m.

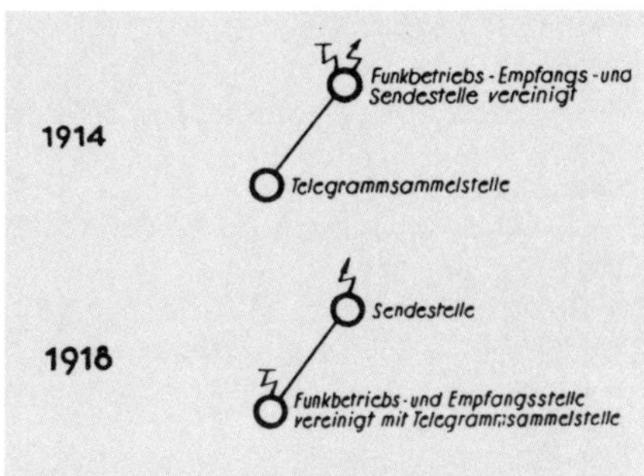

Schema des Funkbetriebes in Nauen. Links: Antennenanlage und Gebäude in Geltow bei Potsdam. Anfänglich waren Empfangstechnik und Funker in einem Möbelwagen untergebracht

Nach der erfolgreichen dreimonatigen Erprobung kam eine verbesserte Antennenkonstruktion zum Einsatz. Diese bestand aus einem 40 m-Holzmast, an dem zwei Rahmen mit einer Seitenlänge von 28 m befestigt waren. Um diese Rahmen waren jeweils sechs Windungen Antennendraht gelegt. Damit standen zwei Antennen für den Doppelempfang zur Verfügung.

Auf der Wellenlänge von 13.500 m empfing man die Station New Brunswick bei New York und auf 17.000 m Annapolis bei Washington.

Einen wesentlichen Aufschwung für den Telegramm-Verkehr brachte die 1921 gegründete »Transradio International«. Sie entstand aus Abkommen zwischen *CsF* (1920) und der *Radio Corp. Of America* (1921) mit Telefunken. In den folgenden Jahren schlossen sich weitere Firmen Südamerikas an, es formierte sich das beratende Komitee *AEFG* (America, England, France, Germany), später *CRIC* (Commercial Radio International Commitee).

Die vorliegenden Funkverkehrsstatistiken weisen für den Januar 1921 mehr gesendete und empfangene Telegramme im überseeischen Verkehr als zwischen Nauen und Moskau aus. Das kann nicht überraschen. Sowjetrussland befand sich in Bürger- und Interventionskrieg und praktisch noch im vorindustriellen Zeitalter, während Deutschland, wenngleich durch den Weltkrieg geschwächt, langsam prosperierte. Nicht zu reden von den USA. Täglich wurden im Durchschnitt von Nauen in die USA 9.068 Worte übermit-

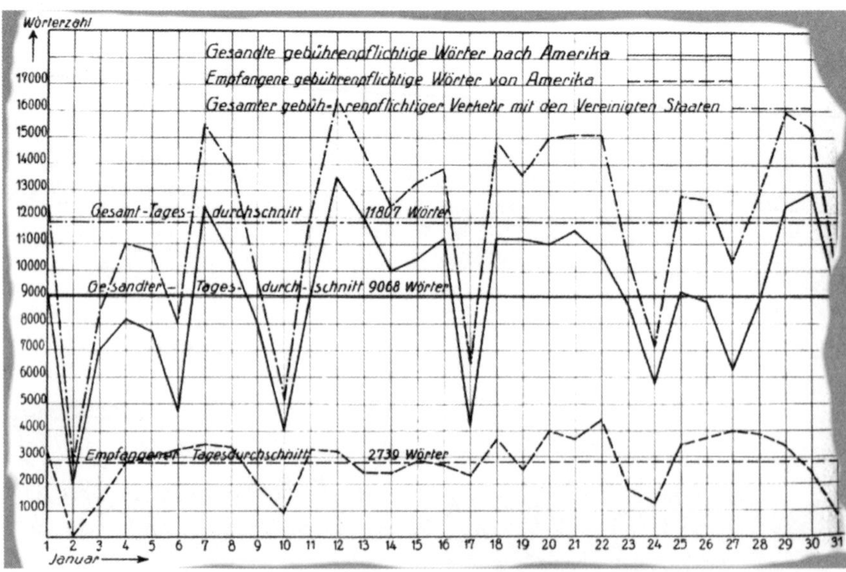

Die Zahl der im Januar 1921 von Nauen in die USA übermittelten Telegramme (in Wörtern) und die in der Gegenrichtung

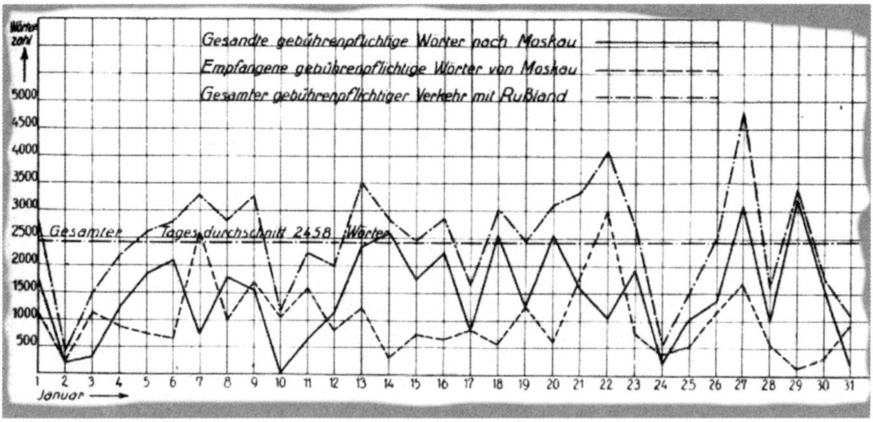

Der Telegrammverkehr zwischen Nauen und Moskau, Januar 1921

telt, von dort kamen 2.730 im Tagesdurchschnitt. Der Gesamtdurchschnitt im Verkehr mit Moskau betrug 2.458 Worte pro Tag (im Verkehr mit den USA waren es 2.730)

Der Anstieg der Telegramme machte eine effektivere Technologie nötig, die Durchlassfähigkeit des gesamten Systems musste erhöht werden. Der Empfänger in Geltow wurde auf die Empfangsfrequenz abgestimmt und das empfangene Signal über Leitung zur Betriebszentrale von »Transradio« nach Berlin übertragen. Der Funker in der Betriebszentrale war zugleich über Leitung mit dem Sender Nauen verbunden. Dadurch hatte er die Möglichkeit, bei schlechtem oder gestörtem Empfang die Gegenstelle zu unterbrechen und die Wiederholung der Nachricht anzufordern.

Die vollständig empfangene Nachricht ging dann per Draht über Hughes-Linien oder per Rohrpost an das Haupttelegrafenamt.

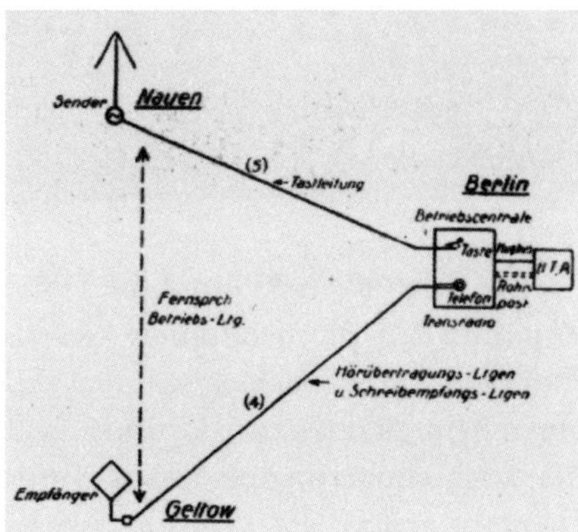

So liefen die Verbindungen zwischen der Betriebszentrale von »Transradio« und dem Sender Nauen und dem Empfänger Geltow

Maschinensaal in Nauen im Muthesiusbau, 1922. Unten: der gleiche Saal heute, der gelegentlich für Feiern vermietet wird, 3. Oktober 2010

Die Telefunken AG und die Lorenz AG beschäftigen sich bereits geraume Zeit mit den physikalischen Gesetzmäßigkeiten zur Erzeugung und zum Empfang von Wellenlängen unter 100 m, den Kurzwellen. Das hatte zunächst einen sehr praktischen Grund, da die Frequenzen bei Langwellen für die Nachrichtenübertragung knapp wurden. Die Deutsche Reichspost unternahm ebenfalls praktische Versuche im Kurzwellenbereich. Die Schaltung eines

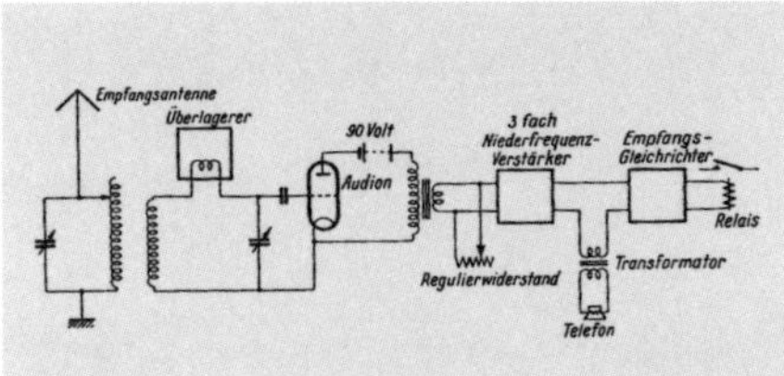

Blockschaltbild eines Kurzwellenempfängers von 1920.
Rechts: Kurzwellensender der Lorenz AG von 200 Watt

Empfängers, mit dem diese Versuche zwischen 1920 und 1922 durchgeführt wurden, ist oben zu sehen.

Als Gleichrichter verwandte man eine Röhre. Die Frequenzkonstanz erwies sich als unzureichend und damit auch die Selektionsmöglichkeiten. Das sollte im Verlaufe der nächsten Jahre sehr schnell korrigiert werden. Pionierarbeit leisteten dabei auch die Funkamateure. Sie ermittelten als erste, dass im Kurzwellenbereich mit relativ geringen Senderleistungen sehr große Entfernungen überbrückt werden können. Bei der Ausbreitung der Wellen war man bisher immer davon ausgegangen, diese könnten sich nur auf der Erdoberfläche ausbreiten. Nun stellte sich aber heraus, dass die Kurzwellen in den oberen Schichten der Atmosphäre reflektiert wurden und so zur Erde zurückgelangten. Dabei bestand ein kausaler Zusammenhang zwischen der Höhe der reflektierenden Schicht und der erzielten Reichweite – je höher die Schicht, desto weiter reichte die Welle.

1924 empfing man in Nauen und im argentinischen Buenos Aires Signale von der amerikanischen Versuchsstation Pittsburgh sowohl in Telefonie als auch in Telegrafie mit einer Wellenlänge von 90 m. Das Betriebstagebuch des Senders Nauen vermerkte am 30. Juni 1924 die Funkverbindung mit Buenos Aires auf gleicher Welle bei einer Senderleistung von 1,5 kW.

Der erste kommerzielle Telegrammverkehr zwischen beiden Sendern über Kurzwelle fand bereits am 16. Juli 1924 statt. Damit begann der regelmäßige transozeanische Kurzwellen-Funkverkehr über Nauen/Gatow.

Bereits im Oktober 1924 bestanden zehn transozeanische Kurzwellenlinien.

1924 hatte die Lorenz AG mit dem Bau eines 200 W- und der Entwicklung eines 800 kW-Kurzwellensenders für die Wellenlängen von 30 bis 50 m begonnen und sammelte schaltungstechnische Erfahrungen, die bei den folgenden Entwicklungen Berücksichtigung fanden.

Das Hauptsendegebäude in Nauen 1924 (oben) und 2010 mit aktuellen Kurzwellen-Sendeantennen. Auf dem Foto oben ist im Vordergrund eine Zuleitungsverkürzung für Kurzwellen-Richtfunkantennen zu erkennen. Links: ein Kurzwellensender mit schwenkbarer Parabol-Reflektorantenne, Nauen 1925

Auch die Telefunken AG setzte verstärkt auf die Entwicklungen im Kurzwellenbereich. Dabei zeigte sich jedoch, dass die Antennentechnik leichter zu beherrschen war als die Sende- und Empfangstechnik. 1924 errichtete Telefunken in Nauen die erste Kurzwellenantenne, ein Jahr später erprobte man dort die erste schwenkbare Parabol-Reflektorantenne für Kurzwelle.

Mit dieser Antenne, die der Physiker Alexander Meißner (1883-1958) bauen ließ, wollte man den günstigsten Antennen-Abstrahlwinkel für die Kurzwellenfunkverbindungen nach Amerika ermitteln. Leider blieben keine Erprobungsergebnisse erhalten.

Die Firma Telefunken ging offensichtlich verschiedene Wege in der Kurzwellen-Antennenentwicklung. Das zeigen die Patente für Kurzwellen-Richtantennen und die Antennen von 1927 und 1928, die als Tannenbaumantenne bezeichnet wurde, aber richtigerweise die Bezeichnung Strahlwerferantenne trug.

Von der Deutschen Reichspost erhielt die Lorenz AG 1927 den Auftrag zur Entwicklung eines Kurzwellen-Großsenders. Er wurde 1930 in Nauen aufgestellt und für den Überseefunk eingesetzt. Es handelte sich dabei um einen 20 kW-Kurzwellen-Doppelsender für den Wellenbereich von 15 bis 60 m.

Kurzwellen-Richtantenne von Telefunken in Nauen 1927 und heute (oben)

Maschinen des 20 kW-Kurzwellen-Doppelsenders von Lorenz, Nauen 1930

Der Sender verfügte schaltungstechnisch über eine Reihe neuer Lösungen, die sich auf die Frequenzkonstanz bezogen, indem man Quarze einsetze. Die Konstanz wurde mit $\pm 4*10^{-4}$ angegeben. Größten Wert legte man auch auf die Konstanz seiner Umgebungstemperatur, da davon die Frequenzstabilität der Quarze abhängig ist. Der röhrenbestückte Sender verfügte über zehn Verstärkerstufen, um die 20 kW-Senderausgangsleistung zu erreichen.

Für den Wellenwechsel benötigte man statt der bis dahin erforderlichen rund 30 nur noch zwei Minunten. Ausgelegt war der Sender für tonlose und tönende Telegrafie (A1A, A2A) und Telefonie (A3A).

20 kW-Kurzwellen-Doppelsender von Lorenz (links die beiden Sender, rechts die Maschinen-Schalttafeln) Nauen 1930

Der Überseeverkehr wuchs in den 20er Jahren sehr schnell, so dass immer mehr Kurzwellensender in Nauen und Empfänger in der Empfangsstation Geltow in Betrieb genommen werden mussten. Da die Empfangsstation Geltow den steigenden Anforderungen bald nicht mehr genügte, baute man in Beelitz eine neue Großempfangsanlage nach dem entsprechenden höheren technischen Stand auf.

Im Jahre 1929 lief die Konzession für den Telegrammverkehr für »Transradio« aus. Der Sender Nauen, die Empfangsanlagen in Geltow und Beelitz und die Betriebszentrale gingen an das Deutsche Reich. Alle technischen Einrichtungen und Teile des Personals übernahm die Deutsche Reichspost. Am 1. Juni 1931 verlegte man die Transradio-Übersee-Betriebszentrale nach Berlin.

Für den Empfang im Haupttelegrafenamt Berlin standen einheitlich ausgestattete Arbeitsplätze von Telefunken bereit. Die für den Sendebetrieb entwickelten Schnellmorse-Betriebstische komplettierten den angestrebten Systemcharakter.

Zwischen 1923 und 1938 erhöhte sich die Zahl der Überseeverbindungen bis auf 17. Der Nachrichtenaustausch zwischen den Ländern vollzog sich hauptsächlich über den Funkverkehr im Morsecode. Ab 1928 kamen dann der Fernsprechverkehr und die Bildfunkübertragung dazu.

Davon sind nur noch Teile in einer kleinen Ausstellung zu sehen, Nauen 2010

Gruppe von Kurzwellenwellen-Richtantennen von Telefunken in Beelitz, 1928

Mit der Aufnahme des ständigen Funkverkehrs mit Chile am 1. April 1929 über eine Distanz von etwa 12.500 km wurde ein vorläufiger Höhepunkt bei der Überbrückung großer Entfernungen erreicht. Der Verkehr vollzog sich auf Kurzwelle. Die Langwelle blieb jedoch als Reserve, falls atmosphärische Störungen den Kurzwellenverkehr zu stark beeinträchtigten.

Haupttelegrafenamt Berlin, die Betriebszentrale, Empfängerseite 1928

Mit der steigenden Anzahl der überseeischen Funkverbindungen erhöhte sich auch kontinuierlich die Anzahl der Telegrammwörter bis 1929. Nach der Übernahme von »Transradio« durch die Deutsche Reichspost verringerte sie sich bis 1933, um danach wieder anzusteigen.

Die Modernisierung des Großsenders Nauen setzte sich 1931 mit der Inbetriebnahme einer weiteren Kurzwellenrichtantenne fort. 1933 installierte die Reichspost einen 50 kW-Kurzwellensender.

Inbetrieb-nahme	Land	Ort	Entfernung [km]	Übertragungs-Verfahren
15.03.1923	Ägypten	Kairo	3000	Funkverkehr
16.07.1924	Argentinien	Buenes Aires	11900	Funkverkehr
10.02.1925	Niederländisch Indien	Batavia	11000	Funkverkehr
1926	Japan	Nagoya	8900	einseitig
03.05.1926	Brasilien	Rio de Janeiro	10000	Funkverkehr
15.08.1927	Philippinen	Manila	9700	Funkverkehr
07.12.1928	Argentinien	Buenes Aires	11900	Fernsprechverkehr
15.01.1929	Siam	Bangkok	8700	Funkverkehr
01.04.1929	Chile	Santiago	12350	Funkverkehr
21.04.1929	Japan	Nagoya	8900	Wechselseitig
05.08.1929	Mexiko	Mexiko	9700	Funkverkehr
21.03.1930	Brasilien	Rio de Janeiro	10000	Fernsprechverkehr
16.06.1930	Argentinien	Buenes Aires	11900	Bildfunk
23.07.1930	USA	New York	6400	Bildfunk
26.10.1930	Iran	Teheran	3650	Funkverkehr
1930	China	Nanking	8300	Bildfunk
06.12.1930	China	Shanghai	8340	Funkverkehr
15.04.1931	Siam	Bangkok	8700	Fernsprechverkehr
01.07.1931	Venezuela	Maracay	8400	Funkverkehr
23.08.1931	Syrien	Beirut	2800	Funkverkehr
19.09.1931	Venezuela	Maracay	8400	Fernsprechverkehr
11.07.1932	Mandschukuo	Hsingking	7900	Funkverkehr
18.07.1932	Ägypten	Kairo	3000	Fernsprechverkehr
01.03.1933	Philippinen	Manila	9700	Fernsprechverkehr
02.05.1938	Columbien	Bogota	9400	Funkverkehr
16.05.1938	Peru	Lima	11100	Funkverkehr

Aufnahme von überseeischen Funklinien von Nauen zwischen 1923 und 1938

5. Die Funkerausbildung

Die Entwicklung und die Einführung der Funktechnik in der zivilen Schiff- und Luftfahrt und beim Militär ging einher mit der Ausbildung des Personals. Die Schulung gliederte sich in der Hauptsache in drei Bereiche:

- Erlernung der Morsezeichen (aufnehmen und geben)
- Funkbetriebsdienst
- Funktechnik

Im Vordergrund stand die Erlernung des Morsealphabets mit dem Ziel, möglichst viele Morsezeichen pro Minute aufzunehmen und zu senden. Erfahrungsgemäß besaßen (und besitzen) jedoch nicht alle Menschen solche Fähigkeiten, dass sie diesen Anforderungen gerecht werden konnten. Trotz intensiver Übungen über längere Zeit genügten nur etwa 30 bis 40 Prozent der Funkschüler den hohen Ansprüchen.

Die *Oldenburger Nachrichten* berichteten am 1. August 1911 von der Großherzoglichen Navigationsschule in Elsfleth. Dort nahmen »18 Herren

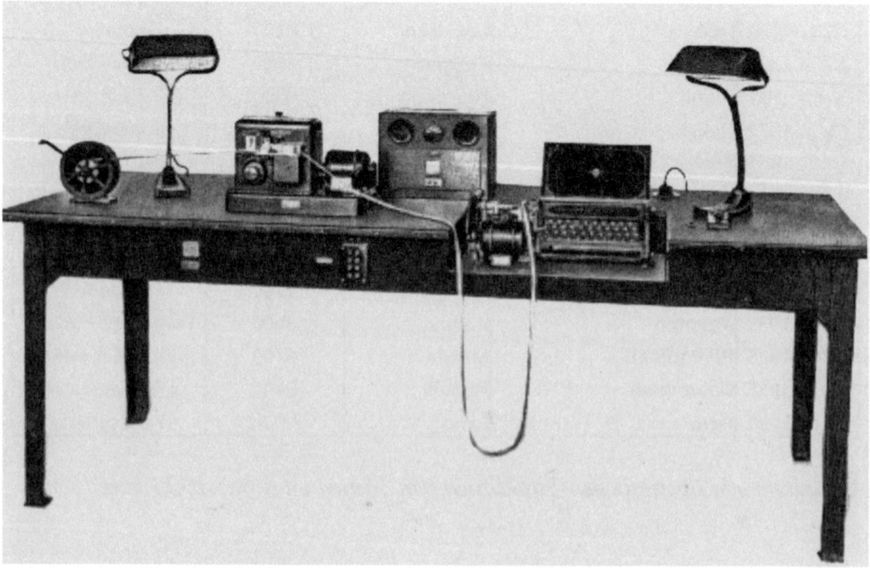

Schnellmorse-Betriebstisch zum Senden von Telefunken, um 1930

an Kursen für drahtlose Telegrafie« teil, 17 Offiziere der Handelsmarine und ein Berufstelegrafist. Nach etwa vier Monaten hatten sechs die Prüfungen bestanden, fünf den Kurs wieder verlassen und sieben hofften, nach einer Verlängerung des Kurses die Prüfung erfolgreich zu absolvieren.

Neben Elsfleth boten die Navigationsschulen in Hamburg und Bremen sowie das staatliche Technikum in Hamburg fakultativen Unterricht in der Funkentelegrafie an.

Die 1911 gegründete Deutsche Betriebsgesellschaft für drahtlose Telegrafie (DEBEG) gab 1912 bekannt, dass von 87 Schülern, welche die Telegrafistenschule in Bremerhaven besucht hatten, 60 die Prüfung bestanden hätten, die restlichen 27 mussten ausscheiden. Über die abgeforderten Leistungen sind keine Angaben vorhanden. Man kann jedoch davon ausgehen, dass die von der Internationalen Funkentelegrafischen Konferenz 1911 in London definierten Maßstäbe angewandt worden waren. London hatte festgelegte, dass Funkbeamte mit einem Zeugnis 1. Klasse mindestens 100 Buchstaben pro Minute und solche mit 2. Klasse mindestens 60 Buchstaben pro Minute aufzunehmen im Stande sein müssten.

Doch die Anzahl der Funkstationen nahm sehr schnell zu, wie eine Statistik des Internationalen Büros des Welttelegrafenvereins in Bern im Geschäftsbericht von 1919 feststellte, und damit auch der Bedarf an qualifizierten Funkern. Gab es 1908 weltweit 508 Funkstellen, waren es im ersten Kriegsjahr bereits 5.277. Im ersten Nachkriegsjahr, also 1919, wurden 6.623 registriert.

Der relativ geringe Anstieg von Funkstationen zwischen 1914 und 1918, der offiziell ausgewiesen wurde, hing unmittelbar mit dem weltumspannenden Krieg zusammen. Die Staaten hatten kein Interesse, ihre neuen Funkstationen auf Handels- und Kriegsschiffen oder die Landfunkstationen mitzuteilen, weshalb ihre tatsächliche Zahl gewiss höher war als ausgewiesen.

Eine weitere Ursache für den ständig steigenden Bedarf an Funkern lag an den stark gestiegenen Produktionszahlen und der Vielfältigkeit der Funktechnik.

Ein entscheidendes Effektivitätskriterium war schon damals die Menge der per Funk übermittelten Nachrichten. Das war eine Frage der Ökonomie: je mehr Nachrichten, desto höher der finanzielle Gewinn.

Auf militärischem Gebiet spielten weitere Kriterien eine wesentliche Rolle. Um Feststellung und Ortung von Funksendungen zu vermeiden, mussten diese möglichst kurz sein. Dafür erfand man Schnellgebegeräte. Die so übertragenen Nachrichten waren von kurzer Sendedauer und nur mit technischen Hilfsmitteln lesbar. Damit reduzierten sich die Feststell- und Peilwahrscheinlichkeit durch gegnerische Kräfte.

Alle diese Überlegungen führten im Weiteren zur Einführung von verschiedenen Schnellgebern und von dafür geeigneten Empfangseinrichtungen sowie zur Erhöhung der Anforderungen an die Funker. Bereits 1919 gab es laut DEBEG weltweit etwa 11.000 mit Funk ausgerüstete Schiffe.

Ihnen stand aber nur eine geringe Anzahl an Küstenfunkstationen gegenüber. 1921 erhöhte man die Leistungsmerkmale für Funker 1. Klasse auf 120 Buchstaben und 2. Klasse auf 100 Buchstaben pro Minute, um das Defizit zu kompensieren. In Deutschland gab es ergänzend dazu eine Festlegung, die drei Grade der Qualifikation bestimmte:

1. Grad: dreijährige lückenlose Praxis in der Funkentelegrafie
2. Grad: einjährige lückenlose Praxis in der Funkentelegrafie
3. Grad: Anfänger

Abkürzungen	Frage	Antwort oder Bemerkung
QSK	Ist das letzte Funkentelegramm zurückgezogen?	Das letzte Funkentelegramm ist zurückgezogen.
QSL	Haben Sie Quittung erhalten?	Bitte, Quittung zu geben.
QSM	Welches ist Ihr wahrer Kurs?	Mein wahrer Kurs ist . . . Grad.
QSN	HabenSieVerbindung mit dem festenLande?	Ich habe keine Verbindung mit dem festen Lande.
QSO	Haben Sie Verbindung mit einer anderen Station (oder: mit . . . .)?	Ich habe Verbindung mit . . . . (durch Vermittelung von . . . .).
QSP	Soll ich . . . melden, daß Sie ihn rufen?	Verständigen Sie . . ., daß ich ihn rufe.
QSQ	Werde ich gerufen von . . . .?	Sie werden gerufen von . . . .
QSR	Werden Sie das Funkentelegramm . . . . befördern?	Ich werde das Funkentelegramm . . . . befördern.
QST	Haben Sie einen allgemeinen Anruf erhalten?	Allgemeiner Anruf für alle Stationen.
QSU	Bitte, mich anzurufen, sobald Sie fertig sind (oder: um . . . Uhr).	Ich werde Sie rufen, sobald ich fertig bin.
QSV	Ist öffentlicher Verkehr im Gange?	Oeffentlicher Verkehr ist im Gange. Bitte, nicht zu stören.
QSW	Soll ich die Funkenzahl erhöhen?	Erhöhen Sie die Funkenzahl.
QSX	Soll ich die Funkenzahl verminden?	Vermindern Sie die Funkenzahl.
QSY	Soll ich mit der Wellenlänge von . . . . Metern geben?	Gehen wir über zur Welle von . . . Metern.
QSZ	Soll ich jedes Wort zweimal geben?	Geben Sie jedes Wort zweimal; ich habe beim Empfang Ihrer Zeichen Schwierigkeiten.
QTA	Soll ich jedes Funkentelegramm zweimal geben? oder: Soll ich das Funkentegramm, das ich soeben übermittelt habe, wiederholen?	Geben Sie jedes Funkentelegramm zweimal; ich habe beim Empfang Ihrer Zeichen Schwierigkeiten. oder: Wiederholen Sie das Funkentelegramm, das Sie soeben übermittelt haben; die Aufnahme ist undeutlich.

Wenn hinter einer Abkürzung ein Fragezeichen steht, so drückt dies aus, daß es sich um die neben der betreffenden Abkürzung angegebene Frage handelt.

Beispiele:

Stationen		
A	QRA?	= Welches ist der Name ihrer Station?
B	QRA Campania	= Hier ist die Station Campania.
A	QRG?	= Welcher Gesellschaft oder Schiffahrtslinie gehören Sie an?
B	QRG Cunard QRZ	= Ich gehöre der Cunard Line an. Ihre Zeichen sind schwach.

Die Station A vermehrt alsdann die Kraft ihres Senders und sagt:

A	QRK?	= Wie erhalten Sie?
B	QRK	= Ich erhalte gut.
	QRB 80	= Die Entfernung zwischen unseren Stationen beträgt 80 Seemeilen.
	QRC 62	= Meine wahre Peilung ist 62 Grad.
	usw.	usw.

Auszug aus dem Q-Code zur internationalen Verständigung, 1914

Zur Ausbildung der Funker gehörte der Funkbetriebsdienst, also Kenntnisse darüber, wie der Funkverkehr im Detail abzuwickeln ist. Grundlage bildeten die international und national verwandten Abkürzungen, die Sprache der Funker. Sie erlaubte eine Verständigung zwischen den Funkern unterschiedlicher Nationalität. Am bekanntesten waren (und sind) der internationale Q- und Z-Code, die Funkverkehrsabkürzungen und die Landeskenner.

Die Landeskenner wurden Staaten zugeordnet. Aus ihnen wurden die Rufzeichen einer Funkstation gebildet. Damit war diese identifizierbar. Die technischen Entwicklungen bedingten jedoch auch Veränderungen einzelner Q-Codes. Andere wiederum behielten bis heute ihre Bedeutung.

Ein anderer Teil der Ausbildung bezog sich auf die Bedienung der technischen Geräte einschließlich ihrer physikalischen Grundlagen. Das zeigt das untenstehende Inhaltsverzeichnis einer Broschüre für die technische Ausbildung von Militärfunkern von 1915.

III

Inhalt:

Lehrstoff bei der technischen Ausbildung von Militärfunkern, 1915

Die Gliederungspunkte A, B und C nahmen Bezug auf die physikalischen Grundlagen der Funktechnik und, darauf aufbauend, wurden in den Punkten D und E die Funksysteme vom Sender bis zum Empfänger beschrieben.

Der Inhalt der über Funk zu übertragenden Texte wurde auf Formulare geschrieben. (*s. unten*) Desgleichen die vom Funker aufgenommenen Funknachrichten.

Der ständig steigende Nachrichtenaustausch musste personell systematisch mit qualifizierten Funkern abgedeckt werden. So gründeten DEBEG und Transradio 1925 in Berlin eine Funkerschule. Sie befand sich in der Belle-Alliance-Straße 6 in Kreuzberg (in der Nr. 12 wohnte der Weltkriegsarzt und Dichter Gottfried Benn). Ein Kurs bestand aus 25 Teilnehmern, die nicht älter als 21 Jahre sein durften. Weiterhin war gefordert:

- Abschluss der Obersekundarstufe
- ein ärztliches Eignungsattest
- ein polizeiliches Führungszeugnis.

In dem neun Monate dauernden Kurs waren folgende maximale Leistungen der Funker gefordert:

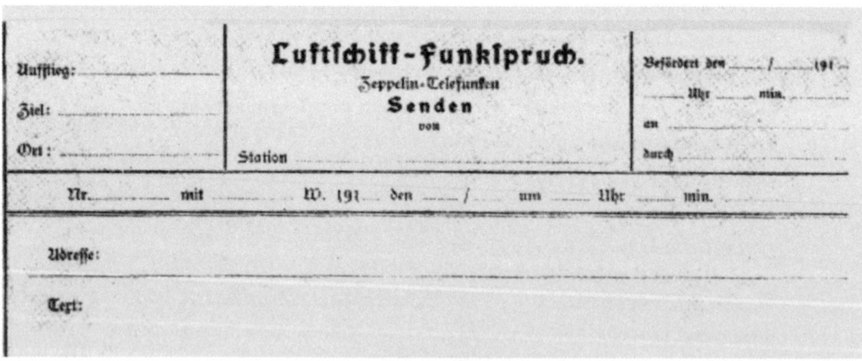

Luftschiff-Funkspruch.
Zeppelin-Telefunken
Senden
vom

Aufstieg: ______
Ziel: ______
Ort: ______
Station ______

Befördert den ___/___ 191__
___ Uhr ___ min.
an ______
durch ______

Nr.___ mit ___ W. 191__ den ___/___ um ___ Uhr ___ min.

Adresse:

Text:

Uhrzeit	*1.Tag*	*2.Tag*	*3.Tag*	*4.Tag*
07.00 bis 13.00	*A*	*B*	*D*	*C*
13.00 bis 21.00	*B*	*D*	*C*	*A*
21.00 bis 24.00	*A*	*B*	*D*	*C*
00.00 bis 07.00	*C*	*A*	*B*	*D*
14.00 bis 22.00	*D*	*C*	*A*	*B*

Oben: Formular für Funkkontakt mit Zeppelinen. Darunter: Schichtrhythmus im Postdienst, 1925

- Morsezeichenaufnahme mit der Schreibmaschine: 30 Wörter/min.
- Morsezeichenaufnahme mit der Hand: 25 Wörter/min.
- Recorderlesen: 45 Wörter/min.
- Handsenden: 25 Wörter/min.
- Stanzen: 40 Wörter/min.
- Klopferhören: 20 Wörter/min.

Der erste Kurs begann am 15. Mai 1925. Bis 1929 folgte pro Jahr ein weiterer Lehrgang. Bei erfolgreich bestandener Hauptprüfung konnte eine Zusatzprüfung abgelegt werden, die dann, abgestuft in drei Klassen, für die spätere Bezahlung ausschlaggebend war.

Die Arbeitszeit war in einen viertägigen Wechseldienst eingeteilt, wie die Grafik auf der nebenstehenden Seite zeigt. Die Buchstaben standen für eine Schichtbesetzung. Die Anzahl der Funker pro Schicht ist nicht überliefert.

Es ist nicht bekannt, ob es sich bei der Tätigkeit der Postbediensteten um den Empfang oder das Senden von Nachrichten im Morsecode handelte. Wahrscheinlich aber waren bedarfsweise beide Tätigkeiten auszuüben.

6. Funktechnik im Ersten Weltkrieg

6.1 Die funktechnisch ausgerüsteten Heeresverbände

In den Jahren 1912/13 forcierte das Deutsche Reich seine Anstrengungen im Kommunikationsbereich beim Militär. Die Führung hatte Rückstände auf technischem und organisatorischem Gebiet gegenüber potentiellen Gegnern ausgemacht, die schnell überwunden werden sollten. Insofern waren diese Bemühungen Teil eines Rüstungsprogramms, und, wenn man so will, Vorbereitung auf einen Krieg. Man kann diese Entwicklung nicht losgelöst von den politischen und gesellschaftlichen Entwicklungen betrachten.

Der Stand der militärischen Funktechnik ist in einem Bericht der Verkehrstechnischen Prüfungskommission an die vorgesetzte Generalinspektion des Militär-Verkehrswesens vom 2. Oktober 1913 festgehalten. Demnach verfügte das kaiserliche Heer zu jenem Zeitpunkt über folgende von Telefunken gelieferte Funktechnik:

- 4 Kraftwagenfunkstationen
- 30 bespannte schwere Feldfunkstationen
- 23 bespannte leichte Feldfunkstationen
- 4 Festungsfunkstationen

Die Aufgliederung nach taktisch-technischen Kriterien zeigt die Tabelle auf der nebenstehenden Seite.

Die Frequenzbereiche der Sender und der Empfänger betrugen 50 kHz bis 1,2 MHz, es wurde gesendet und empfangen in den Längst-, Lang- und Mittelwellenbereichen. Die Kurzwelle, mit Frequenzen ab 3 MHz, stand für die Nachrichtenübertragung noch nicht zur Verfügung. Es wurden jedoch bereits technische Experimente und Untersuchungen vorgenommen, die sich mit der praktischen Anwendung höherer Frequenzen befassten.

Das Spektrum der Funktechnik erweiterte sich ständig. Es kamen Kleinstationen und Richtempfangsstationen hinzu. Weiterhin die Fliegerstörer, eine taktische Kombination aus Funkempfangs- und Funksendetechnik, spezielle Funktechnik für die Marine, die zu 90 Prozent von der Lorenz AG geliefert wurde, und die Flugzeug- und Luftschifffunktechnik. Mit Beginn des Krieges führte das Militär im großen Umfang die Funktechnik ein. So bestanden im

Funktechnik des Heeres am 2.Oktober 1913	Anzahl	Fahrzeuge	Fahrzeugart	Höhe des Antennenmastes [m]	Senderleistung [kW]	Wellenlänge [m]	Empfänger	Wellenlänge [m]	Motorleistung
schwere Feldstation 12/14a	30	3	Protze	30	1,5	500-2500	2	250-3000	6 PS/1Zyl.
								300-6000	
leichte Feldstation 12/14	23	2	Protze	17	0,5	300-1000	1	250-2500	3PS/1Zyl.
schwere Kraftwagenstation 14/15	2	3	2t-KfZ	30	1,5	500-2200	2	250-3500	KfZ-Motor
Kraftwagen-Großstation	2	2	3t-Kfz	40	2,5	600-3000	2	250-6000	KfZ-Motor

Am Vorabend des Weltkrieges: Funktechnik im kaiserlichen Heer, 1913

August 1916 die Heeres-Funkertruppen aus zwei schweren Funkenstationen, einer Funkempfangsstation, zwei Richtempfangstrupps sowie ein bis zwei Fliegerstörern.

Der taktische Einsatz der Funktechnik im Heer stellte Funkverbindungen vom Armee-Oberkommando (AOK) zur kämpfenden Truppe sicher. Dementsprechend war die Zuordnung der Technik bezüglich ihrer Senderleistung (Reichweite) und ihrer Beweglichkeit wie folgt festgelegt:
AOK und Gruppenkommandos: schwere Feldstation und Automobilstation
Division mit besonderen Aufgaben: leichte Feldstation
Heeres-Kavallerie-Division beim Divisionsstab: eine schwere Feldstation

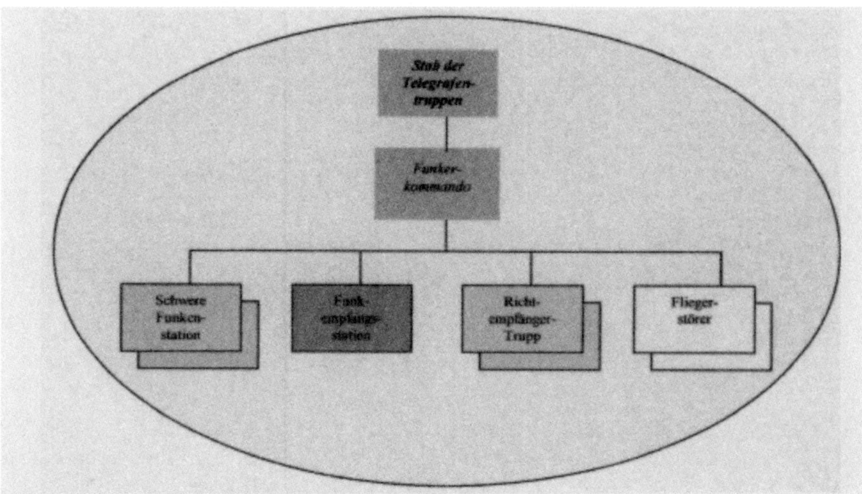

Funktechnik der Telegrafentruppen des Heeres

Vorgeschobene Brigaden und Aufklärungsschwadrone: zwei leichte fahrbare Feldstationen.

Die Anforderungen an die leichten fahrbaren Feldstationen in bezug auf ihre Schnelligkeit und ihre Beweglichkeit resultierten aus dem Einsatz bei der Kavallerie. Sie waren deshalb so konstruiert, dass sie der Kavallerie folgen konnten und ihre volle Betriebsbereitschaft in nur fünf Minuten hergestellt war.

Im Januar 1917 fasste der Chef der Feldtelegrafie beim Generalstab des Feldheeres, Oberst von Wolff, die praktischen Erfahrungen der Funkertruppe zusammen. Es lagen aufschlussreiche Berichte der aufgeführten Einheiten bezüglich ihrer funktaktischen Aufgaben und den dafür verwendeten Antennen und der technischen Hilfsmittel zur deren Erfüllung vor.

Militärische Einheit	***Verwendung***	***Militärische Einheit***	***Verwendung***
Funkerabteilung	Grosses Hauptquartier	Funken Empfangsstation 2	Abhördienst
Bayerische schwere Funkenstation 1	AOK Süd	Funken Empfangsstation 3	Abhördienst
Bayerische schwere Funkenstation 3		Funken-Empfangsstation 6	Abhördienst
Bayerische schwere Funkenstation 4	Luftschiffhafen	Funken-Empfangsstation 7	Abhördienst
Schwere Funkenstation 4			
Schwere Funkenstation 12	AOK 10	Funker-Kleinabteilung 3	
Schwere Funkenstation 13		Funker-Kleinabteilung 4	
Schwere Funkenstation 14			
Schwere Funkenstation 16		Kraftwagen Großstation 3	Oberbefehlshaber Ost
Schwere Funkenstation 17			
Schwere Funkenstation 18		Funkenstation 11	
Schwere Funkenstation 19			
Schwere Funkenstation 21		Funker-Kommando 1	
Schwere Funkenstation 22		Funker-Kommando 2	
Schwere Funkenstation 23		Bayerisches Funker-Kommando 6	
Schwere Funkenstation 25		Funker-Kommando 7	
Schwere Funkenstation 26 Kr.	AOK 8	Funker-Kommando 13	
Schwere Funkenstation 27			
Schwere Funkenstation 31		R. E. Station 14	Richtempfang
Schwere Funkenstation 32		R. E. Station 15	Richtempfang
Schwere Funkenstation 33			
Schwere Funkenstation 34		R. E. Trupp 1	Richtempfang
Schwere Funkenstation 38		R. E. Trupp 3	Richtempfang
Schwere Funkenstation 39		R. E. Trupp 7	Richtempfang
Schwere Funkenstation 44	Funken-Störstation	R. E. Trupp 9	Richtempfang
		R. E. Trupp 17	Richtempfang
Leichte Funkenstation 3 Geb.			
Leichte Funkenstation 4		Fliegerstörer 1	
Leichte Funkenstation 7		Preußischer Fliegerstörer 6	
Leichte Funkenstation 9			
Leichte Funkenstation 10			
Leichte Funkenstation 14			
Leichte Funkenstation 16			
Leichte Funkenstation 21			
Leichte Funkenstation 25			

Funktechnik der einzelnen Heeres-Funkertruppen im Ersten Weltkrieg

Funken-Störstationen: Sie sollten den Funkverkehr gegnerischer Funkstationen verhindern, um so ein abgestimmtes Vorgehen der Truppen im weitesten Sinne zu verhindern.

Fliegerstörer: Sie sollten den Funkverkehr der gegnerischen Flugzeuge beim Einschießen verhindern. Der Fliegerstörverband war gegliedert in die Störleitstelle, die Störstation und die Störbeobachtungsstation.

Abhördienst: Jedes Armeeoberkommando im kaiserlichen Heer verfügte laut Befehl vom 20. November 1914 über eine spezielle Funkempfangsstation für den Abhördienst. Diese Verfügung ging darauf zurück, dass Funkstationen im Bereich des AOK 8 – etwa die Festungsfunkstation Königsberg – bei Kriegsbeginn im August 1914 eher zufällig Klartextfunksprüche der beiden gegen Ostpreußen marschierenden russischen Armeen aufnahmen. Dieser schwerwiegende Fehler unterlief den russischen Funkern am 25. August 1914 bei der Übermittlung von Befehlen des Oberkommandos. Die beiden unverschlüsselten Funksprüche in Russisch konnten zwar nicht sehr gut übersetzt werden, ließen aber dennoch den wesentlichen Inhalt erkennen.

Der erste aufgefangene Funkspruch enthielt den vollständigen Befehl des Generals von Rennenkampf an das ihm unterstellte IV. Armeekorps. Darin waren die am 26. August 1914 zu erreichenden Abschnitte Gerdauen, Allenburg und Wehlau genannt. Aufgrund dieser Information reagierten die deutschen Truppen entsprechend.

Den zweiten Funkspruch übermittelte ein Postbeamter, den er als Depesche zugesandt bekommen hatte. Das Telegramm enthielt einen Befehl über die Bewegungsrichtungen der 2. Armee, der von General Samsonow am Morgen 6.00 Uhr unterzeichnet und an das XIII. Armeekorps übermittelt worden war. Er enthielt genaue Angaben zu Kampflinien und dort operierenden Truppen. Wörtlich hieß es darin:

»Nach der Schlacht an der Front des XV. Korps ist das gegnerische Korps am 24. August zurückgegangen in Richtung Osterode. Bei Gilgenburg nach Aussagen Landwehrbrigade. Die Armee verfolgt Gegner weiter, der nach Königsberg-Rastenburg zurückgeht. Die 2. Armee geht vor: Linie Allenstein-Osterode am 25. August, die Hauptmacht der Korps besetzt: XIII. Korps Linie Gimmendorf-Kurken, XV. Korps Nadrau-Paulsgut, XXIII. Korps Michalken-Groß-Gardienen. Trennungsstreifen für das Vorgehen der Korps: Zwischen XIII. und XV. Linie Muschaken-Schwedrich, zwischen XV. und XXIII. Linie Neidenburg-Wittigwalde.

Das I. Korps soll bleiben im 5. Bezirk, indem es linke Flanke der Armee sichert. Das II. Korps in den Raum Bischofsburg-Rothfließ, um den rechten Flügel zu sichern. Von der Seite Rastenburg soll 4. Kavallerie-Division, die dem VI. Korps unterstellt, bleiben in Sensburg, indem sie aufklärt Linie Rastenburg-Bartenstein und Seeburg-Heilsberg. 6. und 15. Kavallerie-Division [...] Stab Ostrolenka«

Die Festungs-Funkstation Thorn nahm in der Zeit vom 8. August 1914 bis zum 12. September 1914 insgesamt 444 russische Klartextfunksprüche auf.

Richtempfang: Die Richtempfangstationen nutzten die Richtwirkung von Antennen hauptsächlich zur Bestimmung des Azimut zu der empfangenen Funkstation. Beim Zusammenwirken von mindestens zwei R.E.-Stationen konnte ein ungefährer Standort der empfangenen Funkstation bestimmt werden.

6.2 Großstation der Heeresverwaltung in Königs Wusterhausen

Bereits 1911 planten die Militärs die Errichtung einer Großstation für die deutsche Heeresverwaltung. Unklar waren zu jenem Zeitpunkt noch der Standort und die einzusetzende Funktechnik. Die Erfahrungen mit dem Sender Nauen, der 1906 in Betrieb gegangen war, zeigten die Entwicklung auf dem funktechnischen Gebiet und deren Tempo. Immer größere Reichweiten wurden erzielt.

Offenkundig jedoch wollte das Militär eine eigenständige, also jenseits und außerhalb der zivilen Entwicklung und Nutzung liegende Forschung betreiben, um diese dann ausschließlich für ihre Zwecke einzusetzen.

Die Etscheidung fiel auf Königs Wusterhausen im Süden von Berlin. Dort erfolgten erste praktische funktechnische Versuche mit auf Lafetten montierten Lichtbogensender, die von sechs Pferden gezogen wurden.

Dem damaligen technischen Stand entsprechend dienten Stahlseile von bis zu 300 Meter Länge als Antennen, die an gasgefüllten Ballons befestigt wurden. Die Versuche müssen insgesamt zufriedenstellend verlaufen sein, denn bereits 1912 lagen Pläne für den Bau der Großstation der deutschen Heeresverwaltung an diesem Ort vor. Die Realisierung begann 1913, verlief jedoch sehr schleppend. Mit Kriegsbeginn verzögerte sie sich noch mehr. Auch in Königs Wusterhausen machte sich wie in Nauen der wachsende Mangel an Bauarbeitern bemerkbar. Und das, obwohl doch das Militär auf dieser Baustelle das Sagen hatte.

Die Leitung lag bei einem Rittmeister Egbert von Lepel. Er ließ 1915 ein funktechnisches Provisorium errichten, bestehend aus einem Versuchssender, einem Dieselmotor, der einen Generator zur Stromerzeugung antrieb, und eine Antenne in Form eines Langdrahts, der an einem noch in Montage befindlichen Antennenmast befestigt wurde.

Im August 1915 begann die Installation der funktechnischen Anlagen in den fertiggestellten Gebäuden. Das Antennenfeld verfügte über fünf Antennen-Gittermaste mit einer Höhe von 150 m. Hinzu kamen noch vier Holzmaste von 30 m Höhe zur Zugentlastung der Antenneneinführung in das

Aufbau eines 150 m-Antennenmastes mittels Hilfsmast in Königs Wusterhausen

Hauptgebäude. An den Masten waren zwei Fächerantennen, zwei T-Antennen und eine L-Antenne. Insgesamt erhielt die Station vier Sender mit unterschiedlichen technischen Parametern. Das waren:

- 70 kW-Löschfunken-Sender von Telefunken, durchstimmbar von 3.500 bis 8.000 m,
- 5 kW-Löschfunken-Sender von Telefunken, durchstimmbar von 1.800 bis 5.500 m,
- 35 kW-Poulsen-Sender von Lorenz,
- 5 kW-Poulsen-Sender von Lorenz.

Die in einem separaten Raum untergebrachten Empfangsgeräte verteilten sich auf fünf Empfangstische mit je einem Empfänger und den erforderlichen

Großstation der kaiserlichen Heeresverwaltung bei Königs Wusterhausen, 1916. Oben links: Senderaum, rechts: Funkenstrecke

Details aus KW. Links Antennenvariometer, rechts Antennenverlängerung

Verstärkern, Überlagerern, Hilfsgeräten, Morsetastenanschluss, Antennenumschalter von Senden auf Empfang und umgekehrt. Die Umschalt- und Abstimmdauer dauerte etwa 30 Sekunden. Die fünf Empfänger erfassten einen Wellenbereich von 300 bis 35.000 m.

Die provisorische Inbetriebnahme erfolgte im April 1916. Am 15. Juni 1916 wurde die Großstation offiziell der deutschen Heeresverwaltung übergeben.

Für die Stromerzeugung standen drei Generatoren bereit, die von 150 PS-Rohölmotoren angetrieben wurden.

6.3 Funktechnik der Obersten Heeresleitung

Die Funkenstation der Obersten Heeresleitung (OHL) hielt die Verbindung zu den Armee-Oberkommandos (AOK) auf dem Balkan und im Orient. Der nach dem Prinzip des tönenden Löschfunkens arbeitende Sender in Königs Wusterhausen hatte eine Leistung von 20 kW. Der primäre Energiebedarf der Station betrug 60 kW. Er verfügte über eine kontinuierliche Wellenabstimmung und konnte mit fünf verschiedenen Haupttönen und deren Untertönen betrieben werden. Der Antennenmast hatte eine Höhe von 70 Meter.

Der Empfangstisch bestand aus zwei Arbeitsplätzen mit einem Empfänger E.5 und einem Marine-Universal-Zellen-Empfänger (MUZE) sowie einem Vieröhren- und zwei Zweiröhrenverstärkern.

Die Sende- und Empfangsausrüstung sicherte die Funkverbindungen mit Damaskus und Konstantinopel (Istanbul).

Der Empfangstisch der Obersten Heeresleitung (oben). Links der Sender der OHL in Königs Wusterhausen

Modell der Großstation Nauen

6.4 Großstation des Admiralstabs der Marine in Nauen

Die militärische Funktion der Großstation Nauen im Ersten Weltkrieg wurde bereits im Kapitel 4 ausführlich dargestellt, weshalb an dieser Stelle darauf verzichtet werden kann.

6.5 Großstation der österreichischen Heeresverwaltung in Pola

Die Großstation der österreichischen Heeresverwaltung befand sich in der Hafenstadt Pola im Süden der kroatischen Halbinsel Istrien. Es war der Hauptstützpunkt der österreich-ungarischen Marine. Die Stadt war 1848 von Kaiser Franz Joseph I. zum österreichischen Kriegshafen erklärt worden. Seit 1866 war Pola der wichtigste Kriegshafen der k.u.k. Flotte. Die Werft der Stadt baute zahlreiche Kriegs- und Handelsschiffe.

Der vor dem Ersten Weltkrieg von Telefunken dort errichtete Sender hatte eine Leistung von 10 kW. Mit Beginn des Krieges entstanden höhere Anforderungen an die Leistungsfähigkeit dieser so wichtigen Station. Es ging um die Sicherstellung von Funkverbindungen für Großkampf- und kleinere Schiffe, U-Boote, Flugzeuge, Luftschiffe und Landstationen.

Das erforderte einen großen Wellenumfang, variable Sendeenergie, gedämpfte und ungedämpfte Schwingungen und schnelltelegrafische Einrichtungen. Für die Empfangstechnik stand die Forderung nach größtmöglicher Selektivität und Signalverstärkung.

Das Stationsgebäude, 30 mal 26 Meter, erhielt eine ein Meter dicke Eisenbetondecke, um gegen Flugzeugbomben gesichert zu sein.

Für die Stromversorgung der Großstation standen zwei Dreizylinder-Dieselmotoren mit je 130 PS zur Verfügung. Diese waren mit Gleichstrommaschinen von 80 kW bei 220 V gekoppelt. Sie speisten auch eine Akkumulatorenbatterie von insgesamt 1600 A/h. Der große tönende Sender war verbunden mit zwei Wechselstrom-Generatoren von 50 kVA und der kleine Tonsender mit zwei 8 kVA Wechselstrom-Generatoren.

Ein 35 kW tönender Sender war für zehn Wellen im Bereich von 3.000 bis 6.000 m ausgelegt. Der 50 kW-Maschinensender für ungedämpfte Schwingungen konnte auf den Wellen 7.500, 5.000 und 3.700 m senden. Der 5 kW-Sender war über ein Variometer durchstimmbar im Wellenbereich zwischen 300 bis 750 m.

Im Empfangsraum befanden sich drei zweisitzige Hauptempfangstische und zwei Mithörtische für die Ausbildung des Personals. Die Tische waren mit drei österreichischen Marineempfängern und mit Hoch- und Niederfrequenzverstärkern versehen.

Ein 150 m hoher Gittermast diente der aus 18 Drähten mit je 200 m Länge bestehenden Schirmantenne als Halterung. Die Antennendrähte waren an ihren Enden mit 16 m Holzmasten abgespannt. Weiterhin waren am Mast eine Harfen- und eine T-Antenne befestigt.

Österreichische Kriegsschiffe im Hafen von Pola (heute Pula, Foto unten)

Das sehr große Gewicht der Antenne machte einen sehr hohen technischen und baulichen Aufwand nötig. Die Drähte verliefen von der Decke des Senderaums zu sechs Meter hohen Eisenmasten, die einen Durchmesser von 150 m bildeten. An den Enden verband man sie mit einem ein Meter hohen Eisenring, der dann in eine zwei Meter tiefe Rinne versenkt wurde.

Der Sender Pola gehörte wie der Sender Nauen zu den wichtigsten Informationsquellen der militärischen Einheiten der Mittelmächte.

Die kroatische Hafenstadt Pula mit ihrer über 3.000-jährigen Geschichte, ist heute ein beliebtes Touristenzentrum.

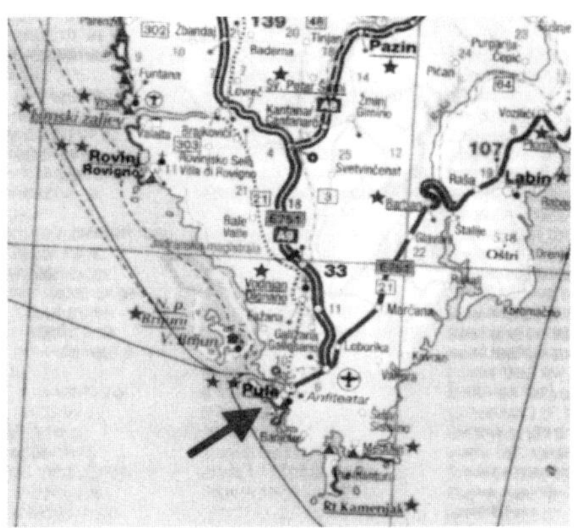

Die beiden Möbelwagen von Telefunken bei der Werkserprobung

6.6 Großstation der türkischen Heeresverwaltung in Istanbul

Den Auftrag zur Errichtung der Großstation der türkischen Heeresverwaltung in Osmanie (Istanbul) ging an Telefunken. Zunächst bestand diese aus einem Provisorium der Sende- und Empfangstechnik, wie sie auch an anderen Standorten eingesetzt war. Sie war in zwei Möbelwagen von je sechs Tonnen Gewicht untergebracht, die von Telefunken teils mit der Eisenbahn, teils mit Karren, gezogen von 40 bis 60 Büffeln , überführt wurden.

Die Antennenanlage bestand aus zwei 120 und vier 70 Meter hohen Gittermasten. Das Antennenfeld hatte eine Länge von fast einen Kilometer und eine Breite von über 200 m.

Die festen Gebäude wurden sukzessive errichtet, danach wurden ein 35 kW- und ein 10 kW-Sender installiert. Der Empfangsraum hatte drei Arbeitsplätze, die mit Empfängern und zwei Morseschreibern sowie einem Ferndrucker ausgerüstet waren. Außer dem üblichen Funkverkehr strahlte der Sender Osmanie zu bestimmten Stunden auch das Zeitzeichen für die gesamte Türkei aus.

Die Funkstation Osmanie hielt Verbindung zu schweren Feldstationen mit einer Leistung von 1,5 kW über sehr große Entfernungen. Das waren Bozanti in 650 km, Mossulin in 1.360 km, Bagdad in 1.625 km und Kermanschah in 1.800 km.

Überführung der beiden Möbelwagen aus Berlin nach Istanbul per Bahn. Oben links: Blick in den Wagen mit dem Sender, rechts: der Maschinenwagen von innen

6.7 Funksende- und -empfangstechnik

6.7.1 Bespannte schwere Feldstation

Das F.T.-Gerät, Kürzel für »funktechnisches Gerät« wurde auf zwei getrennten Protzenfahrzeugen, dem Funkenwagen und dem Mastwagen, untergebracht. Der Funkenwagen enthielt in der Protze die eigentliche F.T.-Apparatur. Der Sender von etwa 1,5 kW Leistung arbeitete nach dem Prinzip des tönenden Löschfunkens im Wellenbereich von 500 bis 2.500 m. Die zwei Empfänger E.85 oder E.28 hatten einen Wellenbereich von 300 bis 2.500 m. Im Hinterwagen befand sich die Maschinenanlage.

Auf dem Mastwagen befand sich ein 30 Meter hoher achtteiliger Antennenmast als kurbelbarer Teleskopmastes (der Magirusmast – benannt nach dem Hersteller *C. D. Magirus AG Ulm*). Die mitgeführte Antenne konnte entweder als eine 6/6- oder 12/12-Schirmantenne eingesetzt werden.

Weiterhin befand sich im Mastwagen ein Vierzylinder-Benzinmotor mit einer Leistung von 7,5 PS und ein Wechselstromgenerator zur Stromerzeugung. Die Motordrehzahl war zwischen 600 und 2.400 Umdrehungen pro Minute regelbar. Die Schaltafel hatte zwei Wechselstrom- und eine Gleichstromsicherung für 60 bzw. 6A. Der Wechselstromgenerator liefert bei 1.500 Umdrehungen/Minute 85V und 30A, also ca. 2,5 kW. Die Reichweite der Station betrug 250 bis 300 Kilometer.

Eine marschbereite schwere Feldstation. Zur Besatzung gehörten 38 Mann, darunter 14 Funker, 24 Zugpferde (davon zwei als Reserve) sowie 20 Reitpferde. Gesamtgewicht über fünf Tonnen

Links der Apparatekarren (Funkenwagen), rechts der Kraftkarren

Im Gerätefahrzeug befand sich Benzin und Reservematerial für einen mehrwöchigen Betrieb.

Die Besatzung der schweren Feldstation bestand aus 38 Mann, davon 14 Funker. Zu einer schwere Feldstation gehörten ferner ein sechsspänniger Funkenwagen, der sechsspännige Mastwagen, ein sechsspänniger Gerätewagen und ein vierspänniger Lebensmittelwagen. Ferner benötigte man 20 Reitpferde, 24 Zugpferde (davon zwei Reservepferde).

Die drei Prozen (Funken-, Mast- und Gerätewagen) wogen 800, 700 und 750 Kilogramm, die Hinterwagen jeweils 1.000 bzw. der Gerätewagen 800 Kilogramm, alles in allem also 5.050 Kilogramm.

Im Funkenwagen befanden sich die Sende- und Empfangsapparatur. Die siebzehnHauptbaugruppen waren Tonschieber, Morsetaste, Wechselstrom-Amperemeter, Wechselstrom-Voltmeter, Funkenstrecke, Stoßkreisleier mit Zusatzspule, Stoßkreiskondensator, Antennenverlängerungsspule, Variometer, Antennenamperemeter, Umschalter für Senden und Empfangen, Durchführung für Antenne und Gegengewicht, Tonprüfer, zwei Zwischenkreisempfänger E.85 mit Telefonen (das waren Kopfhörer) und Detektoren, Schleifer, Empfangsteiler (das war der Antennenverteiler) und dem Wellenmesser.

Der Kraft- und Apparatekarren mussten nach ihrem Aufbau mit einem Starkstromkabel verbunden werden. Danach war der Motor anzukurbeln und auf eine Drehzahl zwischen 1.500 bis 1.650 Umdrehungen pro Minute zu bringen. Die richtige Funktionsweise der Stromversorgung zeigte eine Glühlampe und ein Wechselstrom-Voltmeter im Apparatekarren an.

Die Handlungsabläufe zur Herstellung der Sendbereitschaft waren sehr komplex. Um sich jedoch die Bedienung der Geräte vorstellen zu können sollen diese, ohne sie im Detail zu beschreiben, hier genannt sein.

Zunächst war der Wellenmesser auf die Sendewelle einzustellen. Dafür gab es farblich gestaltete Bedienelemente, die in Übereinstimmung zu bringen waren. Dann war die Funkenstreckenzahl so einzustellen, dass eine möglichst geringe Anzahl davon beansprucht wurde. Danach stellte man den Stoßkreis-

Eine bespannte schwere Feldstation beim Abmarsch

leiter mit einem Handrad auf die Sendewelle ein, indem die Farbschilder der Stoßkreisleiter (weiß) und die Zusatzspule (rot) in Deckung gebracht wurden.

Die Antennenverlängerungsspule war so einzustellen, dass die Betriebswelle in der Mitte lag. Sodann legte man den Hauptschalter im Apparatekarren auf »Senden« und brachte den Strom des Antennenkreises mit dem Antennenvariometer auf Maximum.

Die Wechselstromspannung mit dem Tonschieber war entsprechend der Tontabelle bei richtiger Drehzahl des Motors einzustellen, dann der Ton mit dem Tonprüfer zu regeln und bei Bedarf nachzujustieren.

Mit dem Wellenmesser wurde schließlich die Abstimmung der Sendewelle geprüft.

Mastaufbau einer bespannten schweren Feldstation in der Zitadelle von Ueskueb, vor und nach der 500-jährigen osmanischen Herrschaft bekannt als Skopje in Mazedonien

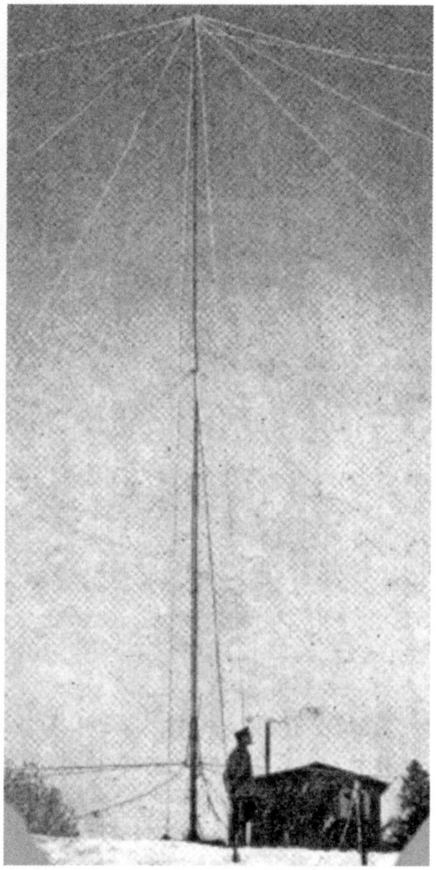

Eine aufgebaute schwere Feldstation bei Luck/Luzk in der Ukraine während des Stellungskrieges (oben), rechts: eine 10/10 Schirmantenne einer Feldstation in der gleichen Gegend. Unten: eine ausgebrannte schwere Feldstation. Rechts unten: eine ausgebaute bespannte schwere Feldstation im stationären Betrieb im Stellungskrieg

Die Grundeinstellung für den Empfang bestand im Umschalten des Hauptschalters auf »Empfangen« und des Schalters für den rechten oder linken Empfänger. Als Empfänger kamen der E.40, Z.E.28 und Z.E.85 in Betracht.

Der zur Ausrüstung der schweren Feldstation gehörende Empfangsteiler gestattete den gleichzeitigen Empfang der beiden Empfänger E.85 oder E.28 auf gleichen oder unterschiedlichen Wellen mit einer Antenne. Der Sender war beim Empfang blockiert, so dass entweder nur gesendet oder nur empfangen werden konnte.

6.7.2 Bespannte leichte Feldstation

Die bespannte leichte Feldstation unterschied sich von der schweren Feldstation vor allem dadurch, dass nur ein Empfänger E.40 bzw. E.85 für den Wellenbereich von 500 bis 3.000 m vorhanden war. Der Sender hatte einen Wellenbereich von 400 bis 1.000 m und eine Leistung von 0,5 kW, die zur Überbrückung von etwa 100 km ausreichte. Der Magirusmast kam auf eine Höhe von 18 m. Eine 6/6 Schirmantenne komplettierte die leichte Feldstation.

Die Besatzung der leichten Feldstation bestand aus 27 Mann (davon neun Funker). Dazu gehörten ferner ein sechsspänniger Funkenwagen (Protze und Hinterwagen zu je 750 kg), ein sechsspänniger Gerätewagen (Protze und Hinterwagen je 750 kg) und ein vierspänniger Lebensmittelwagen. Und schließlich brauchte man insgesamt 37 Pferde (17 Reit-, 18 Zug- und zwei Reservepferde).

Mast- und Stationsfahrzeug einer bespannten leichten Feldstation

Apparatekarren. Rechts: eine Antenne auf Haspel. Unten: Antennen- und Gegengewichtsanordnung der leichten bespannten Feldstation

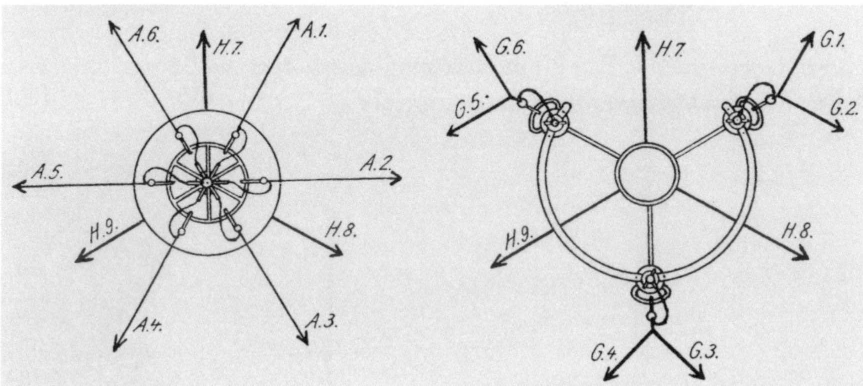

Beim Arbeiten mit vier Antennen zu je 25 m Länge und vier Gegengewichten mit je 60 m Länge konnte in drei verschiedenen Wellenbereichen gesendet bzw. empfangen werden: 450 bis 1.200 m, 1.050 bis 1.550 m und 1.550 bis 1.650 m.

Fahrzeuge einer Flieger-Gefechtsstation Type 17

Eine modifizierte Art der leichten bespannten Feldstation war die Flieger-Gefechtsstation Type 17. Sie hatte einen Wellenbereich von 150 bis 800 m und entsprach damit den für die Flieger vorgegebenen Frequenzen.

Flieger-Gefechtsstation Type 17 marschbereit. Unten links: die Station betriebsbereit. Rechts: aufgebaut und Antenne ausgefahren

6.7.3 Schwere Kraftwagenstation

Bei der schweren Kraftwagenstation war die gesamte Funktechnik in einem Fahrzeug untergebracht. Für die Stromversorgung stand ein weiteres Fahrzeug zur Verfügung. Eingebaut waren zwei Empfänger Z.E.85, gekoppelt mit einem Empfangsteiler. Die Funkerarbeitsplätze waren auf der linken Fahrzeugseite hintereinander angeordnet. Die übrige technische Ausstattung unterschied sich nicht von den bespannten Stationen.

Eine aufgebaute schwere Kraftwagenstation (oben). Rechts: Blick in das Wageninnere. Unten: Vollständige schwere Kraftwagenstation mit vier Wagen – soviel wie bei einer bespannten schweren Feldstation

6.7.4 Leichte Kraftwagenstation

Die funktechnische Ausrüstung war einschließlich des Antennenmastes in einem Fahrzeug untergebracht. Zur Stromerzeugung wurde der Motor des Kraftwagens mit einem Generator verbunden. Die Ausrüstung unterschied sich nicht von den bespannten leichten Funkenstationen.

Eine spezielle Variante des Einsatzes der leichten Kraftwagenstation stellten die Fliegerstörer dar. Sie hatten die Aufgabe, die Funkverbindungen der feindlichen Flieger beim Einschießen wirksam zu stören. Das bedingte eine hohe Senderleistung und variabel einstellbare Töne des Senders, der denen der feindlichen Flieger-Funkgeräte entsprach.

Telefunken löste diese Aufgabe mit zwei Fahrzeugen. Im ersten Fahrzeug, dem Stationswagen, waren der Sender mit ein kW-Leistung und der Empfänger auf einem Tisch montiert. Der Sender arbeitete nach dem Prinzip des

Leichte Kraftwagenstation im Gebirge. Links mit aufgebauter Antenne als Funkstation des Armeeoberkommandos der deutsch-türkischen Heeresgruppe Yilderim in Nazareth/Palästina, Februar 1918

tönenden Löschfunkens im Wellenbereich von 150 bis 1.600 m. Die Töne waren von 111 bis 1.200 Hz variabel einstellbar. Die Standardantenne war eine Doppelkonusantenne. Befestigt wurde sie an dem 17 m hohen Kurbelmast.

Das zweite Fahrzeug war der Maschinenwagen, in dem ein Vierzylinder-Benzinmotor und der Generator für die Stromerzeugung installiert waren. Der Kurbelmast wurde ebenfalls mit dem Maschinenwagen transportiert.

Die Fliegerstörer arbeiteten nach einer besonderen taktischen Variante und waren dem Generalkommando unterstellt. Zum Fliegerstörerverband gehörten die Störleitstelle, die Störstation und die Störbeobachtungsstation. Die Störleitstelle war von der Störstation etwa sechs Kilometer entfernt und beobachtete gemeinsam mit der Störbeobachtungsstation den Erfolg und gab die entsprechenden Befehle.

6.7.5 Funkenkleinstationen

Die schweren und die leichten Funkenstationen, ob bespannt oder in Kraftfahrzeugen, waren relativ schwerfällig und damit für schnelle Operationen ungeeignet. Man begann deshalb 1915 bei Telefunken mit der Entwicklung tragbarer Funkgeräte. Sie kamen 1916 als Schützengrabenstationen zum Einsatz. Dazu wurden Funkerabteilungen für die Infanteriedivisionen aufgestellt und diese mit den Funkenkleinstationen ausgerüstet. Im Herbst 1916 gab es bereits 100 davon.

Es handelte sich dabei um drei verschiedene Typen:

Typ	*Leistung [W]*	*Reichweit [km]*	*Tragekisten*	*Sender-Wellenlänge [m]*	*Empfänger-Wellenlänge [m]*	*Stromversorgung*	*Anzahl der Transportkisten*	*Antennen*	*Gegengewicht*	*Stückzahl bis 1918*
K-Fuk-16	30	2	1	230	180-475	2x12V-Akku für je ca.1-3Std.	1x4kg	2 Drähte je 10m	4 Drähte je 5m	1700
Kl.Grabenfunkgerät				380	230-300	Betriebsdauer	1x5kg			
M-Fuk-16	75	20	5	300	160-800	24V-Akku Betriebsdauer ca.24Std.	6x max.27kg	2 Drähte je 20m	2 Drähte je 20m	2340
mittleres				370		Tretgestell oder Bosch-Motor		1 Draht 40...50m	1 Draht 40...50m	
Grabenfunkgerät				450				1 od. 2 Drähte 60...80m	1 od. 2 Drähte 60...80m	
G-Fuk-16	150	40	13	350	160-800	Tretgestell oder Bosch-Motor	13x12kg	3x20m		1036
großes				450				2x80m		
Grabenfunkgerät				550						

Bis zum Ende des Krieges kamen modifizierte und weitere funktechnische Geräte, die bei Telefunken nach den Vorstellungen und unter der Mitwirkung der Militärs entwickelt und erprobt waren, zum Einsatz:

27. September 1917 – die 1.000. C-Maschine lose
12. November 1917 – das 500. G-Fuk-Gerät
4. Mai 1918 – der 5.000. Zweiröhrenverstärker
26. August 1918 – der 7.000. Zweiröhrenverstärker
28. Oktober 1918 – das 400. U-S-Gerät (US = ungedämpfte Schwingung)

Abnahme der 500. Funkenkleinstation, 12. November 1917

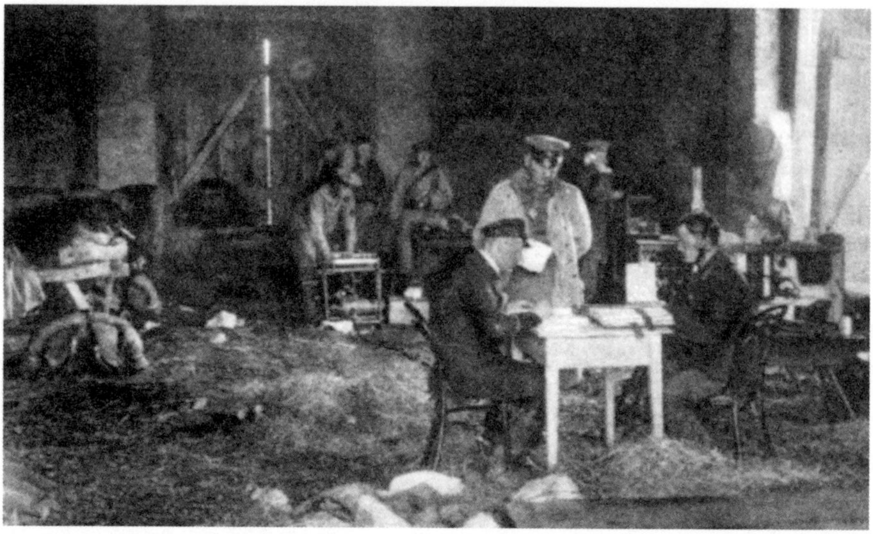

Oben: Land- und Seefunker bei der Nachrichtenübermittlung und -aufnahme.
Links: Eingang zur Funkstation »Termitenhügel«, Höhe 304 bei Verdun.
Unten: Station einer Divisionsfunkabteilung an der Front

Die nach dem Prinzip der ungedämpften Schwingungen gebauten Funkstationen hatten gegenüber der Technik mit den tönenden Löschfunken den Vorteil, dass die Bandbreite der Signale wesentlich geringer war.

Das bedeutete für eine Division den Einsatz von etwa 20 bis 25 Stationen mit dem Wellenabstand von 20 m. Bei dem tönenden Löschfunken musste ein Abstand von 100 m eingehalten werden.

6.7.6 Richtempfangsstation

Die Richtempfangsstationen, abgekürzt R.E.-Station, hatten die Aufgabe, den Standort von Funkstationen zu ermitteln. Im heutigen Sprachgebrauch: Es waren Peilstationen. Obwohl in ihrem technischen Aufbau relativ einfach, gewann man mit ihnen verwertbare Ergebnisse.

Die physikalischen Überlegungen gingen davon aus, dass das Signal einer empfangenen Funkstation dann am stärksten war, wenn die Antenne in die Richtung des Senders wies. Das Signal betrug Null, wenn die Antenne rechtwinklig zum Sender zeigte. Daraus leitete sich die Signalstärke entsprechend der Empfangsrichtung ab.

Bei der technischen Realisierung der Richtungsfindung hatte man die Minimum-Methode gewählt. Dabei verglich man das Verhältnis der induzierten Spannungen E1 und E2 in zwei rechtwinklig zueinander angeordneten Spulen, die Magnetfelder erzeugten. In Reihe mit ihnen war ein Drehkondensator für die Antennenanpassung geschaltet. In jeder Spule drehte sich eine Kopplungsspule.

Die R.E.-Station befand sich in einem geschlossenen Fahrzeug. Der Hauptmast hatte eine Höhe von 18 m und die vier Endmasten 7 m. Die vier Antennen hatten eine Länge von 150 m und die Antennenzuleitung 20 m. Damit hat man den Richtempfänger verbunden.

Zunächst wurde der Mittelpunkt der vier rechtwinklig zueinander stehenden Antennen markiert und mit einem Kompass die Nordrichtung bestimmt. Danach setzte man den Mittelmast mit den vier gegeneinander isolierten Antennenleitungen und die vier Endmasten. Ihre genaue vertikale Ausrich-

R.E.-Empfänger Typ I, links Kopfplatte, rechts geöffneter Empfänger

R.E.-Empfänger Typ II zum Peilen von Funkstationen des Gegners.
Links: die Kopfplatte, rechts der geöffnete Empfänger

tung gerfolgte in Nord-Süd- und in Ost-West-Richtung. Die Enden der vier Antennen befestigten die Funker symmetrisch an einem in zwei Meter Höhe am Hauptmast anzubringenden Kreuz.

Mit zwei Antennenzuleitungen von je drei Meter Länge wurde der R.E.-Empfänger etwa in einem Fahrzeug verbunden. Die beiden Antennen der Nord-Süd-Richtung und der Ost-West-Richtung wurden dann mit Hilfe eines Kondensators möglichst identisch angepasst. Die Präzision des Aufbaus der Antennen war für die spätere Genauigkeit der Peilung entscheidend, da bereits eine seitliche Abweichung von 17 cm zum Mittelpunkt der R.E.-Station in zehn Metern Entfernung einen Fehler von 1° verursachte.

Es standen zwei Arten von Richtempfängern zur Verfügung: Typ I und Typ II. Beide bestanden aus zwei einzelnen zwischenkreislosen Empfängern in identischer Ausführung in einem Gehäuse und symmetrischer Anordnung der Bauteile. Auf den Kopfplatten war die Gradeinteilung 0° – Nord, 90° – Ost, 180° – Süd und 270° – West zu sehen.

Für die Auswahl der Standorte für R.E.-Stationen gab es genau einzuhaltende Vorgaben, die auch heute noch in erweiterter Form bei modernen Peilern beachtet werden: nicht in der Nähe einer größeren Stadt mit ihren potenziellen Störeinflüssen, keine elektrischen Betriebe und Leitungen, keine Zinkdächer, keine Wasserläufe.

Als günstig für einen Peilplatz galten Hochplateaus ohne Wald in direkter Nähe. Im Mittelpunkt der Antennen sollte ein kleines Haus oder eine Bretterbude stehen. Das genaue Ausmessen der Antennenrichtungen erfolgte mit einem Winkelkopfkompass.

Das Peilverfahren war ein Minimum-Verfahren. Der Funker hatte den auf der Kopfplatte befindlichen Knopf bis zu dem Punkt zu drehen, in der die zu peilende Funkstation am leisesten zu hören war. Dann wurde der Winkelwert auf der Skala abgelesen. Bei diesem Verfahren konnte jedoch nicht die richtige Seite bestimmt werden. Jede so abgenommene Peilung war also doppelseitig. Bei einem Peilwert von angenommenen 108° war der zweite Wert um 180° versetzt, d. h. 288°. Die Peilgenauigkeit war mit ± 1° angegeben.

Erkannt hat man damals schon, dass die Genauigkeit der abgenommenen Peilungen durch die Intensität der Sonneneinstrahlung mitbestimmt wurde, da sich die leitenden Schichten in der Ionosphäre bei Sonnenauf- und -untergang veränderten, weshalb größere Ungenauigkeiten in den Morgen- und Abendstunden auftraten.

Zur Überprüfung der fehlerfreien Arbeit der Peilstationen hatten die Funker Kontrollpeilungen abzunehmen. Man peilte Funkstationen, deren Standort und damit ihr Azimut bekannt waren. Eine bis in die Gegenwart übliche Methode. So konnten Standardpeilabweichungen für die Peilwertkorrektur herangezogen werden.

Die Peilvorschriften legten fest, dass die zu peilende Funkstation immer mehrmals zu messen war und die Einzelwerte mit entsprechender Wichtung zu einem Mittelwert zusammengefasst wurden, da der Seitenfehler von 1° in einer Entfernung von 100 km bereits 1,7 km und bei 200 km 3,4 km usw. betrug. Um sicher zu stellen, dass es sich tatsächlich um die richtige anzupeilende Funkstation handelte, waren das Rufzeichen und der Text mitzuschreiben.

Die Übertragung der Peilungen erfolgte auf winkeltreue Europakarten im Maßstab von 1:2 Millionen oder kleiner.

6.7.7 Kleines Grabenfunkgerät K-Fuk-16

Der Sender und der Empfänger des K-Fuk-16 befanden sich in einer Kiste mit vier Kilogramm Gewicht. In einer zweiten Kiste waren zwei Akkus mit je zwölf Volt untergebracht, die eine Betriebsdauer von je einer bis zu drei Stunden sicherten. Ein Pendelumformer erzeugte aus der Gleich- eine Wechselspannung. Die Antenne wurde durch zwei je zehn Meter lange Drähte und das Gegengewicht aus vier Drähten mit je fünf Meter Länge gebildet. Die Antenne war auf einer Kabeltrommel aufgewickelt und wurde beim Vorwärtsstürmen des

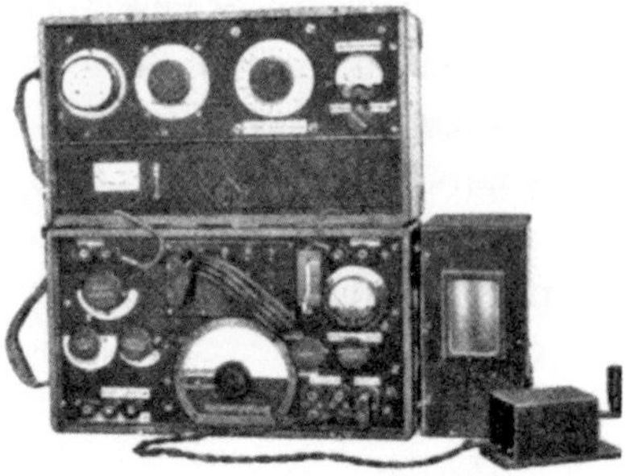

Das tragbare U-S-Gerät 17 (links) gilt als der älteste Röhrensender der Welt für den Einsatz im Schützengraben. Rechts das erste Sende-Empfangsgerät mit Röhren

»Sturmfunkers« (so bezeichnete man den Funker in der vorderen Kampflinie) von einem zweiten Mann abgerollt. Das Gegengewicht war einfach auszuwerfen. Beide Kisten wurden an Tragriemen über der Schulter getragen.

Der Sender war für die Wellen 230 und 380 m ausgelegt. Der Empfänger konnte im Primärbetrieb Wellen von 180 bis 470 m und beim Zwischenkreisempfang von 230 bis 300 m empfangen. Im Unterschied zu den Geräten M-Fuk-16 und G-Fuk-16 war das Kleinfunkgerät für den Betrieb im Freien zugelassen. Die beiden anderen Typen durften nur in geschützten Räumen, Unterständen o. ä. betrieben werden. Die Reichweite des K-Fuk-16 mit Erdantennen lag bei 900 m. Die Verwendung von Hochantennen führte auch zur Erhöhung der überbrückbaren Entfernungen auf sechs Kilometer. Damit waren auch Funkverbindungen mit dem Divisionsstab möglich.

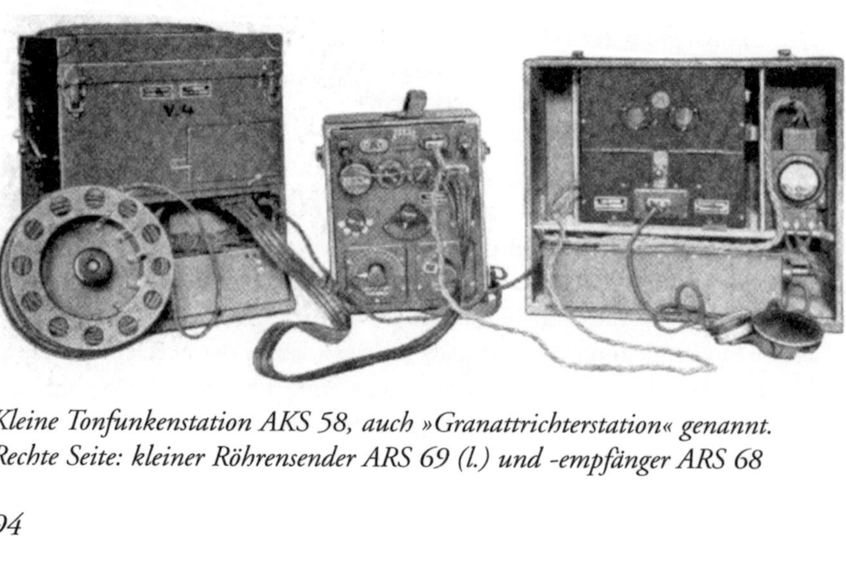

Kleine Tonfunkenstation AKS 58, auch »Granattrichterstation« genannt. Rechte Seite: kleiner Röhrensender ARS 69 (l.) und -empfänger ARS 68

Das Gerät unter der Bezeichnung »Tragbares U-S-Gerät 17« gilt als der älteste Röhrensender für den Schützengraben. Für die gleiche Anwendung entstand die Kombination von Sender und Empfänger als erstes mit Röhren aufgebautes Gerät.

Ein weiteres Gerät wurde unter den Bezeichnungen Sturmtrupp- bzw. Granattrichterstation bekannt. Die Entwicklung beruhte auf den Forderungen des Militärs, ein möglichst kleines und unkompliziertes Gerät für den direkten Feldeinsatz zu bauen. Nachdem Muster unter Kriegsbedingungen getestet worden waren, wurden diese nach entsprechender Veränderung in Serie gebaut. Das Gesamtgewicht von Sender, Empfänger, Antenne und Akkumulator (6 kg) betrug 18 kg. Der Sender hat die drei Sendewellen: 150, 225 und 300 m. Der Empfänger war für den durchgehenden Wellenbereich von 150 bis 600 m ausgelegt.

Im Juni 1917 wurde die Nachfolgestation ARS 60 für ungedämpfte Wellen für den Bereich von 250 bis 550 m mit einer Senderröhre von 5 W (RS5) beim Militär eingeführt.

Die nachfolgende Station ARS 63 verfügte empfangsseitig über einen erweiterten Wellenbereich von 300 bis 3.000 m. Die symmetrischen Antennenkabel hatten eine Länge von 20 bis 40 m.

Im Mai 1918 lieferte Telefunken 100 Geräte einer Neuentwicklung zur Erprobung an die Front. Dieser Typ unterschied sich von seinen Vorgängern insbesondere dadurch, dass Antennen mit beliebiger Dämpfung verwendbar waren, er den Empfang von tönenden und ungedämpften Wellen erlaubte und durch den Anschluss eines Zusatzgerätes in Telefonie gesendet werden konnte. Die Reichweite dieser Geräteart soll bei der Verwendung von Antennen an einem 50 m-Mast bei 600 km gelegen haben. Die Geräte konnten sowohl mit Batterien als auch mit manuell zu betreibenden Generatoren mit Strom versorgt werden.

Tretgestell zur Stromerzeugung für G-Fuk 16a. Rechts: ein Handdrehgestell zur Erzeugung von Energie für tragbare Funkstationen

6.7.8 Mittleres Grabenfunkgerät M-Fuk-16

Der Einsatz des Mittleres Grabenfunkgeräts M-Fuk-16 sollte in Beobachtungsstellen der Infanterie, der Artillerie, den Minenwerfern und bei den Befehlsstellen der Infanterie (Bataillonskommandeure) oder der Artillerie erfolgen. Die Reichweite des Stationen lag ohne Hochantennen bei 2 bis 5 km.

Das Grabenfunkgerät bestand aus fünf bis sechs Kisten mit einem Gewicht von 27 kg. Diese enthielten den Sender und den Sende-Empfangsumschalter in einer Kiste, je zwei Batterien in drei Kisten. Dann gab es eine Kiste Zubehör sowie Verstärker und Zwischenkreisempfänger in ein oder zwei Kisten.

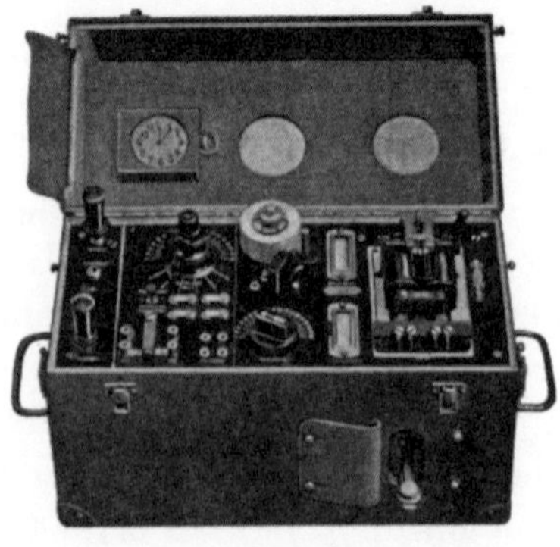

Das Mittlere Grabenfunkgerät M-Fuk-16, links verpackt in Kisten

Das mittlere Grabenfunkgerät M-Fuk-16 war kompakt aufgebaut, seine Entfaltung in kurzer Zeit möglich. Die Kisten konnten manuell transportiert werden.

Die Sendewellen waren ausgelegt für 300, 370 und 450 m, und für den Empfang stand der Bereich von 160 bis 800 m zur Verfügung. Die Energiequelle war eine 24 V-Batterie, die bei voller Auslastung 5,5 Stunden und bei einer Auslastung von 10 bis 15 Minuten pro Stunde eine Betriebsdauer von 24 Stunden erlaubte.

6.7.9 Großes Grabenfunkgerät G-Fuk-16

Der Einsatz des G-Fuk-16 war hauptsächlich unmittelbar bei den Abschnitts- und Gruppenkommandeuren der Artillerie oder bei den Meldeköpfen der Division vorgesehen. Die Länge der zwei anzuschließenden Antennendrähte betrug in der Regel 20 m, ebenso das Gegengewicht. Beim Funkverkehr zwischen zwei G-Fuk-16 wurden zwei bis sechs Kilometer überbrückt. Kamen jedoch Hochantennen zum Einsatz, dann waren bis zu 40 km möglich.

Entfaltetes Großes Grabenfunkgerät G-Fuk-16

Die Grabenfunkgeräte erwiesen sich für die Truppe in der Bewegung als nicht zweckmäßig. Der Zeitaufwand für die Entfaltung und den Abbau war zu hoch. Deshalb entwickelte Telefunken eine mobile Variante dieses Typs unter der Bezeichnung »fahrbare Funkenkleinstation G-Fuk-18«. Diese sehr kompakt aufgebaute Station war in einem Protzfahrzeug untergebracht und konnte von zwei Pferden gezogen werden.

Stationsfahrzeug der mobilen Funkenkleinstation G-Fuk-18.
Oben: vollständige fahrbare G-Fuk-18

Die Protze enthielt die Transportkiste mit dem tönenden Sender mit einem Wellenbereich von 150 bis 1.600 m und die Transportkiste mit dem Empfänger mit dem Wellenbereich von 150 bis 3.800 m. Ein Lautverstärker und ein Wellenmesser komplettierten die Ausrüstung.

Im Hinterwagen befand sich ein tragbarer Zweizylindermotor, gekoppelt mit einem Generator für die Stromerzeugung, ein 15 m-Kurbelmast und zwei 12 m-Steckrohrmasten. Sie gestatteten den Aufbau einer 6/6 Schirmantenne und einer T-Antenne. Alle Zubehörteile und die Stationsreserve befanden sich ebenfalls im Hinterwagen.

6.7.10 Einzelne Geräte der Empfangseinrichtungen

6.7.10.1 Empfänger E.40

Der kleine Empfänger E.40 war hauptsächlich in der leichten Feldstation eingesetzt. Der Wellenbereich betrug 300 bis 2.500 m. Man unterschied zwischen den Haupt- und den Nebenteilen des Empfängers. Die Hauptteile waren der Antennenkondensator, die Antennenspule, die Detektorspule und die beiden z-Zellen.

Als Nebenteile galten der Empfängerschalter, der Zellenwähler, der Umschalter »kurz-lang« (bezogen auf die Art der Wellenlängen), der Wellenschalter, der Detektorspulenschalter, der Kopplungshebel, die Sicherheitsfunkenstrecke.

Der Empfänger E.40 in der Vorder- und Rückansicht (rechts)

Die Abstimmung des Antennenkreises, also die Antennenanpassung an die gewünschte Wellenlänge, erfolgte mit dem Wellenschalter. Er stellte den Kontakt mit der unterteilten Wellenspule her. Der Drehkondensator gestattete die Veränderung der Kapazität für die gewünschte Wellenlänge.

6.7.10.2 Sockelempfänger Z.E.28

Der Sockelempfänger Z.E.28 war ein sogenannter Zwischenkreisempfänger, der in zwei Ausführungen gebaut wurde:
Wellenbereich von 400 bis 3.000 m
Wellenbereich von 400 bis 4.000 m.
Eingesetzt war er zumeist in schweren Stationen.

Der Sockelempfänger Z.E.28 in der Vorder- und in der Rückansicht. Er fand Verwendung vornehmlich in schweren Stationen

6.7.10.3 Pultempfänger Z.E.85

Der Pultempfänger umfasste den Wellenbereich von 200 bis 3500m. Anfangs setzte man ihn in den schweren Feldstationen ein, später auch in den leichten.

Der Pultempfänger Z.E.85 in der Vorderansicht und von rechts mit geöffneter Seite

6.7.10.4 Wellenmesser

Der Wellenmesser wurde als eigenständiges Gerät eingesetzt zur Abstimmung der Sende- oder Empfangsapparatur auf eine bestimmte Welle, zur Prüfung von Detektoren (Fritter, Schlömilchzelle), beim Messen von Kapazitäten und Induktivitäten, beim Eichen der Sende- oder Empfangsapparatur, zur Bestimmung des Kopplungsgrades zweier schwingender Systeme sowie bei Dämpfungsmessungen.

6.7.10.4.1 Wellenmesser K.W.31

Der Wellenmesser K.W.31 verfügte über die Messbereiche von 300 bis 500 m, von 500 bis 1.000 m, von 900 bis 1.900 m und von1. 500 bis 3.100 m.

K.W.31 von vorn und die Kopfplatte

6.7.10.4.2 Wellenmesser K.W.59

Dieser Wellenmesser wurde in drei Varianten hergestellt, die sich durch die Wellenbereiche unterschieden: K.W.59: 150 bis 3.300 m, K.W.59a: 250 bis 6.200 m und K.W.59b: 65 bis 1.750 m.

Der K.W.59b war bereits auch für Messungen im Kurzwellenbereich bis 4,6 MHz geeignet.

6.7.10.5 Geräte für Doppelempfang

Der *Doppelempfangsschalter* ermöglichte den Anschluss von zwei Empfängern. Somit konnte zwischen den beiden Empfängern, die auf zwei unterschiedliche Wellen eingestellt waren, schnell umgeschaltet werden. Dafür sorgte eine manuell bedienbare Mechanik.

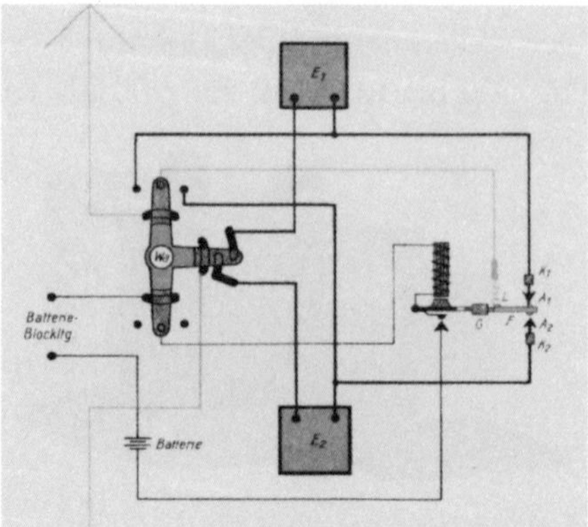

Der *Empfangsteiler* arbeitete nach dem Prinzip einer Wheatstoneschen Brücke. Eingesetzt wurde er in den Feldstationen. Damit konnten an eine Antenne zwei Empfänger angeschlossen werden, was sich besonders bei Duplex-Funkverkehr bewährte.

Der Empfangsteiler geschlossen und geöffnet (rechts)

6.7.10.6 Lautverstärker E.V.89

Der Lautverstärker (*Bild unten*) war ein Röhrenverstärker, der beim Empfänger mit der Fernhörer-(Kopfhörer-)Buchse verbunden werden musste. Der Verstärkungsfaktor lag bei 100 (entspricht 40 dB). Die Lautstärke wurde mit Schiebewiderständen reguliert.

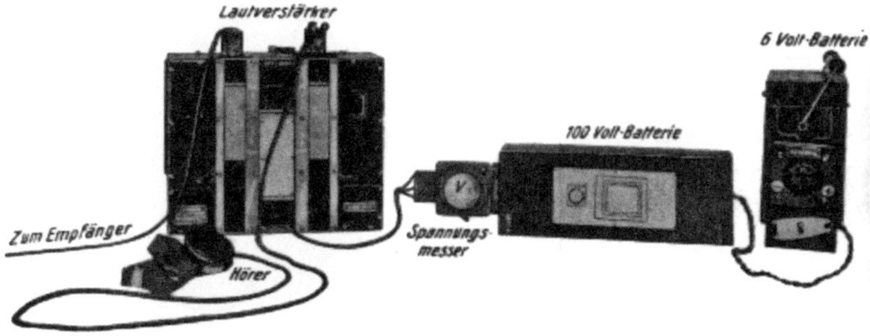

6.7.10.7 Motoren

Für die Stromerzeugung verwandte man neben Akkumulatoren, Batterien und Treträdern auch Viertakt-Benzinmotoren unterschiedlicher Leistung, die mit Generatoren gekoppelt waren.

Ein-, Zwei- und Vierzylindermotore zur Stromerzeugung mit Benzinantrieb.
Unten: Pöge-Generator

Willy Pöge (1869-1914) aus Chemnitz entwickelte und produzierte Gleichstromdynamos, Drehstrommotoren und -generatoren sowie Transformatoren

6.7.10.8 Generator

Als Generator zur Stromerzeugung fand die sogenannte Poegemaschine breite Anwendung.

6.7.10.9 Magirusmast

Der Magirusmast ist ein Teleskopmast, dessen Mastteile über Drahtseile verbunden sind. Durch das Aufwickeln der Drahtseile auf eine Seiltrommel werden die Teile ausgefahren. Der Mast gehörte zur Standardausrüstung der Feldstationen, wurde jedoch möglichst geschont. Wenn sich die Möglichkeit anderer Antennenbefestigungen ergab, wie Holzstämme, hohe Gebäude o.ä., dann wurden diese verwendet.

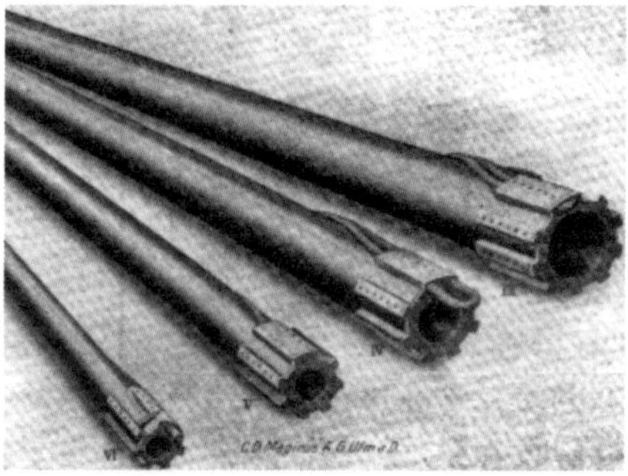

Teile des Magirusmastes

Conrad Dietrich Magirus (1824-1895) war ein deutscher Feuerwehrpionier. Er gilt als Erfinder der ausfahrbaren Feuerwehrleiter. Nach diesem Prinzip funktionierte in gewisser Weise auch der Mast, der nach ihm benannt wurde

7. Antennenkonstruktionen im Ersten Weltkrieg

Mit Beginn der drahtlosen Nachrichtenübertragung wurde auch die technische Bedeutung der den Sendern und Empfängern angeschlossenen Antennen offenbar. Heinrich Hertz (1857-1894), einer der bedeutendsten Physiker des 19. Jahrhunderts, experimentierte bereits mit Dipol- und Schleifenantennen, um die Einfallsrichtungen elektrischer und magnetischer Wellen zu bestimmenn. 1898 arbeiteten Georg Graf von Arco und Adolf Slaby mit Schleifenantennen zum Senden und Empfangen. Sie bildeten die Grundlage für die sich daraus entwickelnden Peilantennen, damals als Richtempfangsantennen bezeichnet, und die Peiltechnik.

Während des Ersten Weltkriegs verwandte man bereits verschiedene Sende-, Empfangs- und Peilantennen in Abhängigkeit von der jeweiligen militärischen Aufgabenstellung.

Den militärischen Einheiten waren für den Funk zuständige Formationen zugeordnet:

Militärische Einheit	*Bemerkungen*
Funkerabteilung	Großes Hauptquartier
Schwere Funkenstation	
Leichte Funkenstation	
Funker Kommando	
Funker Kleinabteilung	
Funken Empfangsstation	
Richtempfangs-Station	

Zu den Aufgabenstellungen dieser Einheiten gehörten neben dem Herstellen und Halten der Funkverbindungen auch spezielle militärische Funkdienste, wie aus der nebenstehenden Übersicht zu erkennen ist.

	Aufgabenstellung	Bemerkungen
1	Zeitungsdienst	Aufnahme leiser ausländischer Stationen
2	Pressedienst	u.a.Nauen, K-W-H, Eiffel, Poldhu
3	Heeresberichte	u.a.Nauen, K-W-H
4	Fliegerstörer	
5	Fliegerempfang	
6	Fliegerwarnstation	
7	Flieger-B-Dienst	B: Beobachtung
8	Marine Flugzeuge	
9	Marine-B-Dienst	B: Beobachtung
10	Richtempfang	Peilung
11	F.T. Verkehr	F.T.:Funktelegrafie
12	F.T. Wache (Überwachung?)	F.T.:Funktelegrafie
13	Radio-Schießen	Abhören der Trefferergebnisse (?)

Für die technische Umsetzung dieser Aufgaben in den verschiedenen Frequenzbereichen kamen typischerweise elf Antennenarten zur Anwendung.

Die Abmessungen der einzelnen Antennen waren den Frequenzbereichen angepasst. Nach ihrem Aufbau wurden sie mit den entsprechenden Messmitteln elektrisch vermessen.

Um optimale Empfangs- bzw. Sendergebnisse zu erzielen, bediente man sich empirischer Methoden, indem man hauptsächlich die Masthöhen, das Gegengewicht und die Antennenzuleitungen variierte.

	Antennenbezeichnung	Bemerkungen
1	Fächerantenne	
2	Konusantenne	nach Telefunken
3	L-Antenne	Mehrdraht
4	T-Antenne	Mehrdraht
5	Schirmantenne	z.B.:6/6, 12/12, 15/15, 16/16, 18/18
6	Sternantenne	
7	Harfenantenne	
8	Eindrahtantenne	L-Antenne
9	Linearantenne	
10	R.E.-Antenne	Richt-Empfangs-Antenne
11	Kreuzantenne	

Übersicht der verwandten Antennenarten zwischen 1914-1918

7.1 Fächerantenne

In ihrer praktischen Ausführung war für die Fächerantenne typisch, dass die Antennendrähte an einem Ende zusammengeführt und am anderen Ende fächerartig gespreizt waren. Die Fächer konnten in unterschiedlichen Winkeln geneigt sein, oder sie waren horizontal angeordnet.

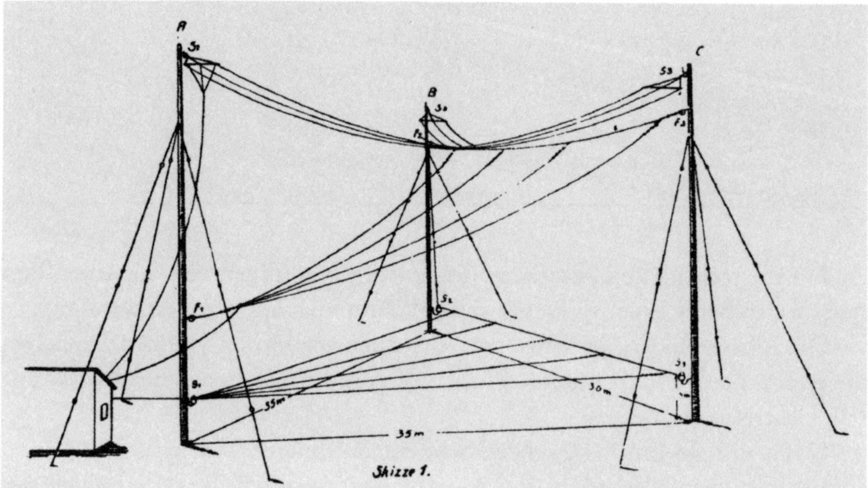

Fächerantenne Variante 1

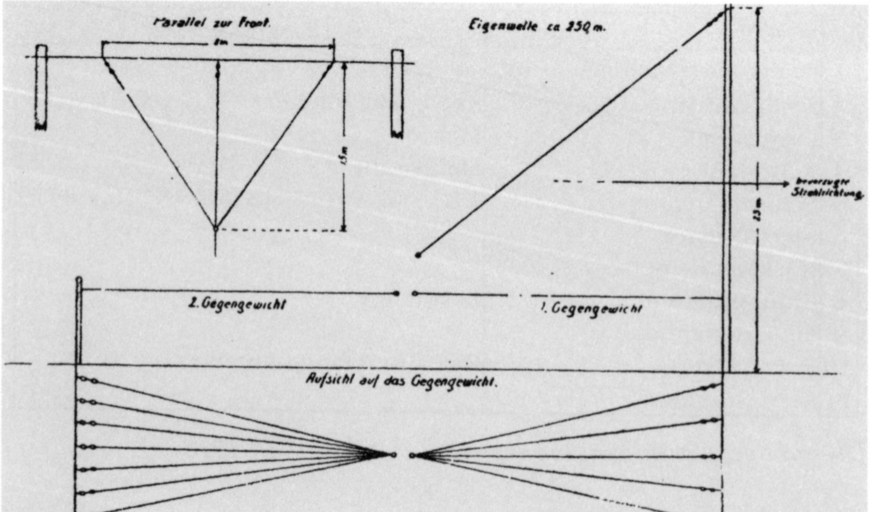

Fächerantenne Variante 2

7.2 Konusantenne

Bei der Abbildung handelt es sich um eine dreifache Konusantenne als Nachbau einer Telefunken-Antenne. Die Masthöhe war mit 21,5 m und die Antennenleitungen mit 39,5 m Länge angegeben.
Sie war für den Frequenzbereich bis 2 MHz geeignet.

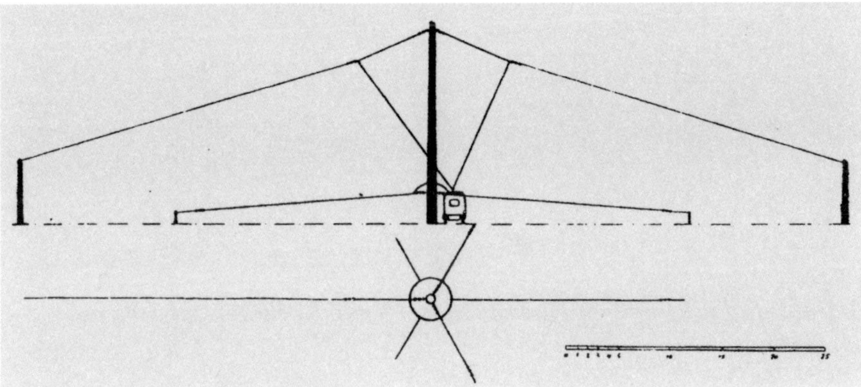

7.3 L- bzw. T-Antenne (Mehrdraht)

Beide Antennen unterschieden sich nur dadurch, dass sich die Zuleitung fast am Antennenende befand (L) oder in der Mitte (T). Bei der Eindrahtantenne war anstelle mehrerer Antennendrähte nur ein Draht vorhanden.

Bei der mehrdrahtigen L- oder T-Antenne verwandte man zwischen zwei bis zu acht Antennendrähte, die in gleichen Abständen zueinander geführt

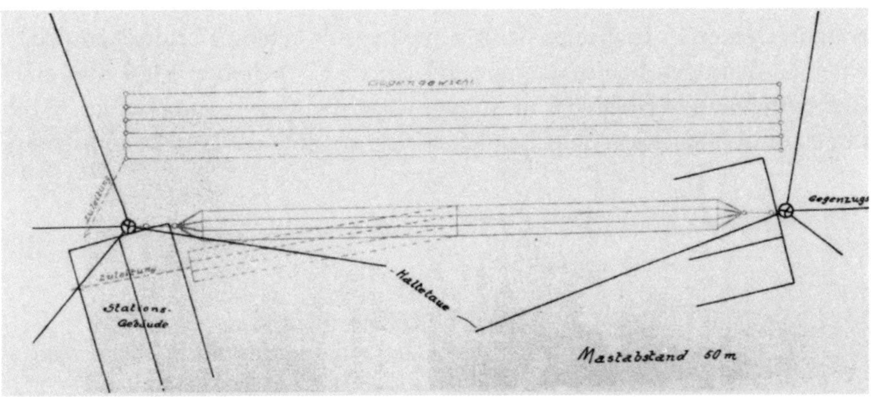

Antennenfeld mit T-Antenne

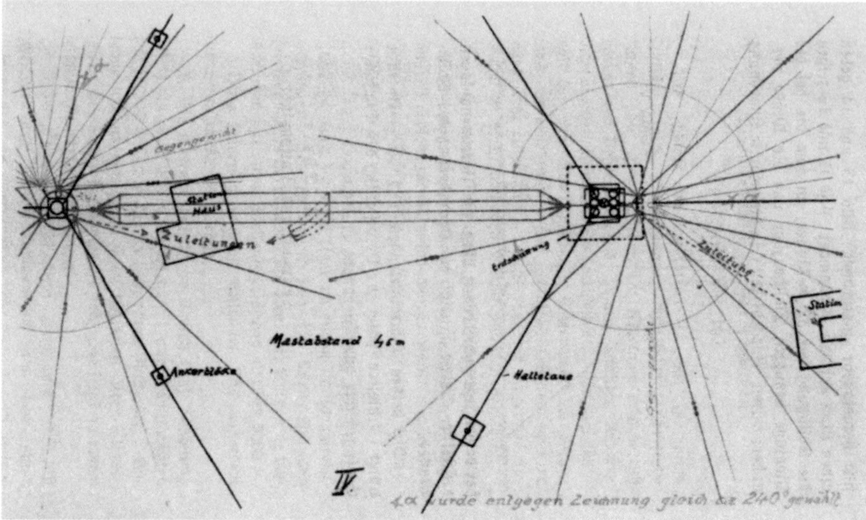

Antennenfeld der schweren Funkenstation 14 mit T-, Richt- und Schirm-antennen

wurden. Diese Antennenart wird bis heute für professionelle Anwendungen bevorzugt. Die Abbildungen zeigen verschiedene Ausführungen dieser Antennenart.

Zwischen zwei 26 m hohen Holzmasten war die T-Antenne, bestehend aus vier Drähten, gespannt. Das Gegengewicht bestand aus sechs im Erdreich in einer Tiefe von ca. 40 bis 50 cm verlegten Leitungen. Deutlich ist der Antennenabgriff in der Mitte der Antenne erkennbar, welcher das T bildet.

Die untenstehende Abbildung zeigt die gesamte Antennenanlage der Schweren Funkenstation 14 für Empfangszwecke. Sie besteht aus der T-Antenne, einer 15-drahtigen Schirmantenne mit einem 32 m hohem Mast, einer 12-drahtigen Schirmantenne mit einem 52 m hohen Mast und einer Richtantenne mit einem 18 m hohem Mast. Bei der T-Antenne der Abbildung auf der folgenden Seite handelt es sich um eine »Abhörantenne« (Emp-

Drei zusammengeführte T-Antennen einer Schweren Funkenstation für Empfangszwecke

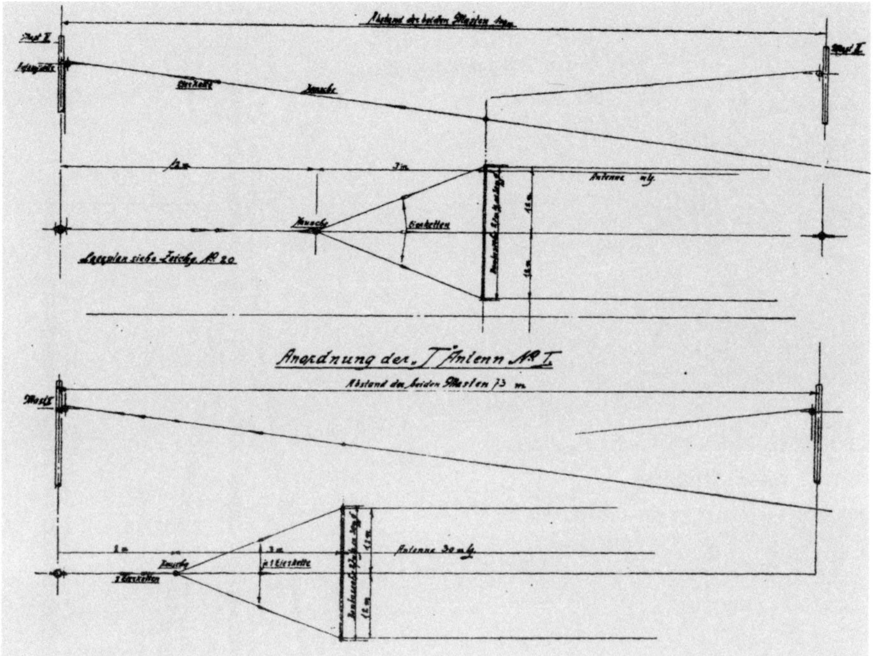

T-Antenne als Abhörantenne, d. h. als Empfangsantenne, mit der gegnerische Funkstationen abgehört wurden. Unten rechts: eine einzelne T-Antenne

fangsantenne). Die Masthöhen betrugen 38 m. Der Empfangsfrequenzbereich ist nicht bekannt.

Die Bezeichnung »Abhörantenne« weist auf den tatsächlichen Verwendungszweck, nämlich das Abhören gegnerischer Funkstationen bzw. die Kontrolle der eigenen Funkstationen, hin.

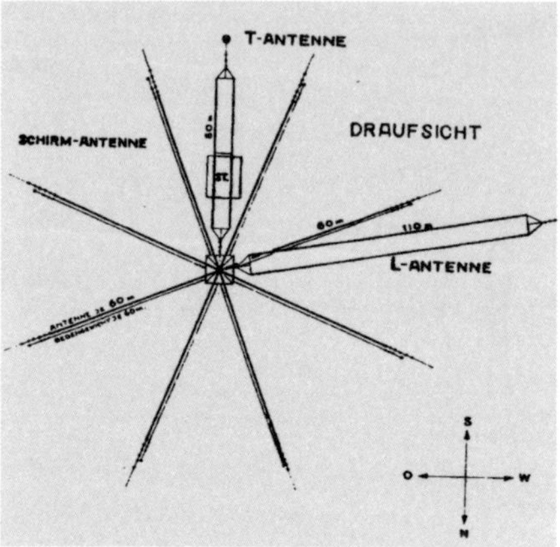

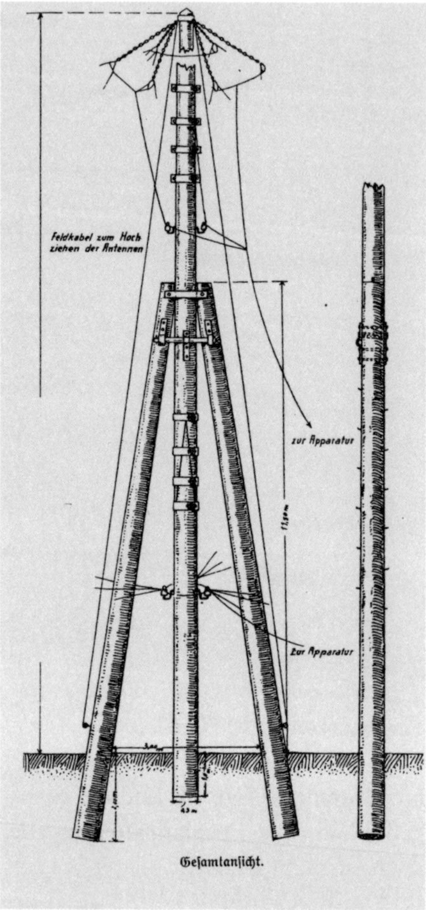

Grundriss einer 8/8-Schirmantenne mir L- ud T-Antenne.
Rechts: Variante eines Mittelmastes

7.4 Schirmantenne

Als Schirmantennen bezeichnete man Antennengebilde, die durch einen Mittelmast geprägt wurden, von dessen oberen Ende die Antennedrähte nach unten gespannt waren. Jeder Antennendraht war mit einem Gegengewicht versehen. Es entstand so eine Rundcharakteristik der Antenne.

Die Anzahl der Antennendrähte konnte verschieden sein. Bekannt sind 6/6 (60°), 12/12 (30°), 15/15 (24°), 16/16 (22,5°) und 18/18 (20°).

Mit Hilfe von drei Masten realisierte man die Aufhängung von einer Schirmantenne, einer T-Antenne und einer L-Antenne, der Grundriss ist links oben zu sehen. Daneben eine Variante des Mittelmastes, von denen es natürlich ebenfalls verschiedene Ausführungen gab.

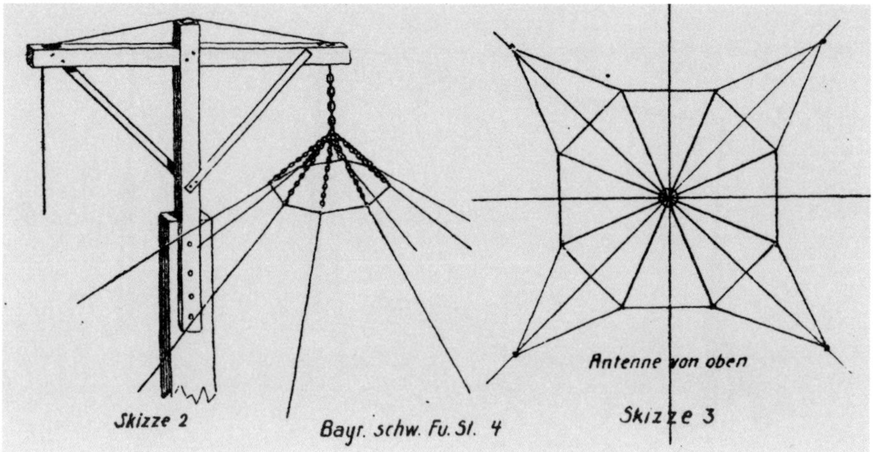

7.5 Sternantenne

Die Antenne bestand aus drei oder vier sternförmig zusammengeführten zwei- oder dreidrahtigen Zuleitungen.

In der Viersternversion hat jeder Stern zwei Leitungen. Errichtet wurde diese Antenne von der Bayerischen Schweren Funkenstation 4 auf einem Luftschiffhafen für die Abwicklung des Funkverkehrs mit Luftschiffen.

Bei der Dreistern-Antenne wurde jeder Stern mit je drei Drähten versehen. Verwendet wurde sie von der Funken-Empfangsstation 2 (Abhörstation).

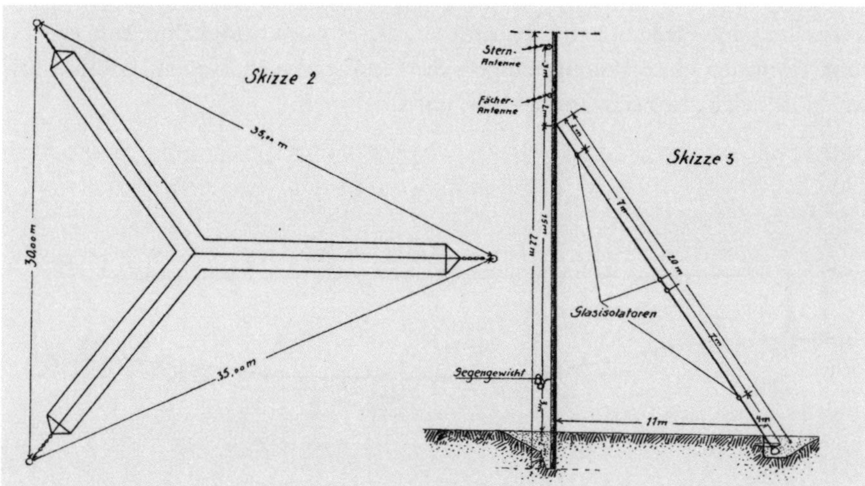

Die Dreistern-Antenne. Ganz oben: Vierstern-Antenne

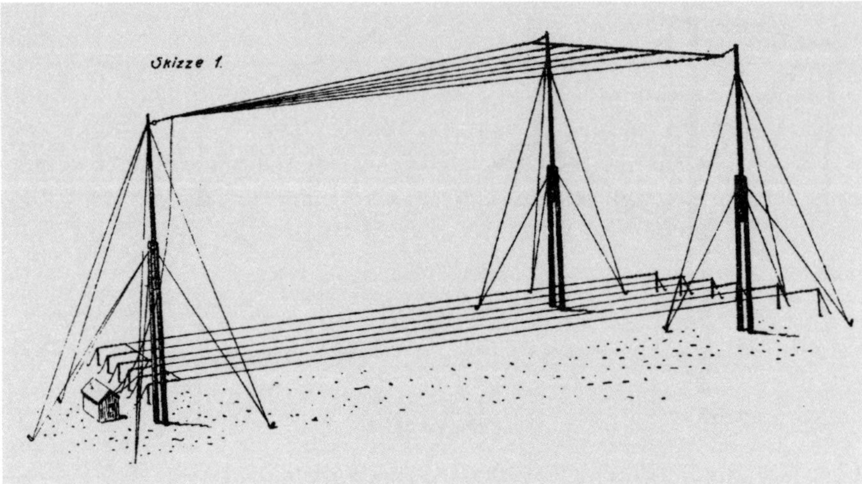

7.6 Harfenantenne

Die Harfenantenne kann man auch als halbierte Fächerantenne betrachten. Die sechs Antennenleitungen waren auf der einen Seite der Antenne in gleichen Abständen fixiert und wurden auf der anderen Seite zusammengeführt.

Die gezeigte Harfenantenne fand Verwendung für den Empfang von Feststationen. Die Masthöhen waren 30 m, 30 m und 20 m. Der Abstand zwischen den 30m-Masten betrug 50 und von diesen zum 20m-Mast 90 Meter. Der Empfang der Stationen soll so gut gewesen sein, dass ein Stationsleiter feststellte: »Ich erreichte eine Lautstärke, die es mir ermöglichte, mit vier bis fünf Telefonen eines Pultempfängers die Großstationen Nauen, Poldhu, Eiffel, Norddeich, Konstantinopel usw. aufzunehmen.«

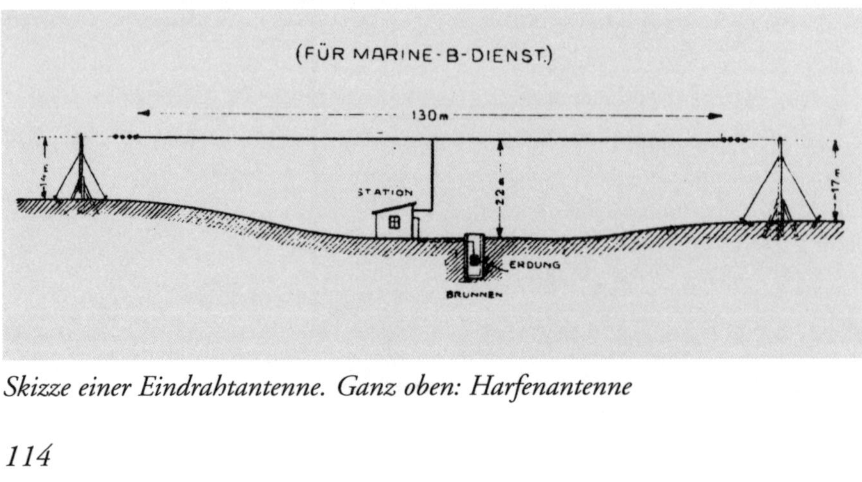

Skizze einer Eindrahtantenne. Ganz oben: Harfenantenne

7.7 Eindrahtantenne

Die Eindrahtantenne wurde als T-Antenne ausgeführt und diente als Empfangsantenne. Die Masthöhen betrugen 14 und 17 m.

Hinter dem Marine-B-Dienst verbarg sich die Überwachung (Beobachtung) des Marine-Funkverkehrs. Unklar ist, ob man dabei die eigenen Schiffe oder die Marine anderer Staaten observierte. Vermutlich spähte man beide aus: die eigenen Einheiten und die der Gegner.

7.8 Kreuzantenne

Die Skizze der Antenne links unten war beim Armee-Oberkommando 8 von der Schweren Funkenstation 26 (Kraftwagen) errichtet worden. Damit wurde der Pressedienst der Sender Nauen, Poldhu, Eiffel und Coltano empfangen.

Die zentrale Aufhängung der Antenne befand sich an einem 40 m hohen Schornstein, der mit einem Holzmast auf 50 m erhöht worden war. Mit einer zweiten Antenne (Abbildung daneben), die als Harfenantenne ausgeführt war, empfing man den Pressedienst Wien, Pressburg und Sofia.

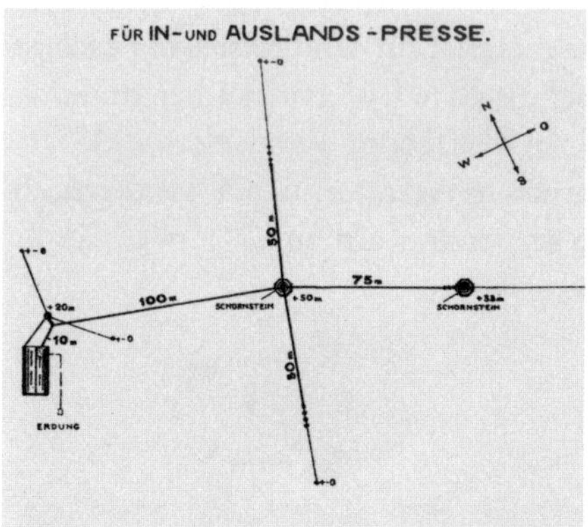

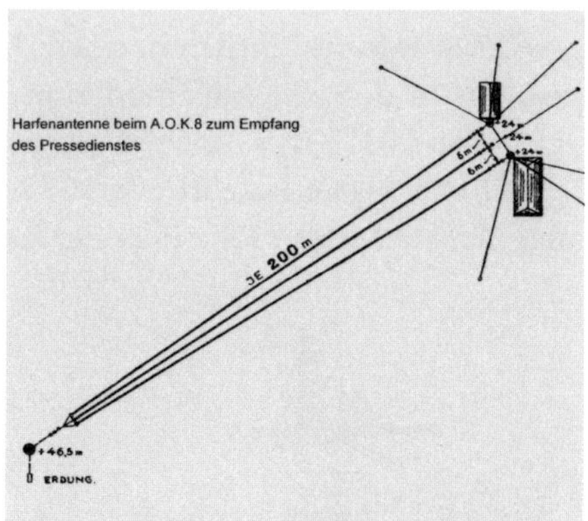

Links: die Kreuzantenne der Schweren Funkenstation 26 des AOK 8, rechts die Harfenantenne beim gleichen Armee-Oberkommando.
Die Station Poldhu, von der der Pressedienst empfangen wurde, befand sich auf einer Halbinsel im englischen Cornwall. Dort hatte Guglielmo Marconi erstmals am 12. Dezember 1901 eine transatlantische Funkübertragung geschafft. Die drei kurzen Töne, ein S im Morsealfabet, wurde in einer 2.900 km entfernten Station in Neufundland empfangen. Nahe den Klippen war 1900 mit dem Bau der 200.000 m² großen Station Poldhu begonnen wurden. Sie existierte bis 1933

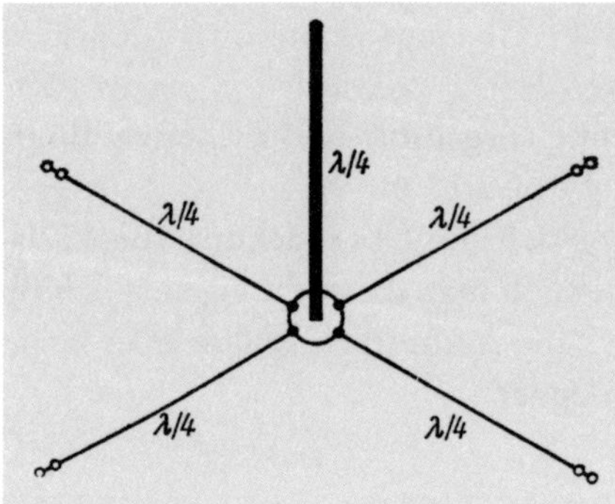

Marconi arbeitete mit Kupferdrähten in zwei bis vier Meter Höhe

7.9 Gegengewicht

Das Grundprinzip des Gegengewichts verkörperte die Marconi-Antenne. Der als »Groundplane« bezeichnete vertikale Strahler wurde dabei an seinem Fußpunkt mit horizontalen sogenannten Radialen versehen, welche die Erde ersetzen sollten. Dabei musste die Anzahl der Radiale möglichst groß sein. Die Radiale bestanden aus Drähten, wobei Kupfer wegen seiner guten elektrischen Eigenschaften der Vorzug gegeben wurde.

Das für eine optimale Funktionsweise der Antennen vorzusehende Gegengewicht wurde ausführlich in einem Lehrmaterial für Unteroffiziere beschrieben, das in den »Merkblättern zum Technischen Unterricht über drahtlose Telegrafie«, 1915 in München gedruckt, in der Truppe verbreitet wurde.

Bei den bisher beschriebenen Antennen verwandte man Drähte, die in zwei bis vier Meter Höhe über der Erde gespannt wurden.

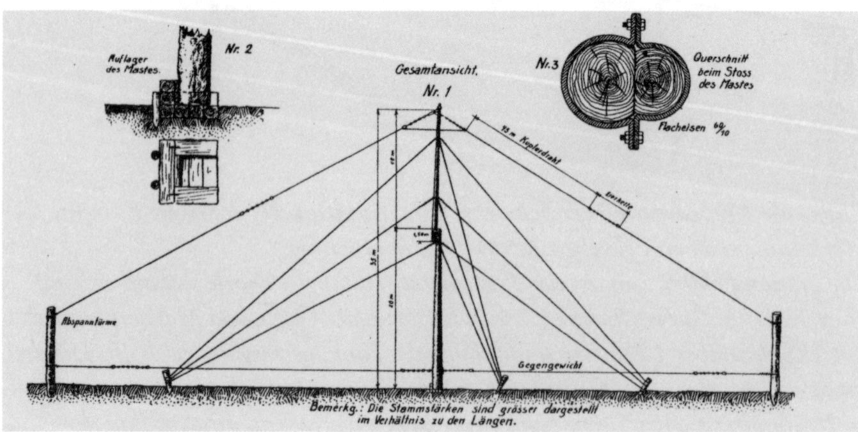

Antenne mit Gegengewicht

Bei anderen Konstruktionen waren die Gegengewichte im Erdreich in einer Tiefe von 30 bis 50 cm als Netz vergraben, sie wurden in einem Bach verlegt oder in einen Brunnen geführt bzw. mit einer verzinkten Metallplatte verlötet.

7.10 Errichtung der Antennenmaste

Die Errichtung der Masten geschah manuell oder mit Winden als zusätzliche Hilfsmittel. Dabei wendete man das Hebelgesetz an, indem mit Hilfsmasten gearbeitet wurde. Die Schwere Funkenstation 34 hatte einen Mast mit 40 m Länge zu errichten, und fertigte dafür die technischen Unterlagen.

Der Hilfsmast war mit einem Seil über einen Flaschenzug mit einer Winde verbunden. Um den Mast und den Hilfsmast beim Aufrichten seitlich in der Waagerechten zu halten, waren die seitlichen Abspanntrossen im genau abgemessenen Abstand zu verankern. Je drei Stück befanden sich in 15,5 bzw. 26,5 Meter Höhe.

Das Foto links unten zeigt den komplett errichteten Antennenmast. Er diente als Träger für eine 12/12 Schirmantenne für 577 kHz und eine Richtantenne zum Empfang des Senders Nauen.

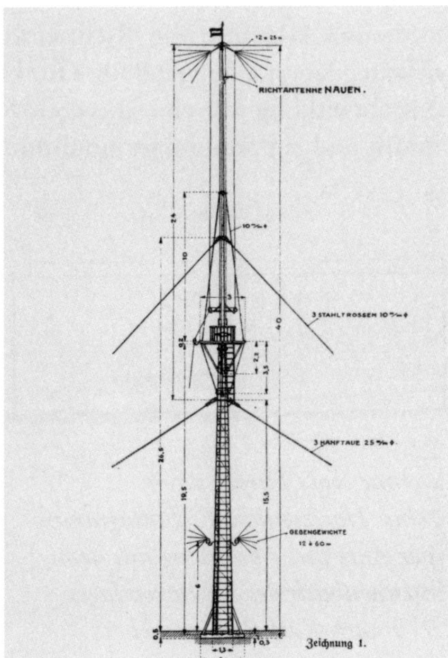

Vollständig entfaltete 12/12 Schirmantenne, rechts Maßzeichnung für diese

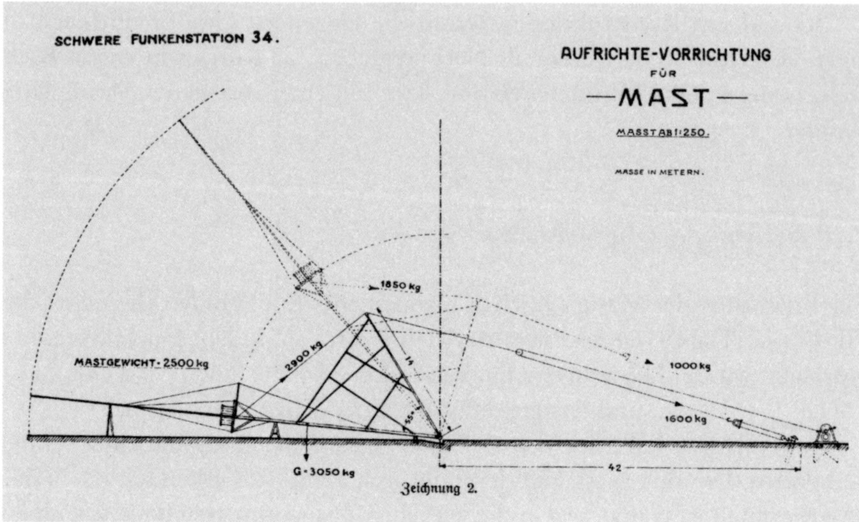

Skizze zum Aufrichten des Antennenmastes

7.11 Fliegerstördienst

Die Störung des Flugfunkverkehrs war neben der Funküberwachung eine der zentralen Aufgaben während des Krieges. Das Funkerkommando 1 (Fliegerstördienst) erkannte die Richtwirkung eines Horizontaldipols und entwickelte, darauf aufbauend, ihre funktaktisch-technische Lösung. Die Antennenrichtwirkung war eine »liegende 8«. Es ergab sich also ein Strahlungsmaximum und ein Strahlungsminimum.

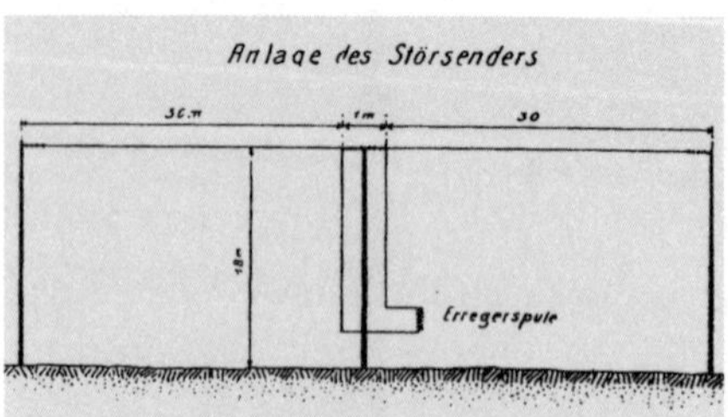

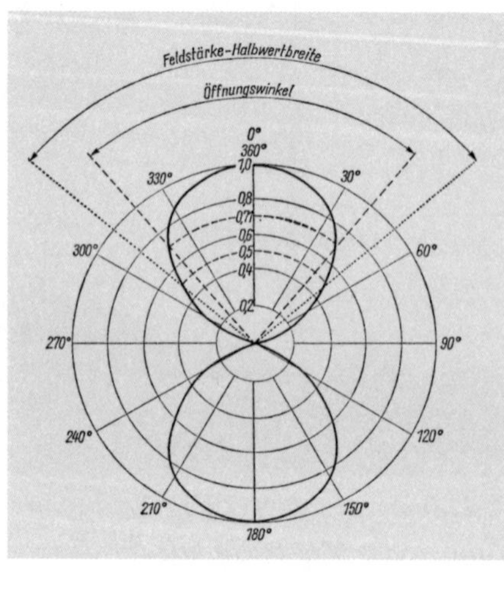

Antenne eines Fliegerstörers. Rechts: Horizontales Richtdiagramm einer Antenne, Abbildung aus dem Antennenbuch des Militärverlages 1979 nach Karl Rothammel

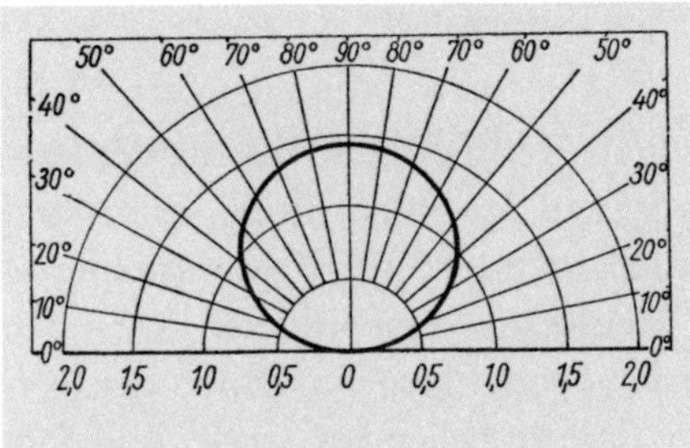

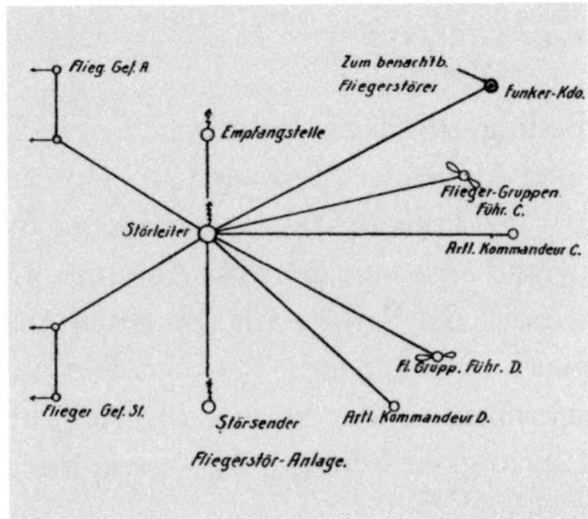

Vertikales Strahlungsdiagramm einer Antenne. Rechts: Skizze einer Fliegerstöranlage

Laut Karl Rothammel (Antennenbuch des Militärverlages, 1979) stellte sich das normierte horizontale Strahlungsdiagramm für einen waagerechten Halbwellendipol so dar, wie die Abbildung auf der Seite zuvor zeigt. Die Maxima liegen bei 0° und 180° und die Minima bei 90° und 270°.

Das tatsächliche horizontale Strahlungsdiagramm der Antenne wurde noch wesentlich von der Wellenlänge (Frequenz), der Aufbauhöhe und der Bodenleitfähigkeit bestimmt. Die Wellenlänge des Fliegerstörers war mit 135 m (etwa 2,2 MHz) angegeben. Zur Bodenleitfähigkeit wurden keine Angaben gemacht.

Das vertikale Strahlungsdiagramm wurde durch die Masthöhe und die Wellenlänge bestimmt. In diesem Falle 18 Meter.

Die Störleitstation bezog ihren Standort in ca. 2,5 km Entfernung vom Störsender rechtwinkelig zum Strahlungsminimum der Sendeantenne. Der Störleiter konnte somit den Flugfunkverkehr verfolgen, ohne selbst starken Störungen zu unterliegen.

Mit Kopfhörern ausgerüstet gab er über Mikrofon seine Störanweisungen an den Funker des Störsenders, sobald Funkverkehr feindlicher Flugzeuge festgestellt worden war.

In einer Entfernung von ca. 3,5 km befand sich die Flugfunkempfangsstation, die den Störerfolg beobachtete. Sie war ebenfalls mit dem Störleiter über eine Leitung verbunden.

Im Zusammenwirken zwischen dem Störstellenleiter, dem Störfunker und dem Störbeobachter vollzog sich der Fliegerstördienst. Die Sendeleistung des Störsenders lag bei etwa 1 kW.

Als Störerfolg verbuchte man die Verhinderung des Einschießens von elf Fliegern pro Tag.

Bedingt durch die technische Entwicklung der Luftfahrt entwickelte der Physiker Alexander Meißner 1907 ein erstes System der Funkpeilung. Es bestand aus 32 kreisförmig angeordneten Vertikalantennen. Im Kreismittelpunkt befand sich eine zentrale Antenne. Die kreisförmig angeordneten Antennen wurden der Reihe nach von einem zentralen Sender gespeist. Durch den Vergleich der Lautstärke der Signale zwischen dem zu peilenden Sender und dem zentralen Sender konnte die Richtung bestimmt werden. Die theoretische Genauigkeit betrug 11,25°, wie die *Telefunken Zeitung* Nr. 5 im Jahr 1912 meldete.

Ein anderes Peilverfahren besteht in der Zusammenschaltung von Antennen über ein Goniometer. Dieses Anfang des 20. Jahrhunderts erkannte Verfahren beruht darauf, dass jeweils die Antennen Nord-Süd und Ost-West über feststehende Spulen miteinander verbunden werden. Die Antennenspannungen dieser Spulen induzieren in einer beweglichen drehbaren Spule eine resultierende Spannung, die in der Empfangsrichtung ein Minimum erreicht. Versieht man die Drehachse der Goniometerspule mit einer geeichten Skala von 360°, dann kann die Richtung des empfangenen Signals abgelesen werden.

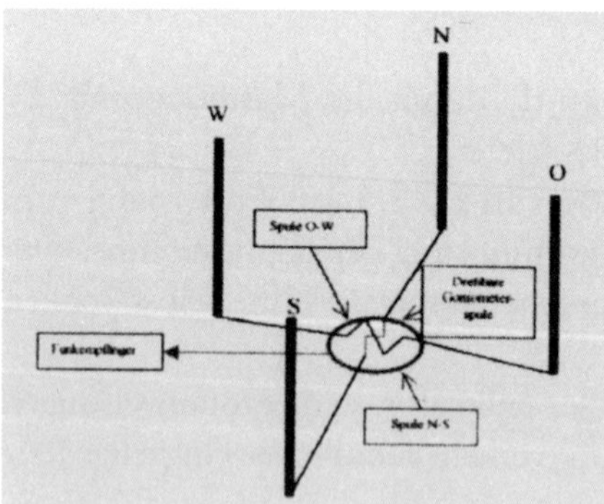

Links: Grundprinzip der Peilantennenkopplung über Goniometer. Darunter Primärschaltung, unten Sekundärschaltung des Goniometers

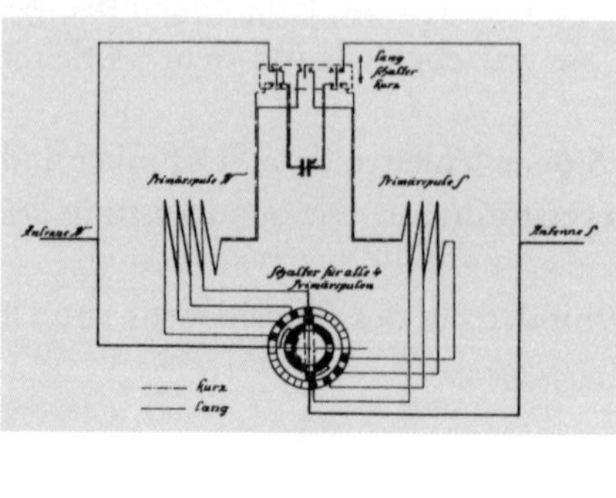

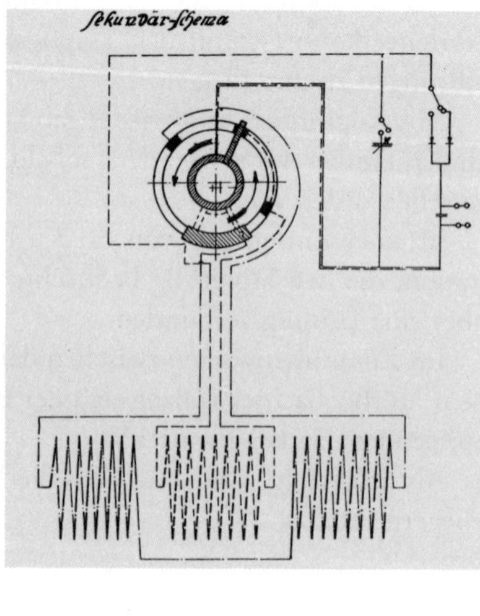

Eine ähnliche technische Lösung für ein Goniometer fand das Funker-Kommando 13 im Jahre 1916 experimentell heraus.

Die feststehenden Spulen, auch als Primärspulen bezeichnet, bestanden aus viereckigen Holzrahmen. Darauf wickelte man die Spulen kreuzweise in vier Lagen und unterteilte sie viermal. Die Zuschaltung der einzelnen Windungen der Paare nahm man mit einem parallel geschalteten Stufenschalter vor. Dadurch erreicht man die stufenweise Änderung der Induktivität der Spulen. Weiterhin konnten die Kondensatoren in Reihe oder parallel umgeschaltet werden.

Die drehbare Spule (Sekundärspule) war an ihrer Drehachse mit einer 360°-Skala versehen.

Die nach mehreren Versuchen als günstigste Antennen ermittelte Geometrie bestand in einem 30 m hohem Mast und 73 m langen Antennendrähten. Die Wellenbereiche variierten je nach der Zuschaltung der Kondensatoren und der Zu- bzw. Abschaltung der Erde.

Zum Nachweis von Funktionsfähigkeit und Genauigkeit der Peilungen führten Funker Kontrollpeilungen durch. Mit hoher Konstanz bestimmte man den Peilwert für den Sender Königs Wusterhausen mit 86,5° ± 0,5°.

Der Richtempfangstrupp 3 experimentierte mit ähnlichen Varianten. Das Ziel bestand darin, das Antennengebilde sowohl für den Richtempfang, als auch für den Rundempfang anzuwenden. Als Mittelpunkt der Antenne wählte man einen 30 m hohen Zentralmast. Von diesem ausgehend befanden sich in 75 Meter Entfernung in den Richtungen O, S, W und N 3 m-Masten zur Befestigung der Antennendrähte.

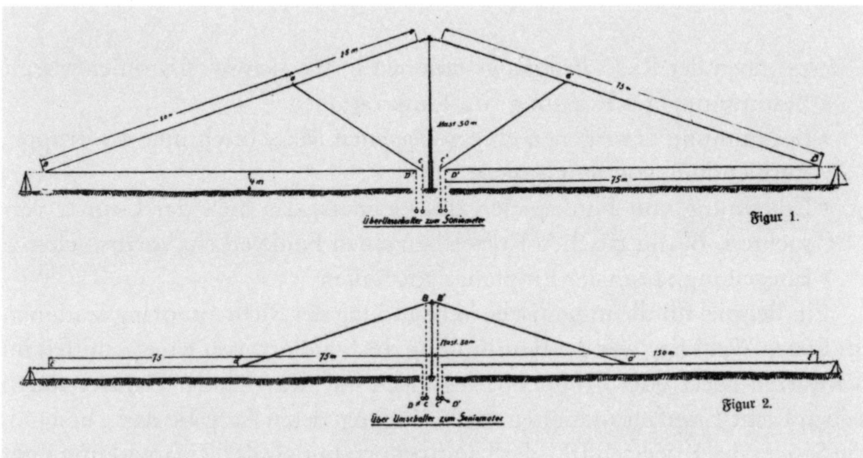

Antennensystem für Richt- und Rundempfang 1

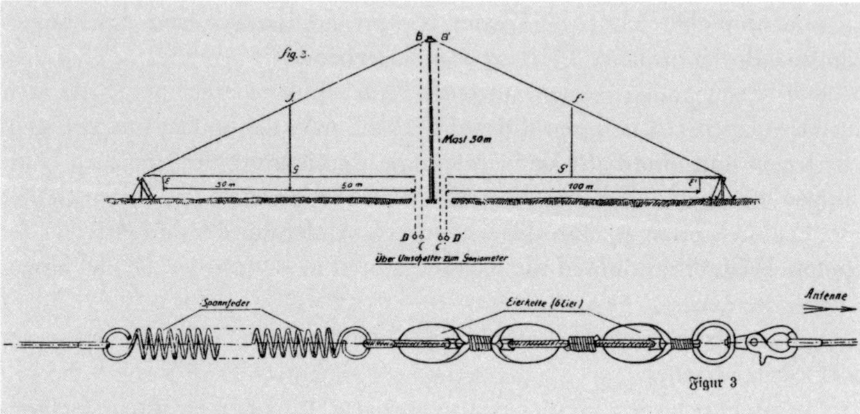

Antennensystem für Richt- und Rundempfang 2

Im Abstand von 25 Meter von der Mastspitze waren Anzapfungen zum Goniometer geführt. Durch Umschalter konnten so die vier Antennenleitungen zu einer Rundempfangsantenne oder zu einer Richtantenne zusammengeschaltet werden.

Durch Umschalten der Antennen eigneten sich diese für den Empfang von Wellen zwischen 600 bis 1.700 m und 800 bis 3.200 m.

Eine ähnliche technische Lösung, nur mit anderen Abmessungen, bot das oben abgebildete Antennensystem.

Über Spannfedern hielt man die Antennenleitungen gestrafft. Sogenannte Isolationseier sorgten für die notwendige Potenzialtrennung.

Die empfangbare Wellenlänge betrug 500 bis 1.700 m und 350 bis 450 m.

Die Aufgaben der Richt-Empfangsstationen ließen sich so zusammenfassen:

- Bestimmung der Richtung von Funkstationen
- Bestimmung der eigenen eingeschlagenen Marschrichtung der Truppe, Ausblendung von Störsendern
- Erkennung von Funkspielen des Gegners, das hieß der Gegner versuchte z. B. mit falschen Rufzeichen einen Funkverkehr vorzuspielen
- Einstellung optimaler Empfangslautstärken

Ein Beispiel für die militärische Verwendung der Richt-Empfangsstationen im Ersten Weltkrieg war die Bestimmung des Standorts von Kriegsschiffen im Schwarzen Meer oder Truppenbewegungen auf dem Lande. Dafür standen sieben Richt-Empfangsstationen zur Verfügung, deren Aufgabe darin bestand, die Sender der Kriegsschiffe oder Landtruppen mittels der Richtwirkung ihrer Antennen anzupeilen. Wenn das auf Grund der Empfangsbedingungen zwei oder mehreren Richt-Empfangsstationen gelang, dann konnte anhand des entstehenden Schnittwinkelgebiets der Senderstandort ermittelt werden. Die Richt-Empfangsstationen befanden sich in:

Jambol (Bulgarien) Luftschiffhafen	42,29°N 26,31°E
Osmanie (Istanbul, Türkei)	41,01°N 28,57°E
Damaskus (Dimachq, Syrien)	33,30°N 36,18°E
Bucuresti (Bukarest, Rumänien)	44,27°N 26,07°E
Constanta (Konstanz, Rumänien)	44,12°N 28,39°E
Uesküp (Skopje, Mazedonien)	42,00°N 21,27°E
Sofia (Bulgarien)	47,57°N 27,51°E

Die Standortkoordinaten gingen an das in Jambol befindliche Luftschiff SLX, welches sich zwecks weiterer Aufklärung oder zur Bekämpfung der Truppen bzw. Schiffe an diesen Ort begab. Der genaue Informationsfluss dieses Gesamtprozesses ist nicht bekannt.

Es gab eine zentrale Stelle, wie die sehr gut ausgebaute Groß-Funkstation Osmanie, welche die anderen Richt-Empfangsstationen anwies, die feindliche Funkstation auf der Welle xyz zu peilen und das Peilergebnis über Leitung oder auch über Funk an die zentrale Stelle zu übermitteln. War das geschehen, konnte mit den empfangenen Peilungen das Schnittwinkelgebiet festgestellt werden. Die Mittelpunktskoordinaten, also Längen- und Breitengrad, teilte man dem Luftschiff über Funk den dazu festgelegten Kampfauftrag mit.

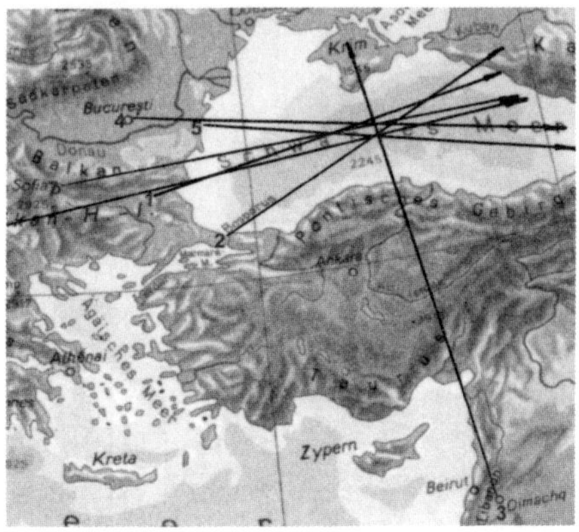

Links: Richtempfangsstation in Osmanie (Istanbul). Oben: Beispiel für ein sich ergebendes Schnittwinkelgebiet, wenn alle Richt-Empfangsstationen die Signale eines Kriegsschiffes empfangen und die Richtung bestimmen konnten

Ein am 2. Juli 1916 für Jambol bestimmter Funkspruch bestätigt die Aufgabenstellung für das Luftschiff SLX. Darin hieß es: »Mittelmeer Division Pera drahtet an Marineattaché Sofia: Jambol benachrichtigen, dass das deutsche U-Boot vor Sewastopol steht und die Kriegsschiffe Goeben und Breslau in See sein werden. SLX soll Beobachtungen feindlicher Streitkräfte in See sofort durch Funkspruch an Osmanie melden.«

Das Luftschiff SLX ging durch ein Unwetter über dem Schwarzen Meer verloren, was Teile eines Funkspruchs belegen: »... kämpfen gegen 30 m Wind ... Tromben ... grüßt Angehörige ...«

Peiler E 374 N von Telefunken. Unten: Peilwagen mit Mehrwindungsrahmen, ebenfalls von Telefunken, aus der Vorkriegszeit, etwa 1913

Als Ersatz stationierte man das Luftschiff LZ 101 und danach L 59. Das Luftschiff L 59 war jenes, dass von Jambol aus Richtung Deutsch-Ostafrika flog, um der dortigen Kolonialtruppe Nachschub zu liefern. Es wurde über Somalia zurückgerufen.

Außer den Richt-Empfangsverfahren entwickelte man verschiedene Peilverfahren zur Feststellung von Funksendern. Im Jahre 1913 wurde Ferdinand Braun bei Feldstärkemessungen in Paris die Bedeutung des Mehrwindungsrahmens bewusst. Die Verwendung von Empfangsantennen in der Form von Peilrahmen für militärische Zwecke im Ersten Weltkrieg zeigt die nebenstehende Abbildung einer fahrbaren Telefunken-Peilstation. Der auf dem Dach montierte Holzrahmen war seitlich durch Stützen gegen das Abknicken verstärkt.

Doch nicht nur auf militärischem Gebiet bestand Bedarf an Peilanlagen, sondern auch im zivilen Bereich der Luft- und Seefahrt. Anfang 1918 erlaubte es der technische Entwicklungsstand, Sender aus Amerika zu empfangen und zu peilen. Damit waren die Voraussetzungen für die Navigation geschaffen.

Im Telefunken-Versuchsfeld begann man 1917 mit der experimentellen Erprobung verschiedener richtungsempfindlicher Antennen für die Verwendung bei Bordpeilern. Die Techniker Hornoff und Leib entwickelten im Februar 1919 einen Peilrahmen, der zwei um 180° gegenüberliegende scharfe Empfangsminima aufwies. Als entscheidend erwies sich die Verwendung einer nichtabgestimmten, senkrecht zum Peilrahmen befindlichen Hilfsantenne.

Im Jahre 1923 begann die Erprobung des kompletten Telefunken-Bordpeilers für den Frequenzbereich von ca. 300 kHz. Der Drehrahmen bestand aus einem wetterfesten Rohrring aus Metall, in dem sich die Antennenwicklungen befanden. Genau mittig am Rahmen angeordnet war die Hilfsantenne. Zur Erprobung des Bordpeilers installierte man diesen auf dem Vermessungsschiff »Panther«. Die Messgenauigkeit betrug ± 0,7°.

Die Weiterentwicklung des Peilrahmens und Empfängers führte 1930 zum nebenstehend abgebildeten Telefunken-Peilempfänger E 374 N.

Für die Schifffahrt waren die Peiler ein großer Fortschritt. Nun konnte durch die Peilung von Sendern mit bekannten Standorten der eigene Standort bestimmt werden. Auf Konferenzen 1931 in London, in Paris 1933 und in Berlin 1937 formulierte man die Grundlagen für die Funkfeuer-Organisation. Dort einigte man sich über die technischen Bedingungen für die Funkfeuer und Bordfunkpeiler.

Die Reichweiten der Funkfeuer waren auf 20 bis 200 Seemeilen begrenzt, um gegenseitige Störungen zu vermeiden.

8. Funktechnik für Luftfahrzeuge und für Schiffe

8.1 Funktechnik für Luftfahrzeuge

Die Vorteile der Funktechnik für die Luftfahrzeuge und für die Schiffe erkannten nicht nur die Militärs, sondern auch zivile Einrichtungen. Zu ihnen gehörte vor allem die Reichspost und die Reedereien. Die Einführung des Wetterdienstes, des Sturmwarnungsdienstes und des Zeitsignals für die Schifffahrt durch die Reichspostverwaltung und die Marine um 1908 führte auch bei den verschiedenen Besitzern von Luftfahrzeugen zu der Überlegung, diese Dienste für ihre Zwecke ebenfalls zu nutzen. Die Sender *Norddeich* und *Kiel* verbreiteten Informationen für den Nordseebereich, die Sender *Swinemünde* und *Danzig* taten dies im Ostseebereich.

Das Interesse und der Bedarf bei Luft- und Seefahrt ließen Telefunken einen geeigneten Empfänger entwickeln. Die Vorgaben waren einfach und klar formulier:

- Leichtes Gewicht, geringer Raumbedarf, einfache Bedienung, billiger Anschaffungspreis, geringe Unterhaltskosten
- Ein Wellenbereich, der sowohl die Gebrauchswelle der Feuerschiffe und Seewarten (kleine Wellen, ca. 300 m) als auch die im Schifffahrtsverkehr allgemein übliche Welle (mittlere Wellen, ca. 600 m) sowie schließlich die Spezialwelle der Großstation Norddeich (große Wellen, ca. 2.000 m) umfasst
- Die Möglichkeit, jede der oben angeführten Wellen auch bei der kleinsten praktisch vorkommenden Antenne schnell und mit wenigen Handgriffen einzustellen
- Das Vorhandensein einer Prüfeinrichtung die auch dem Laien gestattet, jederzeit das richtige Funktionieren der Einzelteile des Apparates zu kontrollieren
- Schneller und einfacher Ersatz aller der Abnutzung unterworfener Teile

Davon ausgehend entstand der Hörempfänger mit der Bezeichnung E.33. Er war für den Einsatz in Fischerei-Fahrzeugen, kleineren Küstendampfern, Yachten, Motor- und Segelbooten sowie für Freiballons und Luftschiffe gedacht.

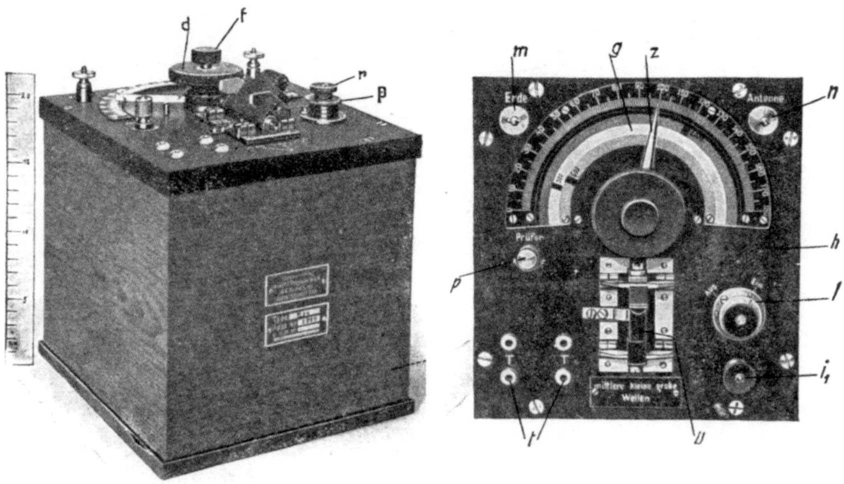

Empfänger E.33, ein Würfel mit einer Kantenlänge von 20 cm, Gewicht 4 kg

Der Empfang des Zeitzeichensignals hatte besondere Bedeutung für See- und Wetterwarten, Lotsenstationen, meteorologische- und wissenschaftliche Institute. Für Freiballons und kleine Luftschiffe wiederum spielte besonders die Kenntnis der Wetterlage eine bedeutende Rolle.

Die Abmessungen des E.33 waren 20 x 20 x 20 cm, das Gewicht betrug drei bis vier Kilo. Auch Laien konnten damit umgehen. Die Installation der kompletten Empfangseinrichtung mit Antenne und Gegengewicht musste jedoch von Fachleuten vorgenommen werden.

Während der Einsatz von Empfängern in Ballons und Luftschiffen relativ früh vor sich ging, zögerte man mit der Installation von Sendern. Die Gründe dafür waren die Explosionsgefahr, die durch die Funkenstrecken bei Sendern entstand, und die hohen Spannungen der Sendeantennen.

Einen technischen Fortschritt erzielte man mit der Einführung der Löschfunken-Sender, weil bei diesen die Funkenstrecken luftdicht abgeschlossen waren. Durch verbesserte Antennenanordnungen ergab sich ebenfalls eine Minderung des Risikos bei gasgefüllten Ballons und Luftschiffen.

Die Antennenanordnung bei Ballons nach Meyenburg sah vor, dass der Antennendraht ab 100 Meter Länge senkrecht aus der Kabine nach unten gelassen wurde. Ein den Ballon umgebendes Drahtnetz bildete das Gegengewicht. Die Gesamtanordnung wurde 1912 patentiert und unter D.R.P. Nr. 232257 registriert.

Bei der älteren Antennenanordnung für Luftschiffe wird der Antennendraht nach unten gelassen und das Gegengewicht von der Gondel gebildet.

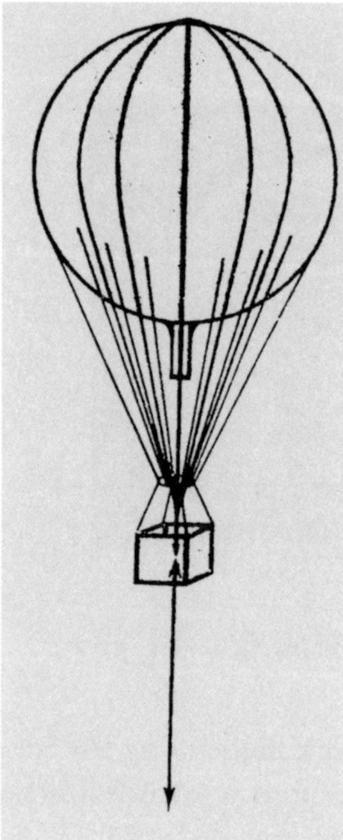

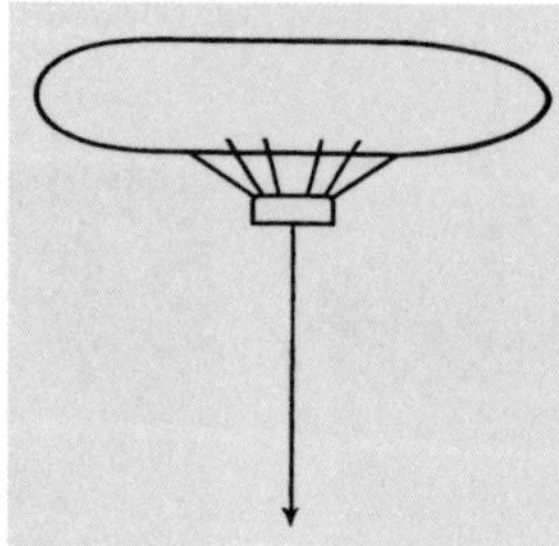

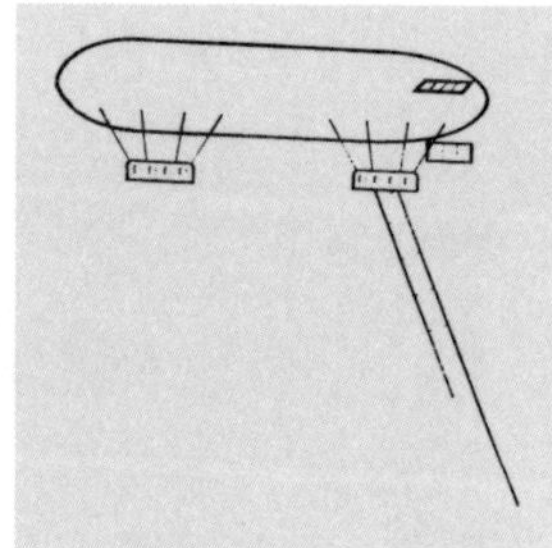

Patentierte Antennenanordnung bei Ballons nach Meyenburg vom 18. März 1912, D.R.P. Nr. 232257 (links).
Mitte: D.R.P. Nr. 148001
Rechts: Patentierte Antennenanordnung bei Luftschiffen nach Dr. Beggerow vom 18. März 1912, D.R.P. Nr. 22520418

Voraussetzung dafür war, dass diese genügend Metallteile aufwiesen. Das Reichspatent dafür trug die Nummer 148001.

Bei der Antennenanordnung bei Luftschiffen nach Dr. Beggerow wurden zwei Drähte parallel aus der hinteren Gondel herabgelassen. Der längere Draht diente als Antenne und der kürzere als Gegengewicht. Patentiert war diese Anordnung unter D.R.P. Nr. 225204.

Die nachfolgend von Telefunken entwickelte Luftschiffstation berücksichtigte die Sicherheitsanforderungen, indem man den Sender und den Empfänger in einem geschlossenen Schrank mit den Maßen 66 x 33 x 76 cm (BxTxH) unterbrachte. Die Gesamthöhe mit Antennenhaspel betrug 135 cm. Die Bedienelemente für den Sender und den Empfänger waren von vorn zugänglich, während alle anderen Zubehörteile abgedeckt waren. Auf dem Schrank befand sich die Antennenhaspel mit einem 200 m langen Bronzedraht (3 mm Durchmesser) als Antenne, gekoppelt mit einem Zählwerk.

Für die Stromversorgung war ein mit dem Motor des Luftschiffes gekoppelter Dynamo mit einer Leistung von etwa 500 W installiert.

Der Sender konnte im Wellenbereich von 300 bis 1.200 m auf drei Wellen fixiert werden. Das Gewicht der kompletten Station betrug etwa 125 kg, wobei 70 kg auf die Sende- und Empfangstechnik entfielen. Die praktische

Reichweite mit einer fahrbaren Militärstation war mit 100 bis 200 Kilometern angegeben.

Den guten Erfahrungen mit der Ballon- und Luftschifffunktechnik folgte die Entwicklung von Funktechnik für Flugzeuge, die militärische Aufklärungsflüge unternahmen. Darunter verstand man auch die Beobachtung der Geschosseinschläge der Artillerie und die Weitergabe der Ergebnisse über Funk zur eventuellen Korrektur der Geschossbahnen.

Die Anforderungen an solche Funkstationen unterschieden sich gegenüber der Luftschifftechnik in keiner Weise. Besonders die geringen Abmessungen und die zufriedenstellende Reichweite standen im Mittelpunkt der Entwicklungen. Für die Artilleriebeobachtungen sollte die Reichweite 25 km betragen, was eine geringe Senderleistung erforderte und somit auch per Batteriebetrieb erlaubt war.

Das Gesamtgewicht der kompletten Station lag bei 25 Kilogramm.

Die Luftschiffstation von Telefunken: 135 cm hoch, 66 cm breit und 33 cm tief.
Unten: die Telefunkenstation für Erkundungsflüge, die noch vor dem Krieg entwickelt worden war

Flugzeuggeschwader mit hochstehenden Antennen

Bei Erkundungsflügen ging man von 100 Kilometer Reichweite aus und konstruierte eine dementsprechende Stromversorgung über einen Generator, der über eine biegsame Welle mit dem Propellerantrieb verbunden war. Das Gesamtgewicht betrug 50 Kilogramm.

Eine der ersten Flugzeugfunkstationen für kleine Reichweiten wurde im April 1912 entwickelt. Der Sender befand sich in einem Holzkasten. Die Morsetaste war herausklappbar. Auf dem Holzkasten befanden sich die Anschlussschrauben für die Antenne und das Gegengewicht, auf der Grundplatte war der Empfänger fest montiert. Die Antenne war auf einer Haspel und wurde nach dem Start der Maschine senkrecht herabgelassen. Das Gegengewicht bildeten alle Metallteile des Flugzeugs.

Die Station für Erkundungsflüge unterschied sich äußerlich von der für Artilleriebeobachtungen nur sehr unwesentlich. Zur Ausrüstung gehörte eine ebenfalls 1912 entwickelte Fliegerkappe mit eingebautem Kopfhörer und entsprechender Schalldämmung, um die Motorgeräusche zu reduzieren.

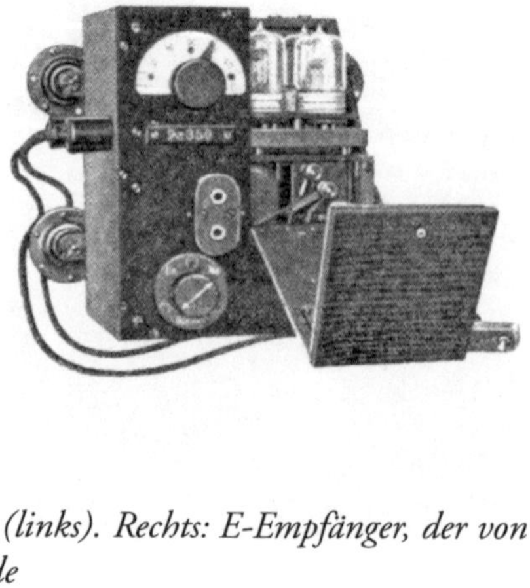

Einwellenempfänger von Telefunken E34 (links). Rechts: E-Empfänger, der von der gleichen Firma 1914 entwickelt wurde

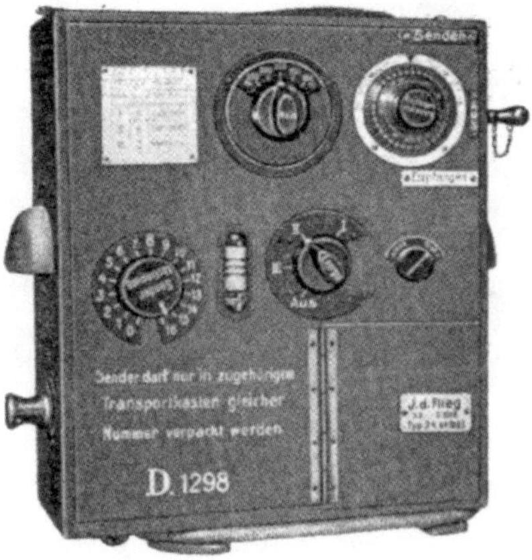

D4 Sender und Empfänger von Telefunken von 1914 (links).
Oben: Von der selben Firma der Flugzeugempfänger E 103 aus dem ersten Kriegsjahr

Ebenfalls 1912 entstand ein leichter Einwellenempfänger für Flugzeuge mit der Bezeichnung E.34.

Es folgten weitere FT-Geräte, die sich nach ihrem Verwendungs- und Einsatzzweck in Größe und Leistungsparametern unterschieden.

Mit dem Beginn des Krieges stieg der Bedarf an Flugzeug-Funktechnik, so dass Telefunken und die Lorenz AG verstärkt forschten und entwickelten. Für Kampf-Einsitzer entstand der A-Sender. Das waren Sender und Empfänger für die Welle 150 m und einem Antennendraht von 16 oder 25 m Länge, der aus dem Flugzeug herabgelassen wurde. Das Gewicht des A-Senders betrug 6,35 kg, seine Reichweite etwa 20 km. Zusätzlich wurde bei Bedarf ein separater Empfänger (E-Empfänger) für eine feststehende Wellenlänge (150, 200, 250 oder 300 m) mit einem Gesamtgewicht von 3,6 kg eingebaut.

Die Weiterentwicklungen liefen unter der Bezeichnung D.1-D.4.

Die D.4-Sender hatten ein Gesamtgewicht von 8,5 kg und eine Reichweite bis 150 km. Die dazugehörige Bodenstation bestand aus einer Protze. Der Sender erfasste den Wellenbereich von 150 bis 800 m und der des Empfängers von 150 bis 1.000 m. An einem Kurbelmast von 17 Meter Höhe wurde die geknickte T-Antenne von zwei mal 30 Meter Länge befestigt.

Die größere Station war eine Automobilstation, die eine Sender-Wellenlänge von 200 bis 2.000 m und eine Empfänger-Wellenlänge von 150 bis 6.000 m aufwies. Die Technik konnte sowohl bei der Protze als auch beim Automobil ausgebaut und in Unterständen betrieben werden.

Für die Großflugzeuge entwickelte man den G-Sender. Der Wellenbereich des Senders und des mitintegrierten Empfängers ging von 350 bis 1.200 m. Das Gewicht betrug 21,3 kg und die Reichweite etwa 300 km.

Flugzeug-Röhrensender und -empfänger von Lorenz (links), ein 10 W Langwellensender und -empfänger der gleichen Firma (M.). Rechts: ein Lorenz-Langwellensender mit 10 Watt

Eine weitere Kategorie waren die Riesenflugzeuge, für welche von Telefunken der R-Sender entwickelt wurde. Sein Wellenbereich ging von 300 bis 1.600 m und der des Empfängers von 190 bis 3.250 m. Die Reichweite betrug 450 km und das Gewicht 35 kg. 50 Stück wurden davon produziert

Auch die Lorenz AG entwickelte Funktechnik für Flugzeuge. Oben sind einige Röhrengeräte abgebildet.

Das Ende des Ersten Weltkrieges, der Millionen Menschen das Leben kostete, Städte und Dörfer verwüstete und an dessen Folgen noch Jahrzehnte die Völker zu tragen hatten, bedeutete in Deutchland auch das vorläufige Ende der militärischen Funktechnik. Endlich wurden den Menschen dienende, vernünftige und sinnvolle Entwicklungen vorangetrieben.

Erste Vorschläge in dieser Richtung gab es bereits 1912 auf der Londoner Funkentelegrafenkonferenz. Diese forderte man den Einsatz der Funktechnik zur Verhütung von Havarien auf See und im Luftverkehr. Der technische Stand gestattete nach 1918 weitergehende und sehr konkrete Lösungen in diesem Sinne.

Das betraf in erster Linie die Ortsbestimmung der Luftfahrzeuge. Diese sollten die Orientierung auch bei Dunkelheit und schlechten Witterungsbedingungen wie Nebel und starken Regen oder beim Flug in den Wolken sicherstellen. Auch unter diesen Bedingungen sollte der Flughafen sicher angesteuert werden können. Damit wäre die Entwicklung der Luftfahrt zum sicheren und regelmäßig verkehrenden Transportmittel als Konkurrenz zu anderen Verkehrsmitteln erst möglich. Die Erfüllung dieser Forderungen war technisch durch zwei Verfahren realisierbar. Für beide bildete die Funkpeiltechnik die entscheidende Grundlage. Das erste Verfahren ging davon aus, dass jeder Flugplatz, außer mit einer Funkstation, mit einer Funkpeilstation ausgerüstet

Am Flugzeug fest verspannte Sende- und Empfangsantennen für die Fremdpeilung, Aufnahme aus den 20er Jahren

sein sollte. Das Luftfahrzeug dagegen musste über eine Funkstation verfügen. Bei Bedarf konnte so das Luftfahrzeug beim Flugplatz das Anpeilen seines Senders anfordern und das Peilergebnis per Funk übermittelt bekommen. Bei mindestens zwei Peilungen von verschiedenen Flugplätzen konnten diese auf eine Karte übertragen werden und der Schnittpunkt der Peilungen war der eigene Standort. Dieser war jedoch fehlerbehaftet. Diese Methode ist auch als Fremdpeilung bekannt.

Das zweite Verfahren bestand darin, dass das Luftfahrzeug neben der Funkstation über einen eigenen Peiler an Bord verfügte. Die Flugplätze hingegen sendeten ständig einen ihnen zugeordneten Kennbuchstaben, der den Fluggesellschaften und damit den Piloten bekannt sein musste. Somit konnten die Luftfahrzeuge ohne fremde Hilfe ihren Standort bestimmen, indem sie

Fest installierter Peilrahmen für Eigenpeilung

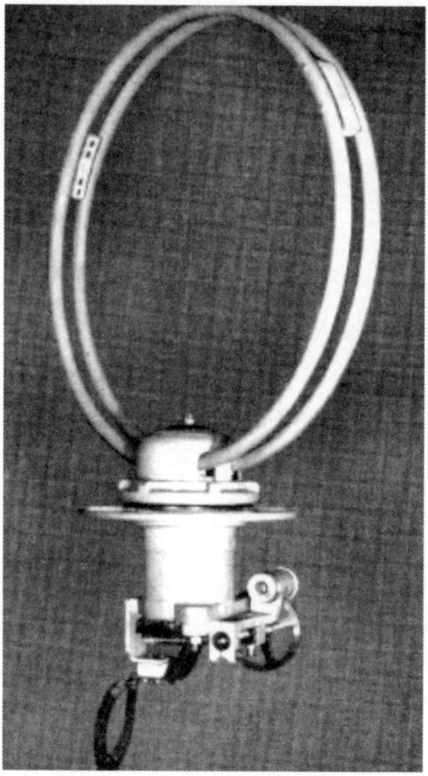

Zielflug-Peilrahmen (d = 42 cm)

zu jeder beliebigen Zeit die Kennbuchstaben von Flugplätzen anpeilten und die Peilwerte auf eine Karte übertrugen.

Diese Methode wurde als Eigenpeilung bekannt und bildete die Voraussetzung für den Zielflug. Telefunken entwickelte diese Technik, die unter der Bezeichnung »Telefunken-Flugzeugrichtfinder« bekannt wurde.

Im Vergleich beider Methoden hatte die Eigenpeilung gegenüber der Fremdpeilung gewichtige Vorzüge.

- Der zeitliche Ablauf für die Standortbestimmung mit zwei oder mehr Peilungen lag im Minutenbereich
- Die Anzahl der Peilungen konnte dadurch erhöht werden
- Der Flugkurs konnte durch den Zielflug, also das ständige Peilen der Kennung des Zielflughafens, beibehalten werden
- Es konnten beliebig viele Luftfahrzeuge zu jeder beliebigen Zeit ihren Standort bestimmen

Die Luftschifftechnik für den Zielflug und die Abwicklung des Funkverkehrs von LZ 127 und LZ 129 erfolgte bereits vollkommen unter der Ver-

Peilrahmen am Luftschiff LZ 129

wendung der Kurzwelle. Sowohl bei der Sende- als auch der Empfangstechnik kamen Röhren zum Einsatz. Es gab zwei Verfahren des Zielflugs, die einerseits das manuelle Peilen erforderten oder andererseits einen Signalton für die Flugrichtungsbestimmung verwendeten (Zielflug nach Gehör).

Beim Zielflug nach Gehör nutzte man die Richtwirkung des Peilrahmens dahingehend aus, dass dann, wenn die beiden Felder des Rahmens gleich groß waren, sich für den Piloten ein hörbarer Dauerton ergab. Dieser entstand durch die Erzeugung des Buchstabens n (- .) für das eine Feld und des Buchstabens a (. -) für das andere Feld durch einen Elektromotor. Bei Gleichheit der Felder ergaben die Buchstaben n und a einen Dauerton.

Die Flugplatztechnik für den Funkbetrieb und die Peilung basierte ebenfalls auf Röhrengeräten, die in der Kurzwelle sendeten oder empfingen.

Ebenfalls als Unglückverhütungsmittel kamen die Informationen über die Wetterlage in Betracht. Diese sollten Luftschiffen, Flugzeugen und Schiffen ein Entscheidungsmittel über die Routenführung und die Verschiebung oder Absage von Reisen liefern.

Inhaltlich ging es um Wettervorhersagen, Wetterberichte und Sturmwarnungen. Die Anfänge der mittels Funk übertragenen Wetterbeobachtungen gehen auf das Jahr 1908 zurück. Die Deutsche Seewarte in Hamburg sam-

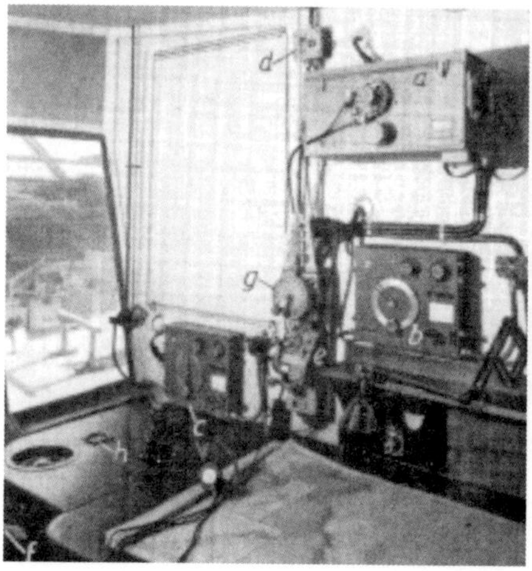

Ein Funker an der Navigationstechnik im LZ 127 »Graf Zeppelin«, 1929. Links: Blick auf die Navigationstechnik im LZ 129

melte Wettermeldungen von auf See befindlichen Schiffen im nördlichen Atlantik, um rechtzeitige und genauere Sturmwarnungen zu erarbeiten. Ein entscheidendes Hindernis für die Umsetzung dieser Absicht bestand in der ungenügenden Reichweite der Funktechnik. Die Nachrichten hätten von Schiff zu Schiff übertragen werden müssen, was zu hohen Zeitverlusten geführt hätte und damit zu unaktuellen Meldungen.

LZ 86 bei der Landung, 1918

Die erste meteorologische Funkstation entstand 1913 im Aeronautischen Observatorium in Lindenberg bei Berlin. Die Reichweite des dort vorhandenen Senders betrug etwa 500 km und diente dem Wetternachrichtenaustausch mit in der Luft befindlichen Luftfahrzeugen und zum Nachrichtenaustausch mit Luftschiffhäfen und Flugplätzen. Zusätzlich übertrug man Gewitterwarnungen auf einer gesonderten Welle.

Die Weiterverbreitung von Wettermeldungen übernahmen später die Groß-Funkstationen Norddeich, Poldhu und Carnavon (England), Eiffelturm, Madrid und Stationen in Russland und Italien. Im Ersten Weltkrieg sendete nur Scheveningen (Niederlande) unverändert seine Wetterberichte weiter. Bis zu diesem Zeitpunkt gab es keine internationalen Regelungen über die Art, die Zeit, den Inhalt und die Wellenlänge des Wetterfunks. Das entschied jeder Staat für sich. In der Regel jedoch strahlte man zweimal am Tag Wetterberichte aus.

Während des Kriegs gab es den meteorologischen Wetterdienst für das Heer, die Marine und die Luftstreitkräfte. Die Marineluftschiffe nahmen diesen Dienst 1914/15, bedingt durch ihre Aufklärungs- und Kampfeinsätze, vorrangig in Anspruch. Die Luftschiffe übermittelten ihre Ergebnisse über die Höhenwindmessungen täglich mehrmals in Abhängigkeit von der Wettersituation. Regelmäßig erfasste man auch den Luftdruck, um daraus Schlussfolgerungen für die Wetterentwicklung zu ziehen.

Flugzeuge verfügten erst ab 1917 über technische Möglichkeiten zur Aufnahme der Wetterberichte.

In den Jahren 1915/16 entstand der Wetterdienst für die Marine. Dieser sendete täglich viermal Berichte über die Wetterlage in bestimmten Gebieten, etwa in der Deutschen Bucht und in der westlichen Ostsee. Die Standardwellen waren 1.200 m und 600 m bis 350 m.

Spezielle Anforderungen stellte der Heereswetterdienst. Dort ging es um die Ballonaufklärung, den Witterungseinfluss für die Artillerie, die Schallmessung und den Gaskampf.

Nach Kriegsende übernahmen zivile Einrichtungen den Wetterdienst. Die Groß-Funkstation Nauen sendete täglich zweimal die Wetterinformationen. In Vorbereitung auf die Pariser Konferenz zu diesem Thema ging man von den Überlegungen aus, das Wetter nach Regionen zu bestimmen. Unter Regionen definierte man den Weltwetterdienst, den Landeswetterdienst, den Bezirkswetterdienst und den Ortswetterdienst.

Der Start- und Landemeldedienst war ebenfalls ein wichtiges Merkmal zur Unfallverhütung. Dem Piloten wurden über Funk Angaben über die Lande- oder Startbedingungen übermittelt. Das betraf die Freigabe der Lande- bzw.

Startbahn, deren Beleuchtung und die Angaben zu bestimmten Orientierungspunkten. Der Wert dieser Informationen wuchs mit der Verschlechterung der Wetterlage und besonders auch bei Dunkelheit.

Ebenso war eine Aufgabe des Start- und Landemeldedienstes die Verhinderung von Zusammenstößen mit anderen Luftfahrzeugen. Eine große Bedeutung kam der Funktechnik auch bei Unglücksfällen oder Havarien zu. Sie ermöglichte die Benachrichtigung einer zentralen Stelle, die entsprechende Hilfen einleiten konnte.

Im Jahr 1919 gab es noch keine gesetzliche Regelung, die die Ausrüstung von Luftfahrzeuge mit Funktechnik zwingend vorschrieb. Die verschiedenen Aspekte der Unfallverhütung verliehen aber einer solchen Forderung national wie international Nachdruck.

Bis zur Einführung der verbindlichen Regelungen und deren technische Untersetzungen vergingen jedoch noch Jahre.

Im Jahr 1939 waren dem europäischen Flugfunk folgende Frequenzbänder zugeteilt:

- Flugfunkdienst: 1.176 m bis 1.034 m, 938 m bis 822 m, 759 m bis 723 m
- Fremdpeildienst: 822 m bis 790 m

Zu jenem Zeitpunkt gab es bereits entwickelte Peiltechnik und -verfahren. Dazu gehörten Peiler, die nach seinem Erfinder Adcock bezeichnet wurden. Nach der Art der Peil-Antennenzuleitungen zum Goniometer des Peilempfängers wurde nach dem U- und dem H-Adcock unterschieden. Peiler diesen Typs verwandte man auch für die Fremdpeilung der Luftfahrzeuge.

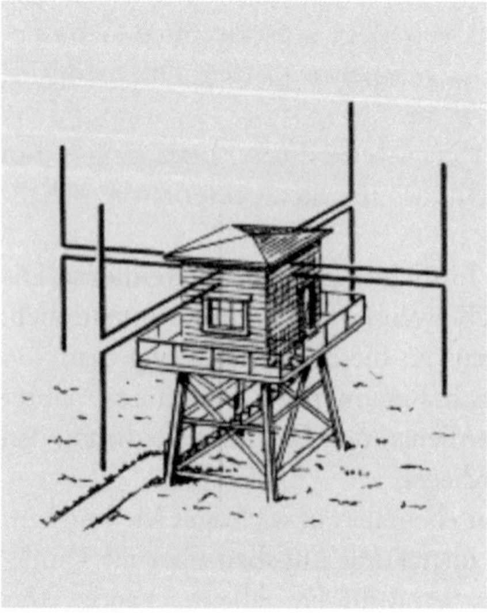

Peilhaus an der Flugplatzgrenze, 1927.
Links: Antennenanordnung einer Peilanlage H-Adcock

8.2 *Funktechnik für Küstenfunkstationen und Schiffe*

8.2.1 Funktechnik für Küstenfunkstationen

Die Vorteile der Funktechnik, als ein Bindeglied zwischen dem Schiff und dem Land, führten bereits um 1900 bei der Marine und dem Reichspostamt zu der Schlussfolgerung, dieses neue Medium sehr schnell für die Schifffahrt einzuführen. Die praktische Umsetzung dieser vorgesehenen Funkverbindungen zwischen Land-Schiff und Schiff-Schiff setzte die Errichtung von Küstenfunkstationen und die Ausrüstung der Schiffe mit der Sende- und Empfangstechnik voraus. Da zu jener Zeit die Reichweite der Sender noch sehr begrenzt war – sie betrug bei 30 m hohen Antennenmasten auf den Schiffen bei Fritter-Schreibempfang um die 120 km –, war zwangsläufig das Netz von Küstenfunkstationen ziemlich dicht. Bereits um 1902 hatte die Marine etwa 30 Kriegsschiffe mit Knallfunkensendern nach dem System von Slaby und Arco ausgerüstet. Innerhalb eines halben Jahres gingen sechs Marine-Küstenfunkstationen in Betrieb: Das geschah im September 1902 in der Kieler Bucht, auf den Inseln Fehmarn und Rügen sowie in der Danziger Bucht und im Februar 1903 auf Helgoland und in Cuxhaven.

Auch die Stationen verwandten Knallfunkensender nach dem System von Slaby und Arco mit einer Senderleistung von 3 kW und waren abstimmbar im Wellenbereich von 300 bis 1.700 m. Die Handelsschifffahrt nutzte diese Marinestationen ebenfalls für den Telegrammverkehr. Dafür stand bis September 1906 die Welle 365 m zur Verfügung und danach die Welle 350 m mit einer zulässigen Toleranz von ± 30m, um die Wellenlängenabweichungen der einzelnen Sendesysteme auszugleichen.

Ein Knallfunkensender auf Borkum ging im Mai 1905, ebenfalls auf Welle 365 m, mit Reichweiten von etwa 175 km in Betrieb. Es folgte im November 1905 Norddeich mit einem 10 kW-Knallfunkensender auf der Welle 380 m. Seine Reichweite lag bei 450 km. Bereits im Juni 1907, nach erfolgten Antennenumbauten, erhöhte sich seine Reichweite bei der Wellenlänge 2.000 m auf 1.200 km bei Schreib- und auf 1.600 km bei Hörempfang. 1911 erhielt Norddeich einen Löschfunkensender mit 4 kW Leistung für Telegrafie.

Einen bedeutenden Fortschritt für die Nachrichtenverbindungen der internationalen Schifffahrt stellte der Berliner Funkvertrag von 1906 dar. Darin war der Wegfall der systembedingten Einschränkungen der Funktechnik unterschiedlicher Hersteller ab dem 1. Juli 1908 festgelegt. Nur England und Italien blieben vorläufig noch bei dem System von Marconi, mit dem Londoner Funkvertrag von 1912 schlossen auch sie sich dem internationalen

System an. Am 1. Juli 1912 fielen die Einschränkungen endgültig weg. Dazu hatte sicher auch die Weiterentwicklung der Technik beigetragen. Der Knallfunkensender war vom Löschfunkensender überholt und abgelöst worden.

In den Jahren 1908/09 ging die Marine, vier Jahre später als die Handelsschifffahrt, vom Schreibempfang zum Hörempfang über.

Die Ausrüstung der Marine verlief parallel zum Ausbau der Küstenfunkstationen. Die Aufträge zur Entwicklung und zur Produktion der Schiffsfunktechnik erhielten Lorenz und Telefunken. Anfang 1914 wurden die Schiffe der Marine mit der entsprechenden Funktechnik ausgerüstet. Das betraf alle Schiffe vom Kreuzer bis zum Hilfsschiff. Entscheidend für die Bestückung der Schiffe war ihre Stellung im Marineverband, die Möglichkeiten ihrer Energieversorgung und der zur Verfügung stehende Platz zum Einbau der Geräte.

Im Verlaufe des Krieges entschied sich die Marine zum Aufbau eines Richtempfangssystems entlang der eigenen und der Küsten der besetzten Länder. Damit sollte auch der feindliche Funkverkehr festgestellt und die Senderstandorte bestimmt werden. Außerdem wurden die Standorte der deutschen Schiffe nach Anfrage bestimmt und per Funk übermittelt. Für diese Aufgabe entwickelte Telefunken ein spezielles Richtempfangssystem.

Die Richtempfangsstationen waren untereinander über Telefonleitungen verbunden. Nachdem sie den Auftrag zur Richtungsbestimmung einer Funkstation erhalten hatten, wurde dieser ausgeführt und einer Hauptstelle gemeldet. Die Hauptstelle erfasste alle Ergebnisse und übertrug sie auf eine Karte. Das so entstehende Schnittwinkelgebiet ergab den Senderstandort. Der zeitliche Ablauf dieser Prozedur dauerte nur wenige Minuten.

Richtempfangsstation von Telefunken. Auf dem Dach ist die Antenne sichtbar

8.2.2 Funktechnik für Kriegsschiffe

8.2.2.1 Ausrüstung der Flaggschiffe

Zur Ausrüstung der Flaggschiffe gehörten je ein tönender und ein ungedämpfter Sender mit einer Senderleistung 10 kW . Für den Empfang kamen drei Zwischenkreisempfänger mit Kristalldetektoren zum Einsatz. Die besonders groß gewählten Wellenbereiche der Empfänger waren in zwei oder drei völlig getrennte Bereiche unterteilt. Die Bedienung war so gestaltet, dass ein schnelles und unkompliziertes Absuchen der Wellenbereiche nach interessierenden Funkstationen möglich war. Über einen Empfangsteiler konnten zwei Empfänger an eine Antenne angeschlossen werden.

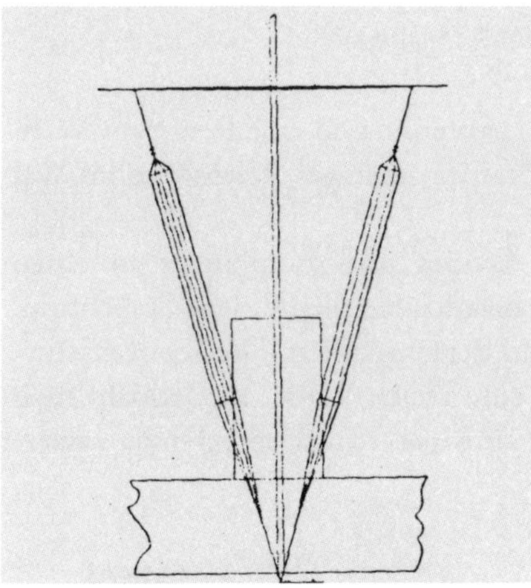

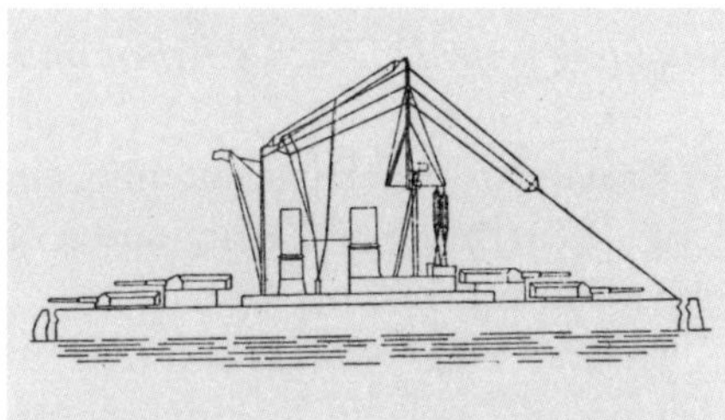

Antennenanlage bei Flagg- und Linienschiffen sowie Großen Kreuzern. Links: Reusen als Zusatzantennen. Unten: Panzerkreuzer »Von der Tann« mit Antennen. Das Schlachtschiff hatte mehr als 900 Mann Besatzung

S.M.S. Seydlitz, Großer Kreuzer mit über 1.100 Mann Besatzung. Dieses Schiff wurde, wie die S.M.S. Von der Tann, am 21. Juni 1919 in Scapa Flow von der Besatzung versenkt, 1928 gehoben und 1930 abgewrackt

Es standen eine Flügelantenne, eine T-Antenne und eine Reuse zur Verfügung. Weiterhin eine Zusatzstation (Z-Station) geringer Reichweite im Wellenbereich von 170 bis 400 m.

Es war eine Kompaktstation mit Sender und Empfänger in einem Gehäuse, die sich im Kommandoturm befand. Sie diente dem Sprechfunkverkehr über kurze Entfernungen mit den Begleitschiffen. Die Senderleistung war etwa 0,5 kW. Als Antenne diente eine kleine Reuse, die jedoch durch einen Teleskopmast, von denen sich drei als Reserve an Bord befanden, ersetzt werden konnte.

Links: Empfänger für Kreuzer, rechts: Marine-Universal-Zellenempfänger

8.2.2.2 Ausrüstung der Linienschiffe und Großen Kreuzer

Die Ausrüstung der Linienschiffe und Großen Kreuzer entsprach der Ausrüstung der Flaggschiffe, d. h. Senderleistung 4 kW und Z-Station

8.2.2.3 Ausrüstung der Kleinen Kreuzer

Größere Schiffe hatten zwei und kleinere nur einen Empfänger. Die größeren Schiffe verfügten über eine T- und eine L-Antenne, kleinere Schiffe nur über eine dieser Arten. Die Leistung des Tönenden Senders betrug 2 kW.

8.2.2.4 Ausrüstung der Torpedoboote

Es gab eine Unterteilung in große und kleine Torpedoboote. Dementsprechend war die funktechnische Ausrüstung. Große Torpedoboote hatten einen tönender Sender mit 2 kW-Leistung, eine T-Antenne und eine L-Antenne, Kleine Torpedoboote hingegen einen tönenden Sender von 0,5 oder 1 kW-Leistung, eine T-Antenne oder eine L-Antenne.

Links: Sender für Goße Torpedoboote, in der Mitte eine Schalttafel für Sender und rechts ein Sender für Große und Kleine Kreuzer

Große Torpedoboote in Kiellinie. Unten: Kleine Torpedoboote

8.2.2.5 Ausrüstung der U-Boote

Die höchsten Anforderungen an die Funktechnik und die Funker stellten die U-Boote. Es war besonders der geringe zur Verfügung stehende Platz (etwa zwei Quadratmeter), die hohe Luftfeuchtigkeit in dem Funkerraum und die hohen Temperaturen. Die Leistung der verwandten Tönenenden Sender betrug 0,5 oder 1 kW.

Mit den später entwickelten Röhrensendern von 1 kW für die großen und 300 W für die kleinen U-Boote für den Wellenbereich von 400 bis 2.000 m konnten Entfernungen von der amerikanischen Küste bis zu deutschen Häfen überbrückt werden.

Empfangstechnisch standen einfache Detektorempfänger zur Verfügung, die später durch Audion-Rückkopplungs-Empfänger abgelöst wurden. Mit diesen war der Empfang tönender und ungedämpfter Wellen im Wellenbereich von 300 bis 6.000 m möglich.

Die U-Boot-Antennen erforderten besondere konstruktive technische Lösungen. Der Empfang sollte sowohl über, als auch unter Wasser möglich sein. Der Unterwasserempfang beruht auf der Eigenschaft der Längstwellen, sich auch unter Wasser fortzupflanzen. Zur Zeit des Kriegs waren das 40 bis 60 m Tauchtiefe.

Die U-Boote verfügten über drei Antennen. Bei den kleinen U-Booten war das ein Mittelmast, zu dem vom Bug zum Heck der Antennendraht über Isolatoren gespannt war. Der Mast und die Antennenleitungen wurde vor dem Tauchvorgang verstaut. Dann dienten die Netzabweiserseile gleichzeitig als Antennen. Die Netzabweiserseile waren vom Bug zum Turm und von dort zum Heck gespannte robuste Stahlseile. Sie sorgten dafür, dass das U-Boot bei der Unterwasserfahrt Hindernisse abwies und diese nicht am Turm oder Geschütz hängenblieben. Zur Verwendung als Antennen waren sie über Isolatoren am Schiffskörper befestigt. Sie ließen sich als eine oder als zwei Antennen betreiben. Das hing damit zusammen, dass bei der Fahrt über Wasser oftmals der Bug überspült und somit die Antennenwirkung nicht voll gewährleistet wurde.

Bei den großen U-Booten gab es zwei Antennenmasten, zwischen die eine T- oder eine L-Antenne gespannt war. Beim Tauchen des Bootes wurden die Masten automatisch über eine Hydraulik umgelegt und seitlich am U-Bootkörper verstaut.

Die Netzabweiserantennen kamen auch bei den großen U-Booten zum Einsatz. Die Antenneneinführung war am Turm und war wasserdicht verschließbar.

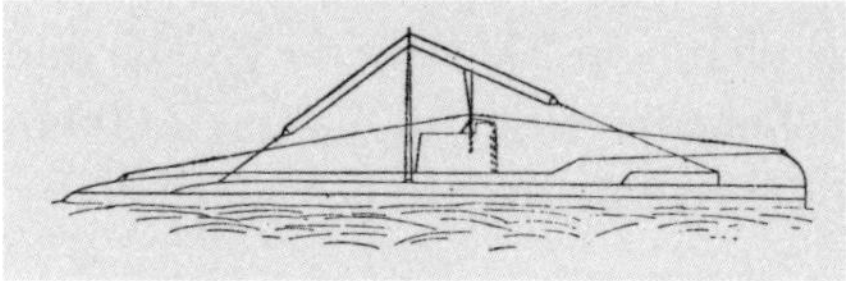

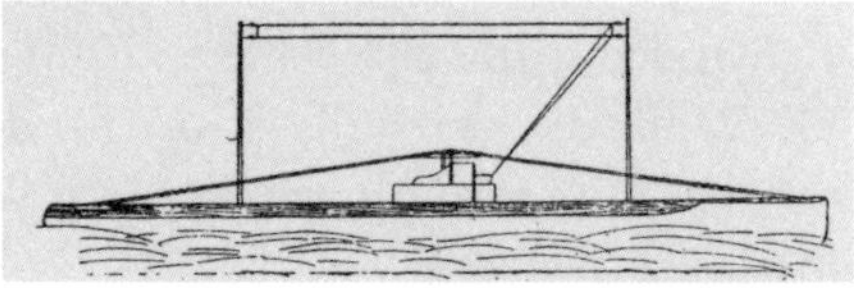

Oben: Mast- und Netzabwehrantenne auf einem großen U-Boot. Darunter links: das gleiche auf kleinen U-Booten, rechts als Skizze für große U-Boote

Die Bezeichnungen für die drei Antennen lauteten: Mastantenne, Netzantenne, Halbnetzantenne.

Einige U-Boote erhielten noch eine auf Deck montierte drehbare Rahmenantenne für Peilzwecke. Die Dreheinrichtung befand sich unter Deck.

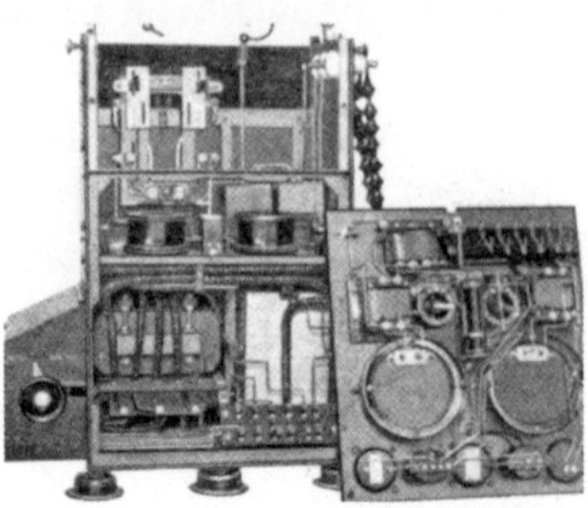

Ein kompletter U-Boot-Röhrensender ARS 78 von Telefunken (oben). Links: der ARS 78 geöffnet

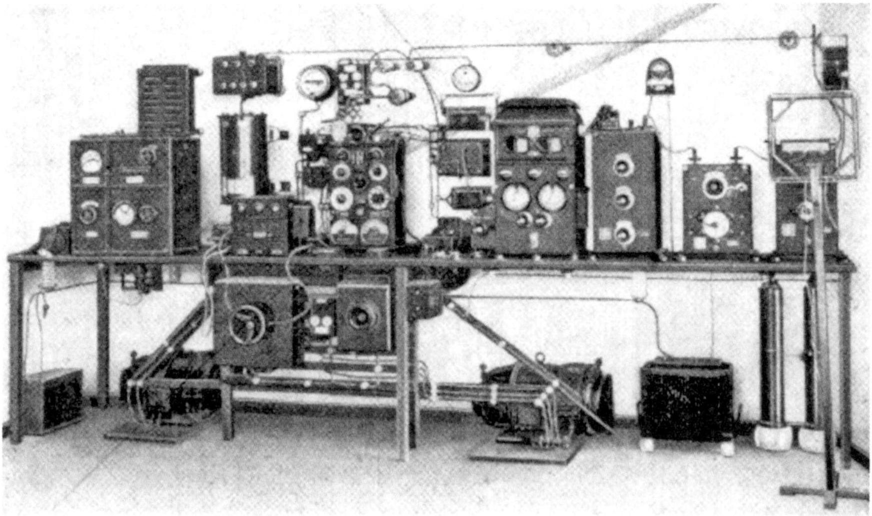

U-Boot-Station mit Tonfunkensender (links), Audionempfänger mit Rückkopplung (Mitte), 1 kW-Röhrensender (rechts) von Telefunken

8.2.2.6 Ausrüstung der Hilfskreuzer und Hilfsfahrzeuge

Die funktechnische Ausrüstung dieser für Kriegszwecke ausgerüsteten Schiffe war kommerzieller Art. Die Angaben zur Senderleistung schwanken zwischen 0,2 bis 2 kW. Die Empfänger waren die für Handelsschiffe üblichen Typen.

Während des Krieges lieferte Telefunken neben Lorenz an die Marine im großen Umfang funktechnische Geräte:

- 1.500 Funkensender verschiedener Typen
- 1.800 Detektor Zwischenkreisempfänger
- 700 Zweiröhrenempfangsverstärker
- 50 Hochfrequenz-Empfangsverstärker
- 160 Überlagerer
- 320 Wellenmesser
- 14.500 Detektoren
- 14.000 Empfangsröhren
- 2.550 Senderröhren
- 150 Röhrensender.

9. Zeitzeichen per Funk

Die Bedeutung der genauen und einheitlichen Uhrzeit für die zivilen und die militärischen Anwendungen war lange bekannt, erhielt aber durch die Entwicklungen auf dem Gebiet der drahtlosen Nachrichtentechnik eine neue Dimension.

In Deutschland gab es 1906 erste Bestrebungen des Reichs-Marineamts und des Reichs-Postamts, eine Küstenfunkstelle für den Zeitsignaldienst auszurüsten. Der erste bekannte Zeitzeichensender entstand jedoch 1907 in Kanada. Der Senderbefand sich in Camperdown auf Halifax, und das Zeitsignal übermittelte das Observatorium von St. John. Im gleichen Jahr folgten die USA mit dem Sender in Arlington, den das Naval Observatory in Washington steuerte. Im Jahr 1910 sendete der Eiffelturm das Zeitsignal von der Pariser Sternwarte.

Im März 1910 war es dann auch in Deutschland so weit. Die Küstenfunkstelle Norddeich strahlte im Auftrag der Reichs-Telegraphenverwaltung das Zeitsignal aus. Das Observatorium in Wilhelmshaven steuerte die astronomische Präzisionsuhr in Norddeich an und diese löste automatisch die Sendevorrichtung aus. Diese Leitungsverbindung diente auch für die Übertragung eines wenige Minuten dauernden Korrekturstroms an das Korrigierwerk. Wenn es trotzdem zu fehlerhaften Zeitsignalen kam, dann gab der diensthabende Beamte das Signal »Zeitsignal ungültig«.

Das Zeitsignal stand den Nutzern täglich zweimal zur Verfügung – 12.00 Uhr und 24.00 Uhr GMT, entsprechend 13.00 Uhr und 01.00 Uhr MEZ. Im Sekundentakt begann der Sender vor den Uhrzeiten Signale zu übermitteln, und zur vollen Stunde endeten diese mit einem kurzen Dauerton. Danach folgte die Verkehrsabkürzung »ar« als Zeichen für »Sendung beendet«.

Kodogramm des Zeitzeichens Norddeich

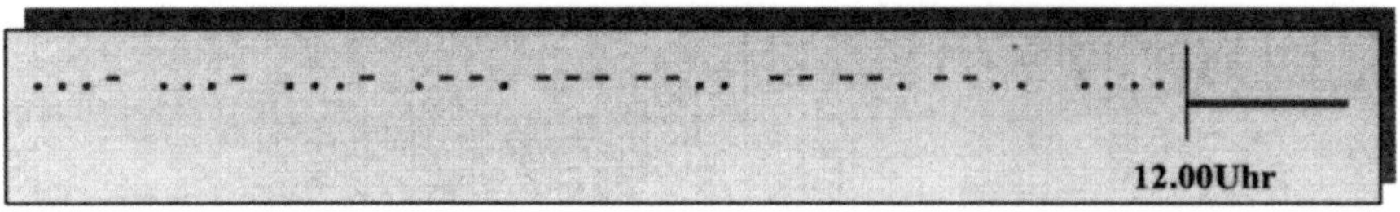

Kodogramm des Zeitzeichens Nauen

Bis 1916 strahlte der tönende Sender in Norddeich bis zu seiner Stilllegung aus militärischen Gründen das Zeitsignal ab. Der Verzicht auf das Zeitsignal war aber nicht möglich, zu sehr waren die Nutzer bereits darauf angewiesen. Ab Januar 1917 übernahm dann die Groß-Funkstation Nauen diese Aufgabe, zu den gleichen Zeiten wie vorher Norddeich. Der tönende Löschfunkensender strahlte das Zeitzeichen über die B-Antenne auf der Welle 3.900 m ab. Das Signal erzeugte eine Uhr der Sternwarte Bergedorf. Die mittlere Zeitabweichung betrug 60 ms. Durch Leitungsstörungen fielen durchschnittlich 3,75 % des Zeitzeichen von jährlich 720 aus.

Am 1. November 1919 löste die Deutsche Seewarte Hamburg erstmals das Zeitsignal in Nauen aus. Der Sendeablauf änderte sich damit nach folgendem Schema: Ein Vorsignalgeber erzeugte 20 mal das im Funkverkehr übliche Abstimmzeichen »v«. Dann folgte das Rufzeichen des Senders Nauen »poz« und »mgz« für Mittlere Greenwich-Zeit. Der Hauptsignalgeber begann dann mit dem Senden des Zeitzeichens 12:56':55" MEZ.

Das Geodätische Institut Potsdam und das Marine-Observatorium Wilhelmshaven kontrollierten ständig die Einhaltung der Genauigkeitsvorgaben.

Der Empfang des Zeitzeichens war Privatpersonen nicht gestattet. Es gab laut dem »Gesetz über das Telegrafenwesen« vom 6. April 1892 und der Novelle vom 7. März 1908 eine Genehmigungspflicht. Von Firmen, Institutionen und anderen zugelassenen Nutzern war dafür eine jährliche Gebühr von 20 Mark zu entrichten.

Für diesen Nutzerkreis entwickelte Telefunken einen speziellen Zeitzeichenempfänger unter der Bezeichnung »E 49 b«. Von einer Fachfirma waren nur die Antenne und die Erde anzuschließen und die Abstimmung auf die Empfangswelle vorzunehmen. Nachdem das geschehen war, veranlasste die Oberpostdirektion die Abnahme der Anlage durch die Reichstelegrafenverwaltung. Aus heutiger Sicht ein unnötiger bürokratischer Aufwand.

10. Schnellgeber-Systeme

10.1 Leistungstastrelais

Aus dem Wunsch, den Menschen durch schnellarbeitende Maschinen zu ersetzen, wuchs mit den sich entwickelnden Großfunkstationen die ökonomische Notwendigkeit, möglichst viele Informationen in kurzer Zeit zu übertragen. Im Gegensatz zu den leitungsgebundenen Systemen gab es um 1920 erst eine geringe Auswahl an Schnelltelegrafie-Einrichtungen. Das hatte seine Ursache nicht zuletzt darin, dass die Tastung der hohen Sendeleistungen auch die Entwicklung von Tastrelais erforderte.

Die Schnelltelegrafie-Einrichtungen teilte man zu jener Zeit in drei Gruppen ein: a) für den Schreib-Morsebetrieb der Schnellmorseschreiber, b) für den Hör-Morsebetrieb der Phonograf und das Telegrafon, c) für Typen-Druckerbetrieb der Schnelltelegraf.

Großstationsrelais des Senders Nauen.

Links unten: Schreibmaschinenlocher für Morseschrift

Rechts unten: Schnellgeber für Morseschrift von Siemens & Halske

10.2 Schnellmorseschreiber für den Schreib-Morsebetrieb

Auf der Senderseite: Beim Schnellmorseschreiber wurde der Morsecode mittels eines Lochers in ein Papierband gestanzt. Im Verlaufe der technischen Entwicklung von Funktechnik entstanden drei typische Varianten von Lochergeräten: a) Handlocher, b) Schreibmaschinenlocher, c) Elektromagnetischer Locher für Morseschrift. Alle Locherarten erzeugten auf unterschiedliche Weise einen Lochstreifen, der zur Generierung des Morsecodes beim Geber notwendig war.

Dieser Lochstreifen war auf der Senderseite in den Geber einzulegen und wurde mit hoher Geschwindigkeit über elektrische Kontakte geführt. Die dadurch erzeugten Impulse steuerten das Tastrelais an und dieses wiederum den Sender.

10.3 Empfängerseite

Die mit dem Schnellgeber gesendeten Morsezeichen konnten vom Funker nicht mehr aufgenommen werden. Dazu reichte die Selektivität des Gehörs und auch die erforderliche Schreibgeschwindigkeit nicht mehr aus. Darum entwickelte man Aufzeichnungsgeräte für die Morsezeichen, die es gestatteten, die Geschwindigkeit beim Abspielen der Aufzeichnung so herabzusetzen, dass die manuelle Mitschrift möglich wurde. Dazu gehörten der Phonograf und das Telegrafon.

Der *Phonograf* zeichnete die empfangenen Morsesignale auf eine rotierende Wachswalze auf. Diese konnten mit dem gleichen Gerät beliebig oft abgespielt werden. Dazu wurde die Drehgeschwindigkeit der Walze soweit reduziert, bis die Signale für den Funker lesbar waren. Die reduzierte Geschwindigkeit führte jedoch auch zur Abschwächung der Signale, was eine Verstärkung um das 10- bis 50-fache erforderte. Telefunken setzte dafür einen Vierröhrenverstärker ein.

Eine weitere Besonderheit bestand darin, dass der Empfangston möglichst hoch eingestellt werden musste, weil durch die Geschwindigkeitsreduzierung sich auch die Tonhöhe veränderte. Er sollte für den Funker aber für die Mitschrift bei etwa 800 bis 1.000 Hz liegen. Für die Wiedergabe der Signale war ein Tontrichter am Gerät angebracht bzw. waren Kopfhörer anschließbar. In der Praxis sollten für den Empfang zwei Geräte bereitstehen, um bei einer

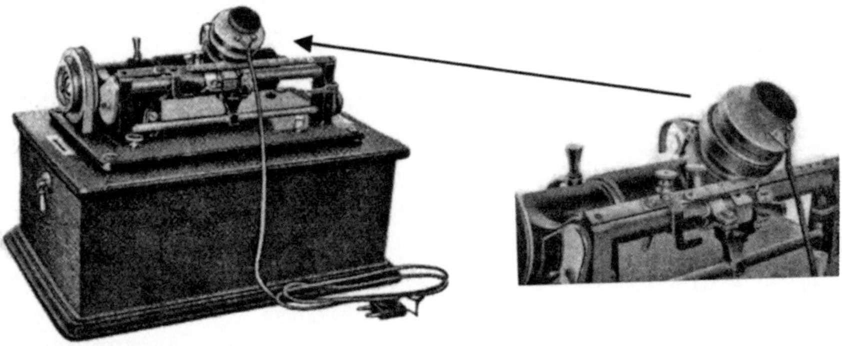

Ein Phonograf zur Aufnahme, rechts die luftgekoppelte Verbindung des Schreibstiftes mit der Membran

während des Empfangs voll beschriebenen Walze auf das zweite Gerät umschalten zu können.

Die vom Empfänger kommenden Signale mussten für die Ansteuerung der magnetischen Relais des Phonografen gleichgerichtet werden.

Das *Telegrafon* von Poulsen war das erste Drahttongerät und der Vorläufer des Tonbandgeräts. Die technischen Grundprinzipien haben sich nicht verändert, sondern sie sind im Laufe der Zeit immer mehr ausgereift. Beim Telegraphon wird bei der Aufnahme ein Stahldraht an einem Elektromagneten vorbeigeführt, der alle Magnetfeldänderungen speichert. Bei der Wiedergabe bewirken diese in den Spulen eine Spannungsinduktion, die dann in verstärkter Form wieder hörbar wird.

Die *Signalaufzeichnung mit Morseschreiber* war eine andere Art der Datenübermittlung: Der Morseschreiber druckte die empfangenen Zeichen auf

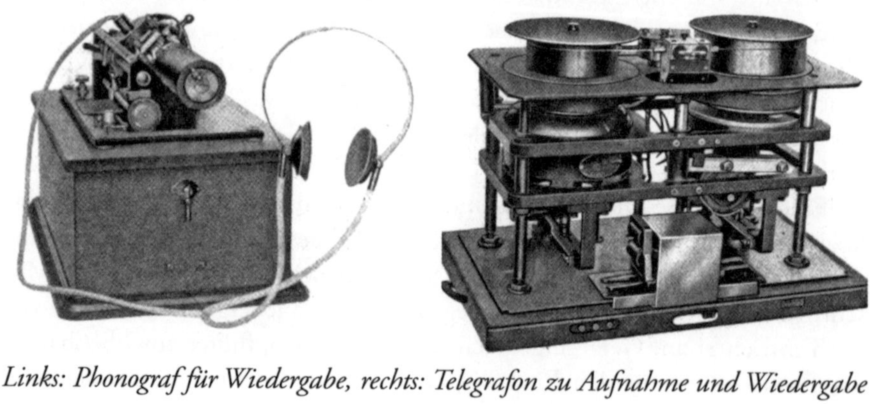

Links: Phonograf für Wiedergabe, rechts: Telegrafon zu Aufnahme und Wiedergabe

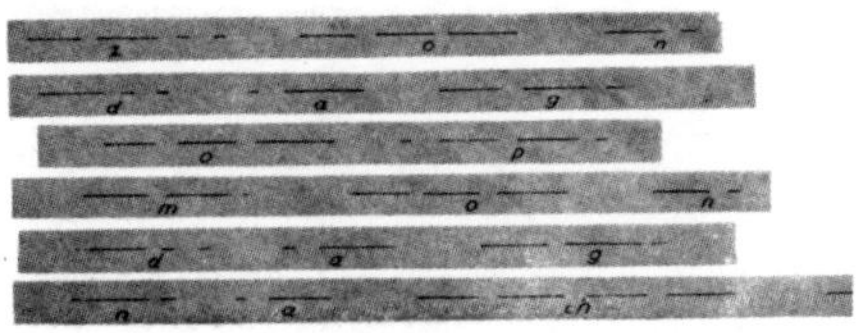

Morsestreifen von der Großfunkstation Tjililin, südlich von Jakarta in Indonesien (Kolonie Holländisch-Indien)

einen Papierstreifen. Das gelang u. a. der Duplex-Empfangsstelle Geltow beim Empfang der etwa 12.000 km entfernten Großfunkstationen Tjililin und Malabar in Holländisch-Indien. Danach mussten die Morsezeichen manuell in lesbare Zeichen umgesetzt werden. Die Station Tjililin sendete über eine Antenne mit der Masthöhe von 150 m und 80 kW Leistung. Die verwendete Hochfrequenzmaschine war von Telefunken.

Die *Signalaufzeichnung mit Ondulator* war eine andere Form der Nachrichtenfixierung. Die wachsende Bedeutung der Kurzwelle brachte auch neue technische Probleme. Die Ausbreitung der elektro-magnetischen Wellen über die Ionosphäre war geprägt durch die Mehrwegeausbreitung und die daraus folgenden Signalschwankungen bis hin zur kurzzeitigen Auslöschung von Wellen. Dazu kamen Gleichkanalstörungen, hervorgerufen durch die Signale anderer Sender und atmosphärische Störungen.

Um trotz dieser Störeinflüsse auswertbare Signale zu erhalten, bediente man sich der Methode der Ondulatoraufzeichnung. Der Ondulator schrieb die anliegenden Spannungen auf einen Papierstreifen.

Die Firma Siemens & Halske entwickelte ein weiteres effektiveres System der Zeichencodierung: den *Schnelltelegrafen*. Jedes Zeichen bestand dabei aus

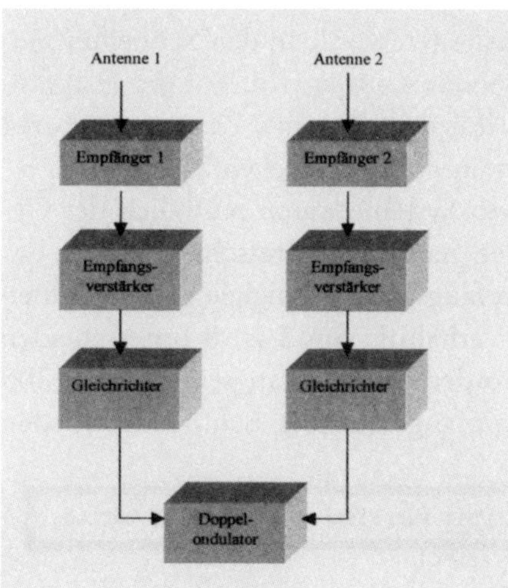

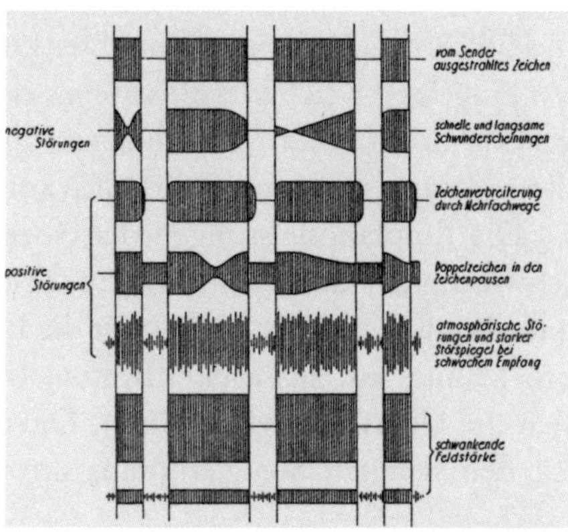

Links: Blockbild für den Doppelondulatoranschluss. Rechts: Störerscheinungen beim Kurzwellenempfang

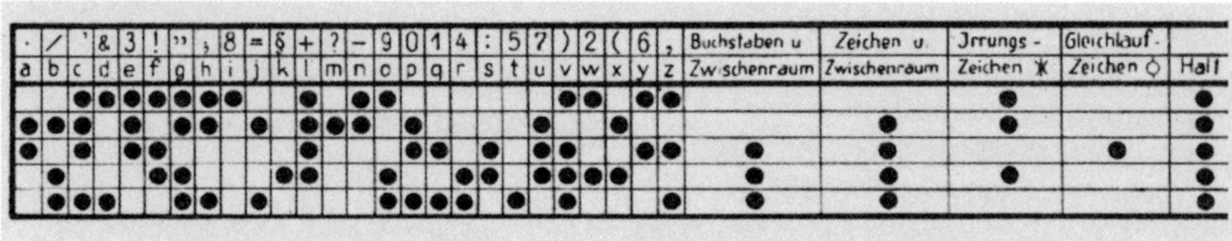

Lochstreifen des Schnelltelegrafen der Firma Siemens & Halske

Schreibmaschine zum Lochen der Papierstreifen für den Schnelltelegrafen

Schnelltelegraf auf der Senderseite (r.)

einer gleichen Anzahl von fünf Impulsen. Die schwarzen Stellen waren gestanzte Löcher im Papierstreifen, die dann die gleiche Funktion wie beim Lochstreifen für den Morsekode erfüllten.

Zur Herstellung des Lochstreifens verwandte man eine entsprechend modifizierte Schreibmaschine. Der Lochstreifen wurde in den Schnelltelegrafen eingelegt, welcher die Tastrelais des Senders ansteuerte. Auf der Empfängerseite druckte der Schnelltelegraf den lesbaren Text aus. Der große Vorteil dieses Systems bestand darin, dass sofort ein lesbarer Text vorlag.

Die Empfangsleistungen der einzelnen Systeme waren bezüglich der Geschwindigkeit der empfangenen Zeichen natürlich unterschiedlich. In der Tabelle auf der nächsten Seite ist die Empfangsgeschwindigkeit in Buchstaben pro Minute am aussagekräftigsten. Im Verhältnis von 1 zu 8 unterscheiden sich die Übertragungsverfahren. Die erforderliche Empfangsenergie von 300 für den sicheren Signalempfang am Empfängerausgang beim individuellen

schriftprobe des siemens - schnelltelegraphen von siemens & halske , berlin

Ausgedruckter Text des Schnelltelegrafen

	Empfangsgeschwindigkeit in Buchstaben pro Minute	Erforderliche Empfangsenergie hinter dem Verstärker in Hörbarkeit	Art der Wiedergabe
individueller Hörempfang	bis zu 150	300	Hörempfang
Phonograph	bis zu 600	3000-12000	Hörempfang
Telegraphon	bis zu 600	3000-12000	Hörempfang
Schnellmorse	bis zu 600	12000	Morseschrift
Schnelltelgraphie	bis zu 1200	12000	Typendruck

Empfangsleistungen der einzelnen Systeme

Hörempfang unterstrich die Vorzüge des Funkers bezüglich seiner Fähigkeiten in Bezug auf die Selektivität und Empfindlichkeit des menschlichen Gehörs.

11. Einsatz von Funktechnik in den deutschen Kolonien

11.1 Die Kolonien und die Entwicklung von Funktechnik

Die deutschen Kolonien befanden sich in Afrika und Asien. Während es sich in Afrika um die flächenmäßig großen Gebiete Togo, Kamerun, Deutsch-Südwestafrika (heute Namibia) und Deutsch-Ostafrika (heute Tansania, Burundi, Ruanda) handelte, waren es in Asien relativ kleine Territorien wie das chinesische Pachtgebiet Kiautschou und Inseln in Ozeanien wie Neu-Guinea, Samoa, die Karolinen, die Marianen und die Palau-Inseln.

Die deutschen Kolonialherren verhielten sich nicht anders als die anderen Kolonisatoren. Die Bevölkerung wurde von den deutschen Einwanderern und den Beamten des Deutschen Reiches meist überheblich und herablassend behandelt. Sie schreckten auch nicht vor brutaler Gewalt zurück, um ihre wirt-

Deutschland will seinen Platz an der Sonne und Kolonien, 1883

schaftlichen und politischen Interessen durchzusetzen. Die deutschen Kolonialkriege beschäftigen zumindest die Wissenschaft bis heute, die Politik ließ es bislang an Haltung und Konsequenzen fehlen.

In den Kolonienkonflikten wurden die neuesten wissenschaftlichen und technischen Ergebnisse als Instrumente genutzt. Es verwundert deshalb auch nicht die unmittelbare Anwendung der Funktechnik in den Kolonien für vorrangig militärische Zwecke, besonders in Küstenfunkstationen der Marine.

Auf der Insel Sumatra sollte ein Gebiet für die Errichtung einer Großfunkstation als Relaisstation zwischen Ostafrika und den asiatischen Kolonien gepachtet werden. Am 5. Juli 1884 erklärte das Deutsche Reich mit dem Hissen der Flagge in Togo das Territorium zum »Schutzgebiet«. Im gleichen Jahr geschah dies in Südwestafrika und weiteren Regionen.

Das unrühmliche Geschichtskapitel »deutsche Kolonien« endete mit dem Ersten Weltkrieg, der vom Kaiserreich um den »Platz an der Sonne«, d. h. auch um weitere Kolonien, geführt worden war. Die Welt war mit dem Ende des 19. Jahrhunderts aufgeteilt – das deutsche Kaiserreich wollte, da zu spät gekommen, die bestehenden Verhältnisse zu seinen Gunsten revidieren.

Im Verlaufe von drei Jahren entstanden zwischen Deutschland und den Kolonien sowie in und unter den Kolonien verschiedene Kommunikationskanäle. Das waren zu Beginn Leitungsverbindungen und in den Kolonien auch Heliografenverbindungen. Heliografen waren Spiegel, welche das Sonnenlicht reflektierten. In der Nacht arbeitete man mit einer Gasflamme. Die Nachrichtenübertragung erfolgte im Morsecode. Unter günstigen Bedingungen konnten je nach Tageszeit maximal 50 bis 100 km überbrückt werden.

Die Kolonien lagen über mehrere tausend Kilometer auseinander, was die Kommunikation mit Deutschland und untereinander sehr erschwerte. Das Netz der Überseekabel war noch unzureichend und befand sich zudem mehrheitlich in französischer und britischer Hand. Das führte ab 1911 bei der kaiserlichen Regierung und in der Marine zu der Überlegung, ein eigenes »Weitverkehrs-Funknetz« aufzubauen, um sich von den Leitungsverbindungen der anderen Kolonialmächte unabhängig zu machen. Die traditionellen Verbindungen konnten abgehört und im Kriegsfall auch gekappt werden, was bei Beginn des Krieges 1914 auch geschah. Die Umsetzung der Vorstellungen über ein Weitverkehrs-Funknetz sollte stufenweise erfolgen:

1. Errichtung von Küstenfunkstationen in den Kolonien für die Kommunikation mit den eigenen Schiffen, besonders der Kriegsmarine, und die Überwachung fremder Schiffe auf dem Seeweg nach Indien und Ostafrika;

2. Aufbau von Stationen mit einer Reichweite von wenigstens 4.000 km zur Verbindung der Kolonien in Afrika und dem pazifischen Raum untereinander;

3. Aufbau einer transkontinentalen Großstation mit einer Reichweite von wenigstens 6.000 km in Afrika zur Verbindung mit Deutschland;

4. Anschluss der ozeanischen Kolonien an die anderen Kolonien mittels Relaisstationen.

Die zentrale Rolle kam danach der Großfunkstation in Nauen zu. Sie sollte mit der Großfunkstation in Kamina (Togo) Verbindung herstellen und halten. Von Kamina aus war die Verbindung mit Großfunkstationen in Tabora (Deutsch-Ostafrika) und Windhuk (Deutsch-Südwestafrika) geplant. Die Großfunkstation in Tabora sollte für die Verbindung zu den ostasiatischen Kolonien über eine Relaisstelle auf Sumatra sorgen. Die Relaisstelle auf Sumatra wiederum sollte korrespondieren mit der Großfunkstation auf der Insel Yap (ein Atoll in der Südsee, 1.300 km von Neuguinea und 870 km von Guam entfernt gelegen).

Im Jahre 1911 existierten die technischen Voraussetzungen zur Realisierung dieser Absichten noch nicht. Die Herausforderung für Telefunken bestand nun darin, die benötigte Hardware rasch zu entwickeln.

Die Funktechnik als moderne Übertragungsmöglichkeit von Nachrichten setzte sich schrittweise und zeitlich parallel in Deutschland und in den Kolo-

Verkaufsfähige Stationstypen 1913

Landstationen:	Primärenergie (Leistung des Wechselstrom-Generators)	Schiffstationen:	Primärenergie (Leistung des Wechselstrom-Generators)	Militärstationen:	Primärenergie (Leistung des Wechselstrom-Generators)
1. 0,1 LK Hochschulstation . . .	200 Watt	21. 0,05 TK Bord-Kleinstation . .	200÷300 Watt	36. 0,03 TBK Freiballon-Station . .	0,1 KW
2. 0,2 TK Leuchtturm-, See- und Wetterwarten-Station	0,5 KW	22 0,1 LK Station für Fischerei-Fahrzeuge, Küsten-Dampfer . .	0,3—0,5 KW	37 0,04 TPK Tornister-Station , .	0,1 „
3. 0,5 TK Signal- und Lotsenstation	1 „	23. 0,2 TK Station für kleine Personen- und Handels-D. und Unterseebote	0,5 „	38. 0,04 TAeK Flugzeug-Station . .	0,1 „
4. 1 TK Station für kleine Hafenorte	1,5 „	24. 0,5 TK Station für Personen- u. Handels-D. und Torpedobote .	1 „	39. 0,1 TAeK Flugzeug-Station . .	0,25 „
5. 1 TV Station für Kriegshäfen und Küstenforts	1,5 „	25. 1 TK Station für Personen- und Handels-D.	1,5 „	40. 0,1 TMK Motorluftschiff-Station .	0,25 „
6. 1,5 TK Station für größ. Hafenorte	3 „	26. 1 TV Station für große Torpedobote, Zerstörer etc.	1,5 „	41. 0,3 TMK Motorluftschiff-Station	0,5 „
7. 1,5 TV „ „ „ „	3 „	27. 1,5 TK Station für Personen-, Handels-Dampfer u. Panzerschiffe	3 „	42. 0,3 TPK Sattel-Station	0,5 „
8. 2,5 TK Station für wichtige Verkehrs-Zentren	5 „	28. 2,5 TK Station für Post- und Schnell-Dampfer	5 „	43. 0,3 TLK Landungsstation . . .	0,5 „
9. 2,5 TV Station für Kriegshäfen und Landfestungen	5 „	29. 2,5 TV Station für Kreuzer und Linienschiffe	5 „	44. 0,5 TAK Leichte Automobil-Station	1—1,5 „
10. 5 TK Station für große Hafenorte	10 „	30. 5 TK Station für große Passagier-Dampfer	10 „	45. 0,5 TFK Leichte fahrbare Feld-Station	1—1,5 „
11. 5 TV „ „ Flottenstationen, Grenzfestungen	10 „	31. 5 TV Station für Kriegsschiffe .	10 „	46. 1,5 TFK Fahrbare Feld-Station .	2—2,5 „
12. 7,5 TK Station für Flottenstationen, Grenzfestungen	15 „	32. 7,5 TK Größte Schiffsstationen .	15 „	47. 1,5 TAK Automobil-Feld-Station	2—2,5 „
13. 10 TK Große Küsten- u. Zentralstation	20 „	33. 10 TK / 34. 15 TK – 12 5 TK	25 „	48. 2,5 TAK Schwere Automob.-Stat.	4—5 „
14. 15 TK Große Küsten- u Zentralstation	25 „	35. Notsender			
15. 25 TK Große Landstation für transatl. Verkehr	48 „				
16. 35 TK Große Landstation für transatl. Verkehr	60 „				
17. 50 TK Große Landstation für transatl. Verkehr	160 „				
18. 100 TK	200 „				
19. Telefunken-Kompaß	0,5 „				
20. Die Höchstfrequenz - Maschinen - Station					

Übersicht lieferbarer Stationstypen von Telefunken, 1913

nien durch. Den 1913 erreichten Stand dieser Entwicklung zeigt die nebenstehende Übersicht.

Diese sehr komplexe Entwicklung wird am deutlichsten sichtbar bei separater Betrachtung der einzelnen Kolonialgebiete. Dabei geht es nicht um eine nachgeschichtliche Beurteilung dieser Entwicklungsprozesse, sondern um die Schilderung von Leistungen der unmittelbar daran beteiligten Ingenieure, Techniker und Funker, einschließlich der Bevölkerung der Kolonien, und dem damals erreichten technischen Entwicklungsstand. Dabei werden die schwerwiegenden Eingriffe in ethnische Kulturen und die Unterwerfung von Menschen und Territorien unter die Interessen des Deutschen Reiches keineswegs vergessen oder gar ignoriert. Sie waren und sie sind aus moralischen und ethischen Gründen nicht akzeptabel.

Die Unterteilung in Land-, Schiffs- und Militärstationen durch Telefunken ist Ausdruck des zu jener Zeit erkannten und vorhandenen Bedarfs an Funktechnik in Deutschland, den deutschen Kolonien und anderer Staaten. Alle genannten Stationstypen wurden nicht nur von Deutschland, sondern auch von anderen Staaten im Ersten Weltkrieg eingesetzt.

11.2 Funktechnik in den afrikanischen Kolonien

11.2.1 Deutsch-Südwestafrika (Namibia)

Am 7. August 1884 begann mit der Flaggenhissung in Angra Pequena (später Lüderitzbucht) die Kolonialisierung von Deutsch-Südwestafrika. Schrittweise wurde ein Kommunikationsnetz aufgebaut. Es verfügte bald über den Briefverkehr, einige Telegrafenleitungen (1903 waren es 468 km) und über Heliografenverbindungen (neun Offiziere und 200 Signalisten bedienten 71 Heliografen).

Dieses System nahm für die Übermittlung von Nachrichten viel Zeit in Anspruch. So berichtete die *Deutsche Kolonialzeitung* Nr. 27 von 1904: »Auf der rund 500 km langen Strecke Windhuk-Keetmanshoop liegen elf (Heliografen-)Zwischenstationen. In der Minute können nur zwei Wörter weitergegeben werden. 30 Worte von Gibeon nach Windhuk (300 km) zu schicken kostet somit 5 bis 6 Stunden Zeit.«

Weiter hieß es aber: »Der Funkentelegraf gibt fünf Worte in der Minute bis 100 km, er braucht nicht auf einem Hügel errichtet zu werden. Selbsttätig nimmt er auch bei Abwesenheit der Bedienung Nachrichten auf und schreibt sie nieder.« Diese klare Erkenntnis über einen der Vorteile der Funktechnik wäre Anlass genug für deren Einführung unter friedlichen Bedingungen gewesen. Aber ihr Einsatz vollzog sich unter militärischen Aspekten.

Die gewaltsame Landnahme durch Deutsche ging einher mit der Unterdrückung der einheimischen Bevölkerung. Diese setzten sich gelegentlich zur Wehr. Im Januar 1904 jedoch erhoben sich geschlossen die Stämme der Herero und Nama, worauf Berlin ein Marineexpeditionskorps entsandte. Mit insgesamt etwa 15.000 Mann unter Generalleutnant Lothar von Trotha wurde der Aufstand der Herero bis zum August 1904 niedergeworfen. Der größte Teil der Einheimischen floh daraufhin in die fast wasserlose Omaheke-Wüste. Von Trotha ließ diese abriegeln und die Flüchtlinge von den wenigen Wasserstellen verjagen, so dass Tausende Herero mitsamt ihrer Familien und Rinderherden verdursteten. Den so in die Wüste Gejagten ließ von Trotha im sogenannten Vernichtungsbefehl mitteilen: »Die Herero sind nicht mehr Deutsche Untertanen. [...] Innerhalb der deutschen Grenze wird jeder Herero mit oder ohne Gewehr, mit oder ohne Vieh erschossen, ich nehme keine Weiber und keine Kinder mehr auf, treibe sie zu ihrem Volke zurück oder lasse auch auf sie schießen.«

Die Kriegführung zielte auf die vollständige Vernichtung der Herero ab (»Ich glaube, dass die Nation als solche vernichtet werden muss«, erklärte von Trotha) und wurde darin insbesondere vom Chef des Generalstabs Alfred Graf von Schlieffen (»Der entbrannte Rassenkampf ist nur durch die Vernichtung einer Partei abzuschließen«) sowie von Kaiser Wilhelm II. unterstützt. Der Krieg 1904 gegen die Herero ging als der erste Völkermord des 20. Jahrhunderts in die Geschichte ein. Von den rund 100.000 Herero überlebten etwa 15.000, ferner starben rund 10.000 Nama. Das Kapitel ist noch nicht abgeschlossen. Die Herero fordern bis heute Reparationen von Deutschland in Höhe von zwei Milliarden US-Dollar, 2002 wurde vor einem US-Gericht Klage eingereicht, nachdem 1999 in Den Haag eine Klage vorm Internationalen Gerichtshof gescheitert war.

Bundeskanzler Helmut Kohl besuchte Namibia als erster deutscher Kanzler seit 1904. Er vermied dabei ein Zusammentreffen mit Herero-Vertretern. Die deutsche Regierung und das Bundesaußenministerium bedauerten das Geschehene, hieß es, übernehmen dafür aber keine Verantwortung. Man verwies darauf, dass 500 Millionen Euro Entwicklungshilfe für Namibia seit 1990 geleistet worden seien.

Während des Vernichtungsfeldzuges wurde mithilfe der Heliografen zwischen den einzelnen Truppenteilen kommuniziert. Als sich auch im Norden, in Windhuk und in Okahadja, die Hereros und Namas erhoben, wurde diese

Nachricht an den Kompaniechef der 2. Feldkompanie, Hauptmann Franke, am 15. Januar 1904 übermittelt, wie die *Telefunken-Zeitschrift* 1913 schrieb. Er erreichte mit seiner Truppe nach viereinhalb Tagen in einem 380 km-Marsch Windhuk. Dann zog er weiter über Karibib nach Omaruru und forderte Verstärkung aus Swakopmund an. Die dort aus Deutschland eingetroffenen Truppen waren bereits mit der Bahn auf dem Weg nach Windhuk. Sie mussten wieder zurück nach Karibib transportiert werden.

Dieses Beispiel zeigte der Unzulänglichkeiten der Heliografie als Kommunikationsmittel. Das veranlasste den Gouverneur dazu, mit Nachdruck in Berlin um die Entsendung einer Funkenabteilung zu fordern. Das geschah am 20. April 1904 mit dem Befehl, ein »Detachement zur Bedienung der Funkentelegrafenstation in Südwestafrika« mobil zu machen. Es bestand aus je vier Offizieren und Unteroffizieren sowie 27 Funkern.

Mit ihnen kamen erstmals Funkstationen in einer deutschen Kolonie zum Einsatz. Es handelte sich dabei um drei mobile Funkstationen, die am 31. Mai 1904 gemeinsam mit einer Maschinengewehrabteilung in Swakopmund an Land gingen. Sie stammten von Telefunken, die 1903 fünf verschiedene Typen von Funkstationen herstellten, wie aus der untenstehenden Firmenanzeige aus dem Jahr 1903 hervorgeht.

Die mobile Funkstation 1 (Telefunken) war 1903 beim Kaisermanöver erprobt worden. Der Sender und der Empfänger waren jeweils in einer Protze untergebracht. In einer weiteren Protze befanden sich ein 3,5 PS-Einzylinder-Benzinmotor, eine Gleichstrommaschine, Ballons und vier dazugehörige Gasflaschen, Drachen und Ersatzteile.

Die mobilen Funkstationen 2 und 3 (Siemens & Halske) waren 1900 bzw. 1902 gebaut und 1903/04 mit dem Telefunken-System ausgestattet worden.

Verkaufsfähige Stationstypen 1903.

1. Reichweite bis 25 km.
   1 Mast 20÷35 m Höhe; Primärenergie 350 Watt (60÷120 Elemente).
2. do. bis 50 km.
   1 Mast 30 m Höhe oder 2 à 20 m; Primärenergie 16 Zellen = 32 Volt.
3. do. 100 ÷ 200 km.
   1 Mast 50 m oder 2 à 35 m; Primär-Energie 2 PS und Akk. 64 Volt und 17 Amp.
4. do. 350 km.
   1 Mast 60 m oder 2 à 40 m; Primär-Energie 4 PS.
5. Fahrbare Station (100 km)
   2 vierrädr. Karren, Primär-Energie 4 PS. (2,5 KW.) Antenne: Ballonkabel, 200 m lang.

Verkaufsfähige Funktechnik von Telefunken, 1903

Links: Major Ludwig von Estorff (1859-1943), dem die 1. Station zugeteilt war. Von 1907 bis 1911 war er Kommandeur der Schutztruppe. Beim Kapp-Putsch 1920 spielte er eine unrühmliche Rolle, die Nazis machten ihn 1939 zum General. Rechts: Theodor Gotthilf Leutwein (1849-1921), von 1895 bis 1905 Kommandeur der Kaiserlichen Schutztruppe und Gouverneur von Deutsch-Südwestafrika

Sie unterschieden sich in ihrer technischen Ausrüstung nur unwesentlich von der Station 1. Zum Senden und Empfangen standen die Wellen 350 m und 875 m zur Verfügung, wobei jedoch in Deutsch-Südwestafrika nur die 875 m verwendet wurden. Die Sende-Empfangsantenne war an einem etwa zwei Meter großen Drachen oder an Ballons befestigt. Die Ballons waren mit Wasserstoff gefüllt, der in 52 kg-Flaschen mitgeführt wurde. Ein Kupferdrahtnetz bildete das Antennengegengewicht, das zusammengerollt transportiert wurde. Etwa 10 bis 15 Minuten dauerte die Entfaltung einer Funkstation.

Im Juni 1904 bereitete sich die Funkerabteilung auf ihren Feldeinsatz vor. Dazu gehörten drei Offiziere, vier Unteroffiziere, 27 Funker und 21 Afrikaner. Die gesamte Technik der Stationen war auf acht Wagen verteilt. Als Zug- und Transporttiere standen zehn Pferde und 124 Ochsen zur Verfügung.

Nachdem alle Vorbereitungen für den Feldeinsatz zum Abschluss gebracht waren marschierte die Funkerabteilung zur Hauptabteilung von Oberst Leutwein nach Otjoshashu. Dort teilte man die Funkerabteilung auf: 1. Station: Abteilung von Major Estorff; 2. Station: Hauptabteilung von Major von Glasenapp, dann Oberstleutnant Mueller, dann Major von Mühlenfels; 3. Station: Abteilung von Major von der Heyde.

Von Trotha richtete am 2. Oktober 1904 einen Aufruf an das Volk der Herero, in dem er seine rassistische Gesinnung und primitives Herrschafts-

Adrian Dietrich Lothar von Trotha (1848-1920) wurde nach der Abberufung Leutweins am 3. Mai 1904 Oberbefehlshaber und Gouverneur von Deutsch-Südwestafrika mit dem Auftrag, den Aufstand der Herero niederzuschlagen. Er hatte sich bereits 1900 beim Boxeraufstand in China ausgezeichnet. Hermann von Wissmann, Forscher und Offizier, bezeichnete von Trotha als einen »unedlen, selbstsüchtigen und kaltherzigen Menschen«

denken deutlich artikulierte: »Ich, der große General der deutschen Soldaten, sende diesen Brief an das Volk der Herero. Die Hereros sind nicht mehr deutsche Untertanen. Sie haben gemordet und gestohlen, haben verwundeten Soldaten Ohren und Nasen und andere Körperteile abgeschnitten, und wollen jetzt aus Feigheit nicht mehr kämpfen. Ich sage dem Volk: Jeder der einen der Kapitäne an eine meiner Stationen als Gefangenen abliefert, erhält 1.000 Mark, wer Samuel Maharero bringt, erhält 5.000 Mark. Das Volk der Herero muss jedoch das Land verlassen.

Wenn das Volk dies nicht tut, so werde ich es mit dem Groot Rohr dazu zwingen. Innerhalb der deutschen Grenze wird jeder Herero mit und ohne Gewehr, mit oder ohne Vieh erschossen, ich nehme keine Weiber und Kinder mehr auf, treibe sie zu ihrem Volke zurück oder lasse auf sie schießen. Dies sind meine Worte an das Volk der Hereros.

Der große General des mächtigen deutschen Kaisers.

Dieser Erlass ist bei den Appells den Truppen mitzuteilen mit dem Hinzufügen, dass auch der Truppe, die einen der Kapitäne fängt, die entsprechende Belohnung zuteil wird, und das Schießen auf Weiber und Kinder so zu verstehen ist, dass über sie hinweggeschossen wird, um sie zum Laufen zu zwingen.

Ich nehme mit Bestimmtheit an, dass dieser Erlass dazu führen wird, keine männlichen Gefangenen mehr zu machen, aber nicht zu Grausamkeiten gegen Weiber und Kinder ausartet. Diese werden schon fortlaufen, wenn zweimal über sie hinweggeschossen wird. Die Truppe wird sich des guten Rufes des deutschen Soldaten bewusst bleiben.

Der Kommandeur,
gez. v. Trotha, Generalleutnant«

Die Funkenabteilungen führten in Vorbereitung ihres Einsatzes bei der Truppe Funkübungen durch, die erfolgreich verliefen. Bis zu 150 km wurden überbrückt. Als problematisch erwiesen sich die zu Tag- und Nachtzeiten auftretenden Wirbelwinde. Sie rissen die Drachen oder Ballons von den Antennen. Auch durch die Dornenbüsche wurden sie teilweise unbrauchbar, weil sie zerrissen. Damit ergab sich die Notwendigkeit des gesicherten Nachschubs für die Antennenträger und Wasserstoffgas. Gleiches traf für den Nachschub an Benzin für den Motor zu, der den Generator für die Stromerzeugung antrieb.

Den klimatischen Bedingungen Afrikas waren auch die Morseschreiber nicht gewachsen. Die hohen Temperaturen und der Staub setzten sie außer Betrieb. Damit war kein unbemannter Empfang von Nachrichten mehr möglich, d. h. die Funkenstationen mussten rund um die Uhr von den Funkern für den Hörempfang besetzt sein. Die aufgenommenen Nachrichten wurden handschriftlich im Stationsjournal niedergelegt.

Fest vorgeschrieben war auch die Verwendung der Funkenstationen. Es durften aber nur Funksprüche, die sich auf Kriegshandlungen, Verpflegung und Nachschub sowie Todesnachrichten bezogen, gesendet werden.

Für die Funker ergaben sich durch die ungewohnten klimatischen Bedingungen Afrikas sehr hohe physische Belastungen. Sie gingen aufgrund der zu transportierenden schweren technischen Geräte bis an ihre Leistungsgrenze, nur Offiziere und Unteroffiziere waren beritten. Sie mussten marschieren. Wenn sie am neuen Standort endlich eintrafen, hatten sie die Station zu entfalten und den Funkverkehr abzuwickeln. Damit blieb wenig Zeit zur Erholung und zum Kräftesammeln. Durch den hohen Erschöpfungszustand und Genuss von verseuchtem Wasser kam es zu Typhuserkrankungen.

Fahrbare funkentelegrafische Station in Deutsch-Südwestafrika in Betrieb, 1904

Ungeachtet dieser beschriebenen außergewöhnlich hohen Belastungen für die Funker und die Technik begannen die Vorbereitungen für die Schlacht am Waterberg. Das 2. Feldregiment besetzte am 7. August 1904 seine Ausgangsstellungen. 4.000 Mann in 20 Kompanien mit 36 Geschützen in acht Batterien und die aufgeteilten Fernmeldeeinheiten Feldtelegrafie, Heliografie und Funkentelegrafie warteten auf ihren Einsatzbefehl, hieß es bei Maximilian Bayer in seinem 1909 in Berlin erschienenen Erinnerungen (»Mit dem Hauptquartier in Südwestafrika«)

Das Hauptquartier am Waterberg hatte eine Telegrafenverbindung über Okahandja nach Swakopmund und von dort weiter, unter der Einbeziehung von Überseekabeln, bis nach Deutschland. Am 11. August 1904 begann die Schlacht am Waterberg. Die dem Hauptquartier von Oberstleutnant Mueller zugeordnete Station 2 nahm ebenfalls an dem Angriff auf die eingekesselten Hereros teil. Ein Beispiel für die dabei aufgetretenen Probleme der eingesetzten Funkenstation ist als Kurzfassung eines Bericht von Oberleutnant Haering und von zwei Unteroffizieren der Station 2 als Gedächtnisprotokoll dokumentiert, das Paul Flaskamp 1910 in »Tätigkeit der beiden Funktelegrafen-Abteilungen

Der Waterberg, ein 48 km langer und 15 km breiter Tafelberg, 200 m hoch, nördlich von Windhuk. An seinem Fuße sollte am 11./12. August 1904 die Entscheidungsschlacht stattfinden. Von Trotha telegrafierte danach stolz nach Berlin: »Der Feind, der mit außerordentlicher Zähigkeit kämpfte, erlitt, trotz sehr gewandter Aufstellung im dichtesten Dornbusch, schwere Verluste. Tausende von Vieh erbeutet. Zersprengt und im Rückmarsch nach allen Seiten begriffen, bewegt sich die Hauptmasse des Feindes nach Osten.«

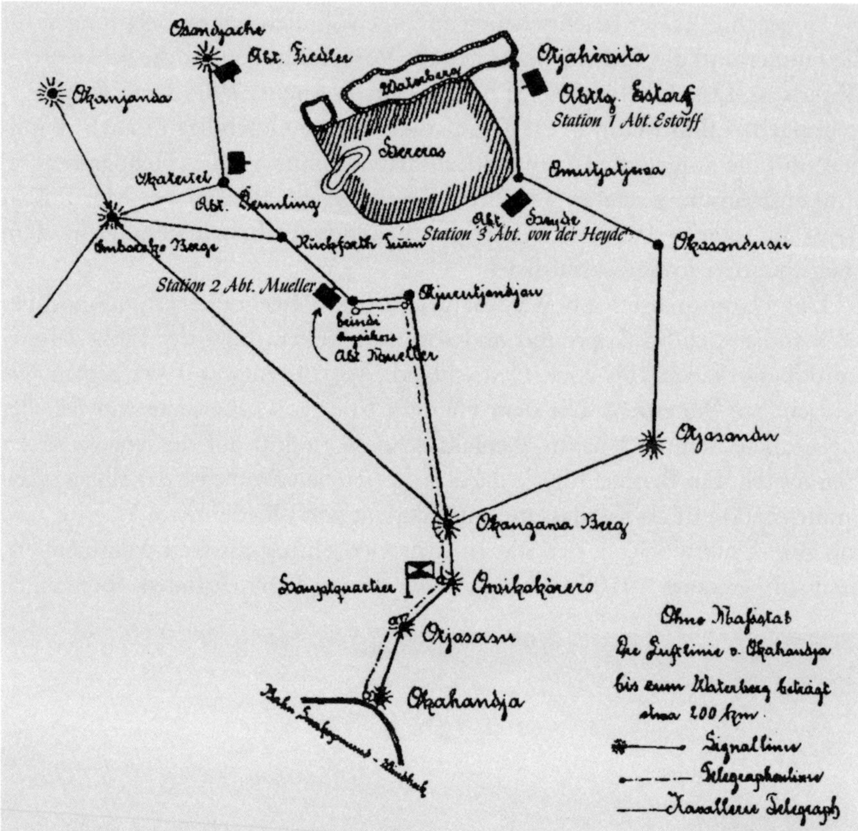

Die deutschen Nachrichtenverbindungen am Waterberg am 11. August 1904

in Südwestafrika 1904-1907« publizierte: »7 Uhr vormittags werden glimmende Postenfeuer des Feindes rechts und links der Pad gesehen. Wir müssen mit unseren Funkenwagen mit gefülltem Ballon quer durch das Dickicht. Lange Stangen führen wir mit zum Unterstützen des Luftleiters, aber im Dornbusch werden sie zum Teil geknickt. Da, es ist kurz vor 9 Uhr mittags, fallen vorn Schüsse. Ein Offizier vom Hauptquartier bringt die Meldung: *Funkenstation sich sofort vor Artillerie setzen und bei Exzellenz auffahren.* – Wir bauen auf. Der erste Ballon ist ziemlich gefüllt. Da entsteht, wahrscheinlich durch Reibungselektrizität beim zu schnellen Öffnen der Gasflasche, eine Flamme, und der Ballon verbrennt. Neuer Ballon! Er wird gefüllt und explodiert auf die selbe Weise. Dritten Ballon heraus! Am Ballon wird als Erkennungszeichen eine Kommandoflagge befestigt, die wir aus weißen und roten Taschentüchern verfertigt hatten. Der Ballon ist hoch, aber keine Station zunächst zu hören.«

Der Umgang mit dem neuen Nachrichtenmittel war den Kommandierenden noch völlig fremd. So ließ Hermann von der Heyde (1857-1942) beim Vormarsch die Funkenstation mit der Begründung zurück, dass die Zugtiere völlig erschöpft seien. Damit bestand für ihn jedoch keine Möglichkeit mehr, Nachrichten über den Verlauf der Kampfhandlungen zu empfangen oder zu senden. Er führte seine Abteilung in eine völlig andere Richtung. Als er den Fehler bemerkte, musste die Truppe den Weg wieder zurückmarschieren. Durch die fehlenden bzw. nicht richtig eingesetzten Funkenstationen und Heliografen kam es sogar zum Beschuss der Abteilung von Leutnant Auer von Herrenkirchen durch die Abteilung von Deimling. »Under friedly fire« würde man heute sagen.

Die am 12. August 1904 beabsichtigte »Entscheidungsschlacht« fand nicht statt, weil sich die Hereros aus dem Kessels zurückziehen konnten.

Die Funkentätigkeit der Station 3 am 12. August 1904 wurde so zusammengefasst: »Vormittags bis mittags Verbindung mit beiden Stationen. Von 11.30 Uhr bis 2.30 Uhr nachmittags starke Wirbel, deshalb weder Ballon noch Drachen möglich. Abends 5.30 Uhr bis 9.20 Uhr Verbindung mit der Hauptabteilung. Abteilung von Estorff rückt zu uns. Nachtbetrieb wie tags vorher. Hauptabteilung meldet sich trotz häufigen Anrufens nicht«, hieß es bei Paul Flaskamp.

Die Militäreinheiten verfolgten die fliehenden Hereros. Gefangene erhängte man vor den Augen der Hererofrauen und Kinder, wie Conrad Rust 1905 empört in »Krieg und Frieden im Hererolande. Aufzeichnungen aus dem Kriegsjahre 1904« berichete.

Nur wenigen gelang die Flucht durch die Omaheke ins Betschuanland. Andere Stammesangehörige kehrten in ihre Dörfer zurück, wo sie festgenommen und in Konzentrationslager gesperrt wurden. Die Einrichtung solcher Lager hatte Reichskanzler von Bülow in einem Telegramm am 11. Dezember 1904 an von Trotha angewiesen. Gleichzeitig sollte der Vernichtungsbefehl vom 2. Oktober 1904 zurückgezogen werden. Die Lager bestanden bis 1907. Bis zu jenem Jahr mussten die gefangenen Hereros unter schwersten Bedingungen arbeiten. Viele überlebten diese Qualen nicht.

Doch nicht nur die Hereros litten unter der Fremdherrschaft Deutschlands. Auch bei anderen Stämmen stieß vor allem die gewaltsame Landnahme durch die Kolonialisten auf Widerstand. Das führte auch in der Hauptsache zur Kündigung des Schutzvertrags durch die Nama und ihre Kriegserklärung Ende September 1904 an die deutschen Kolonialisten.

Der bekannteste Häuptling war Hendrik Witbooi. Am Guerillakrieg gegen die kaiserlichen Truppen nahmen fast alle Namastämme teil. Sie führten keine offenen Schlachten, sondern verschafften sich militärische Vorteile durch ihre Überraschungsangriffe. Sie besetzten die von den Kolonialisten erworbenen Gebiete und brachten die Frauen und Kinder zu befestigten deutschen Siedlungen. Während die Namas sich mit Hilfe von Boten verständigten, nutzten die Deutschen die neuen Kommunikationsmöglichkeiten. Ihr Signalnetz hatte im Juli 1905 eine Länge von 2.560 km. Dadurch waren viele Siedlungen erreichbar und konnten vor erwarteten Angriffen der Nama gewarnt werden.

Obwohl die Nama nur über geschätzte 1.000 bis 2.000 Krieger verfügten, denen 15.000 deutsche Soldaten gegenüberstanden, waren die Verluste bei den Kolonialisten sehr hoch. Der zermürbende Kleinkrieg ließ Ende 1904 von Trothas Kolonialpolitik endgültig scheitern. Auch die ausgesetzten Kopfgelder auf die Führer des Aufstands brachten keinen Erfolg.

Man setzte fortan verstärkt auf flexiblere Kommunikationstechnik, um die kämpfenden Einheiten im Süden zu unterstützen. Am 9. Januar 1905 trafen in Swakopmund die Ersatz- und Verstärkungsmannschaften für die Funkenstationen ein. Am 31. Januar 1905 kommandierte man sie über Windhuk in den Süden. Auf dem Marsch dorthin, zwischen Rehobot und Windhuk, erfolgte der Probebetrieb.

Die Aufteilung der Stationen war zu Beginn der Operation festgelegt worden: *Station 1*: Abteilung von Estorff nach Awadaob und Nossob, später in Koes allein; *Station 2*: Abteilung Meister nach Gochas und Haruchas, bis Mitte Mai in Persip, dann in Aminuis; *Station 3*: nach Stamprietfontein, später Gochas.

Der Bremer Großkaufmann Adolf Lüderitz (1834-1886) erwarb 1883 Land in Namibia und ersuchte Berlin um den Schutz dieser Besitzungen. Als etwa zur gleichen Zeit Großbritannien von seiner Kap-Kolonie expandierte, entsandte das deutsche Kaiserreich zwei Kriegsschiffe, hisste die Fahne und stellte das Territorium unter »Schutz«. Lüderitz sicherte sich Minenkonzessionen und schickte Expeditionen ins Land. Er selbst verunglückte dabei tödlich auf dem Oranje-Fluss mit seinem Partner Steingröver

Windhoek (deutsch: Windhuk), 1840 erstmals erwähnt, wurde am 18. Oktober 1890 als Stadt und Zentrum der deutschen Kolonie Deutsch-Südwestafrika gegründet. Windhoek ist Afrikaans und heißt »windige Ecke«. Die deutsche Kolonialzeit endete in Windhuk im Mai 1915, als südafrikanische Truppen unter britischer Flagge die Stadt einnahmen und besetzten. Aufnahme 1930

Der Funkverkehr war stabil und die Verständigung untereinander gut, wie Paul Flaskamp berichtete. Die Funkenstationen eigneten sich für die kleineren und beweglichen Abteilungen besonders gut. Deshalb forderte Oberst Berthold Deimling (1853-1944) in Berlin weitere Funkenstationen mit Besatzungen am 17. Oktober 1904 an. Ursprünglich sollten sie bereits im Dezember 1904 verschifft werden, doch Telefunken war nicht in der Lage, die Funkenstationen in dieser kurzen Zeit zu liefern. Auch das Luftschifferbataillon verfügte nicht über genügend Personal, dieses musste erst ausgebildet werden.

Am 18. Januar 1905 schließlich begann die Überfahrt von Hamburg in die Lüderitzbucht mit dem Dampfer »Lulu Bohlen«. Drei Offiziere, fünf Unteroffiziere, 30 Funker und drei Funkenstationen befanden sich an Bord. Die Funkenstationen waren Weiterentwicklungen der bereits in Südwestafrika eingesetzten Stationen der I. Abteilung.

Allerdings genügten sie nicht im vollen Umfang den klimatischen Bedingungen dieser Region. Sie mussten deshalb umgerüstet werden, was am 23. Februar 1905 geschah. Die drei Funkenstationen, als II. Abteilung bezeichnet, bestanden jeweils aus fünf Karren mit folgender Ausrüstung: ein Karren mit der Sende- und Empfangstechnik, ein Karren mit einem einzylindrigen 3,5 PS starken Scheibler-Benzinmotor und der Wechselstromdynamomaschine, drei Karren mit Ballons, Gasflaschen, Antenne (270 m), Gegengewicht und Ersatzteilen. Bespannt waren die Karren mit vier Pferden und sechs Maultieren.

Die damit überbrückten Entfernungen übertrafen die der Funkenstationen der I. Abteilung. Bei Schreibempfang waren es 200, bei Hörempfang 300 km.

Am 24. Februar 1905 begann der eigentliche Einsatz der II. Abteilung. Zwei Offiziere, vier Unteroffiziere und 27 Funker begaben sich auf den Weg in die Karrasberge über Kubub und Keetmanshoop durch die Sandwüste. Der beschwerliche Weg führte zu drei Hitzschlägen, der Sand tat ein Übriges. Der letzte Karren erreichte sein Ziel am 23. März 1905. Es dauerte bis Anfang Mai, bis die Funkenstationen wieder einsatzbereit waren.

Am 30. Juni 1905 teilte von Trotha in Berlin mit, dass die direkten Funkverbindungen der Funkenstationen der II. Abteilung zwischen Keetmanshoop und Hasuur über eine Entfernung von 180 km stabil seien.

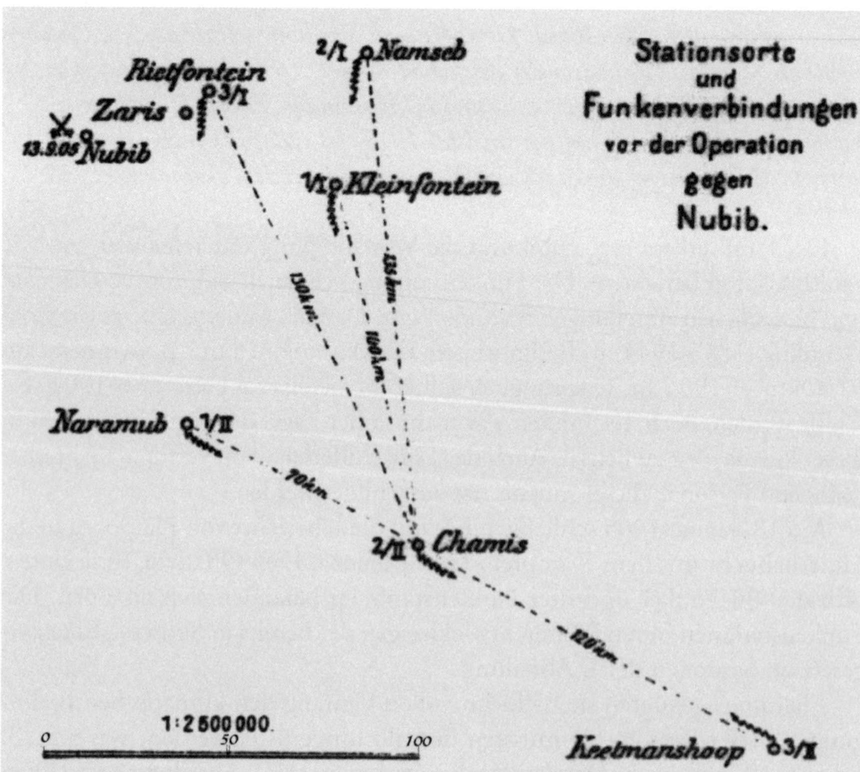

Standorte der Funkenstationen am 4. September 1905

Anfang August begannen die Vorbereitungen für die Operation gegen Witbooi im Gebiet um Bethanien. Daran sollten alle sechs Funkenstationen teilnehmen. Für die Koordinierung des Funkbetriebs waren die Leiter der beiden Funkenabteilungen zuständig.

Folgende Zuordnung wurde festgelegt: I. Abteilung: 1. Station Major von Estorff, 2. Station Major Meister, 3. Station Major Märcker; II. Abteilung: 1. Station Hauptmann von Koppy, 2. Station Major von Lengerke , später beim Hauptquartier; 3.Station in Keetmanshoop als Übermittlungs- und Aushilfsstation, um beim Ausfall der Feldtelegrafenstation die Verbindung zum Hauptquartier zu sichern. Die Standorte der Funkenstationen am 4. September 1905 sind nebenstehend in einer Skizze von Paul Flaskamp dargestellt.

Am 9. Dezember 1905 traf eine weitere Funkenstation aus Deutschland in Swakopmund ein. Sie erhielt die Bezeichnung »Station 5« und kam in Hasuur zum Einsatz.

Am 11. Dezember 1905 erfolgte eine neue Dislozierung der Funkenstationen der II. Abteilung, mit der auf die Guerilla-Taktik der Aufständischen reagiert wurde. Es blieb jedoch nicht aus, dass auch Funkpersonal bei den Kämpfen starb. Am 6. März 1906 verlor die Station 3 einige Soldaten.

Am 10. März 1906 nahmen die Stationen auf Befehl Dauerbetrieb auf.

Die Funkenstationen waren inzwischen aufeinander eingespielt. Am 3. Juni 1906 fanden bei Warmbad starke Gefechte statt. Wieder galt der Befehl für den Dauerbetrieb. Der Funker, die Ordonnanz und der Motormann arbeiteten in einem licht- und schalldichtem Zelt, während die anderen Soldaten Angriffe abzuwehren hatten. Die Funksprüche gingen in der Regel so: … Station wird stark beschossen … Kugeln schlagen dauernd ein … Sofort Wasserwagen senden … Kugeln von hinten … Von 11.30 Uhr Gefechtspause, 12.30 Uhr vereinzelt Schüsse … Werde mit allen Kräften zu Hilfe eilen, darum aushalten … Tresckow kommt mit 2. Kompanie von Ramansdrift … Abteilung Siebert kommt über Norechab auf Gefechtdfeld …

Major von Estorff fasste am 5. September 1906 Gefechtsergebnisse und Pläne in einem Funkspruch mit 165 Wörtern in einem Funkspruch zusamen. Die Übermittlung dauerte 48 Minuten. Nach den Gefechten zog man Bilanz über die Anzahl abgesetzter Funksprüche und den Materialverbrauch der Funkenstationen. Demnach sandten zwischen dem 17. Juni und dem 3. Juli 1906 die Funkenstationen 1.619 Funksprüche mit 67.972 Worten. Die Betriebsstundenzahl betrug 1.024. Bezogen auf die fünf Funkenstationen hatte jede durchschnittlich pro Tag 20 Funksprüche mit insgesamt 800 Worten abgesetzt.

Der Verbrauch an Gas für die Ballons lag im Zeitraum vom 1. Juni bis zum 3. Juli 1906 bei 94,5 Flaschen, für die Stromerzeugung der Stationen

Abteilung	Station	Marschleistung in km	Standorte mit Funkbetrieb	Bemerkungen
I	1	4975	49	geänderte Bezeichnung
II	4			aus I/1 wurde später II/4
I	2	2750	45	
I	3	2600	34	
II	1	2200	34	
II	2	2000	14	
II	3	1600	30	
II	5	1750	6	von Windhoek aus
		17875	**212**	

Bilanz der Funkenstationen in Deutsch-Südwestafrika während des Krieges gegen die Herero und Nama 1904-1907, bei denen man 212 Gefechte führte

wurden 637 Liter Benzin verbraucht. Am 3. Juli 1906 waren noch 224 Flaschen Gas und 955 Liter Benzin am Lager. Das nannte man »deutsche Gründlichkeit«.

Es folgten weitere Gefechte und damit verbundene Umgruppierungen der Funkenstationen, ehe am 31. März 1907 der Kaiser den Krieg offiziell beendete. Danach reduzierte man den Personalbestand der Schutztruppe und löste die Funkerabteilungen auf. Es verblieb in Windhuk nur der Funkerlehrstamm bei der Telegrafenabteilung 1 (später Verkehrszug 1). Dort konzentrierte man auch das Material und die Funkenstationen des Nord- und Südbezirks. Der Lehrstamm überholte und reparierte die Technik einschließlich der Fahrzeuge. Mitte 1907 waren wieder zwei fahrbare Stationen funktionstüchtig.

Die Erprobung sollte nicht mit Antennen an Ballons oder Drachen, sondern mit improvisierten Antennenmasten aus Bambus erfolgen. So entstanden insgesamt drei Antennen unterschiedlicher Höhe und aus verschiedenen

Funkerlehrstamm mit reparierter Station, 1907

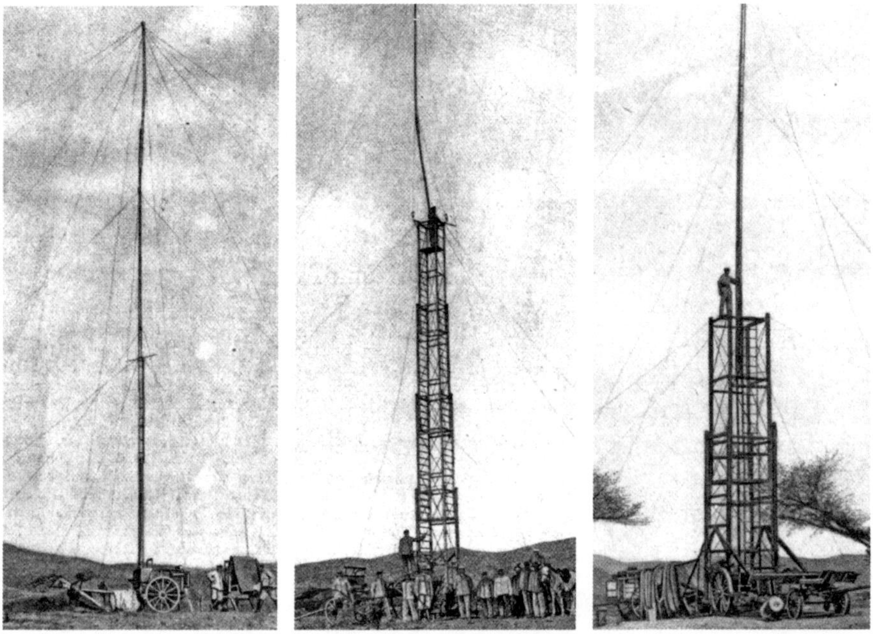

Links: ein 23m-Mast aus Bambus. Mitte: 25m-Mast aus einem Scheinwerfer-Beobachtungsturm mit aufgesetztem Bambus. Rechts: 30m-Mast bei Windhuk, bestehend aus neun Metern Schweinwerferturm und Gerüststangen, alle 1907

Materialien. Doch zum Test kam es nicht, da die beiden fahrbaren Funkenstationen nach Kamerun kommandiert wurden.

Zivil war die Funkentelegrafie während des Kolonialkriegs nie genutzt worden, obwohl das Interesse bei ansässigen Firmen vorhanden war. Es gab bereits 1903 Überlegungen, eine Funkverbindung zwischen Windhuk und Keetmannshoop aufzunehmen. Die 500 km zwischen den beiden Städten konnten mit der vorhandenen Technik nicht überbrückt werden. Es fehlten entsprechende Relaisstationen, und dafür hatte man kein Geld. Einen weiteren Anlauf unternahm 1906 die Firma Carl Woermann in Hamburg, die die Damara-Namaqua-Handelsgesellschaft in Swakopmund führte. Sie beantragte eine Lizenz für eine Funkverbindung zwischen Swakopmund und Lüderitzbucht und für den Funkverkehr mit Transportschiffen.

Da es bereits eine militärische Funkverbindung zwischen beiden Orten gab und die Militärs befürchteten, dass der Funkverkehr von den Briten in Walvis Bay abgehört werden könnte, wurde der Antrag abgelehnt. Um dieses Argument zu entkräften, wurde – wie aus den Akten des Reichskolonialamtes hervorgeht – vorgeschlagen, ein Chiffriersystem einzuführen. Die Militärs blieben bei ihrem Nein, es wurden keine zivilen Stationen errichtet. Statt dessen errichtete das Militär eine neue Antenne in Swakopmund mit einem Rohrmastsystem von Telefunken.

Erst Ende 1910 begann man ernsthaft sich erneut mit diese Thematik zu befassen. Die zuständigen Behörden in Deutschland hatten offenbar die Vorteile eher erkannt als die Kolonial- und Militärbehörden. Mit den Vorarbeiten beauftragte man im Dezember 1910 den Postinspektor Zeller und zwei Offiziere des Verkehrszuges Karibib sowie den in Afrika erfahrenen Ingenieur Köhler von Telefunken. Sie sollten die künftigen Standorte für die Sendeanlagen in Swakopmund und in Lüderitzbucht festlegen und mit den Vorbereitungen beginnen. Das Militär hingegen wollte Standorte im Landesinneren. Die Entscheidung fiel jedoch im Interesse der Seefahrt, weil die Schiffe keine leistungsstarken Sender besaßen, womit deren Reichweite begrenzt war.

Nach den Vorbereitungsarbeiten bei Telefunken in Deutschland kehrte Köhler im August 1911 in die Kolonie zurück. In Lüderitzbucht und Swa-

Funkmast in Karibib (l.), rechts die Station Karibib mit Antennenträger

Übungen mit Stahlrohrmast von Telefunken in Swakopmund, 1910

kopmund sollten identische Funkenstationen errichtet werden. Der dreieckige Stahlgitter-Antennenmast sollte eine Höhe von 85 m haben. Tatsächlich war er nach der Fertigstellung aber 90 m hoch (zum Vergleich: der Antennenmast des Senders Nauen wies 1911 eine Höhe von 100 Metern auf). Die Länge der Strahler der Schirmantenne betrug 90 m. Weiterhin sollten zwei Gebäude errichtet werden – das Maschinenhaus und das Wohnhaus. Die Arbeiten waren am 1. Februar 1912 beendet. Das Rufzeichen der Station Lüderitzbucht lautete *kcu*. Die Wellenlängen waren 600, 1.650 und 2.500 m. Die Stromversorgung sicherte ein 12 kW- Netzanschluss.

Swakopmund, die 1892 gegründete Stadtgemeinde an Atlantik und Mündung des Flusses Swakop, Aufnahme von 1930

In Swakopmund begannen die Arbeiten mit zwei Monaten Verspätung im November 1911. Bereits am 1. Februar 1912 war die erste Reichstelegrafenstation in den deutschen Kolonien fertiggestellt. Die offizielle Eröffnung erfolgte am 4. Februar 1912. Das Rufzeichen der Station lautete *ksk* und wurde 1913 geändert in *kak*. Die Wellenlängen waren, wie bei der Station in Lüderitzbucht, 600, 1.650 und 2.500 m. Die Stromversorgung sicherte ebenfalls ein 12 kW-Netzanschluss. Die Senderleistung betrug 5 kW.

Parallel mit dem Aufbau der neuen Station demontierte man die militärische Station auf dem Wasserturm des alten Swakopmunder Bahnhofs, um sie in Karibib wieder aufzubauen. Diese ging auf eine Initiative der Verkehrsabteilung der Schutztruppe vom August 1910 zurück. Ursprünglich sollte sie nur zu Übungszwecken mit den mobilen militärischen Stationen in Karibib und Usakos verwendet werden. Die Antennenhöhe betrug 26 m und die Antennenleistung 800 Watt. Die Funksignale empfingen auch Schiffe wie die Kanonenboote »Panther« und »Eber«, woraus sich, eigentlich nicht beabsichtigt, ein öffentlicher Funkdienst entwickelt hatte.

Die Reichstelegrafenanstalt Lüderitzbucht ging am 3. Juni 1912 in Betrieb. Im Juli 1912 wurde der 24-Stundenbetrieb aufgenommen, nachdem das E-Werk voll ausgerüstet war.

Noch in der Bauphase begannen die Tests zwischen Swakopmund und Lüderitzbucht. Die auf 5 kW projektierte Leistung sollte Funkverbindungen am Tage über 1.100 km und in der Nacht über 1.700 km ermöglichen. Die ersten praktischen Ergebnisse lagen sogar jenseits dieser Distanz. So kamen mit Schiffen über 2.100, 2.500 und 3.760 km Funkverbindungen zustande.

Lüderitzbucht am Atlantik. Die Hafenstadt wurde am 12. Mai 1883 gegründet. Sie liegt an einer der wenigen natürlichen Buchten der ansonsten unwirtlichen, durch die Namib geprägten Wüste der Diamantenküste, Aufnahme 1930

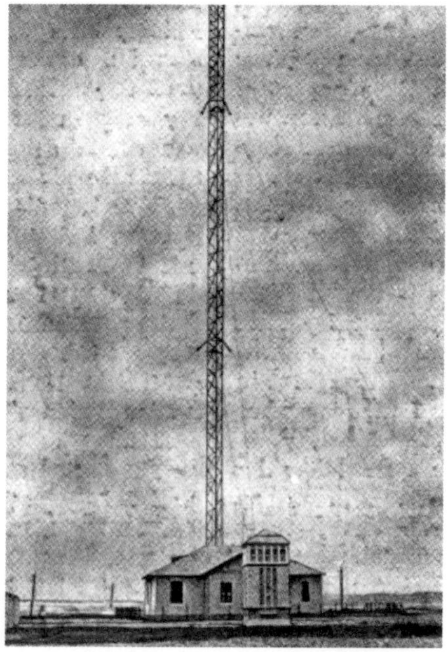

Links die Militärstation auf dem Wassertum des Swakopmunder Bahnhofs, die nach Karibib umgesetzt wurde. Rechts die Reichstelegrafenstation Lüderitzbucht, die erste ihrer Art in den deutschen Kolonien, 1912

Der zivile Funkverkehr entwickelte sich gut. Das neue Übertragungsmedium Funk wurde gut angenommen. Noch im Jahre 1912 sendeten beide Stationen zusammen 853 Funktelegramme mit 8.887 Worten. Dieses Ergebnis war umso bemerkenswerter, da sich in Kapstadt und Durban zwei konkurrierende englische Küstenfunkstationen befanden.

Die militärische Funkentelegrafie war zum festen Bestandteil der Nachrichtenübertragung geworden. So schickte man in einer größeren Aktion in der zweiten Hälfte des Jahres 1911 ein Detachement der Schutztruppe mit einem Verkehrszug in den Caprivizipfel, weil der dortige Resident angeblich ermordet worden war, was sich als unwahr herausstellen sollte. Bis zur Endstation der Bahn, Grootfontein, war der Transport gesichert. Danach mussten 145 km durch Wald- und Dünengebiet bewältigt werden. Die Technik und die Ausrüstungen verstaute man in Ochsenkarren. Die Strecke erwies sich als teilweise sehr schwer zugängliche Landschaft. Im ersten Streckenabschnitt verlegte man eine Telegrafenleitung. Eine Funkenstation bildete den Abschluss. Über sie sollte die Verbindung zur Expedition gehalten werden, die bis zum Okawangostrom und weiter bis in den nordöstlichen Teil des Caprivizipfels

Mit Ochsenkarren zog das Expeditionskorps über 145 km durch Wald- und Dünengebiete von Grootfontein in den Caprivizipfel.
Links: Funkenstation am Okowango, mit der Verbindung nach Grootfontein gehalten wurde, 1911

marschierte. Diese verwandte als Antennenträger Ballons und Stahlrohrmasten. Die Verbindung zwischen dieser Funkenstation bis hin nach Grootfontein, also über Funk und Leitung, konnte weitgehend aufrecht erhalten werden.

In Berlin begriff man die Vorzüge der Funktechnik für die Erreichbarkeit der deutschen Kolonien von Deutschland aus, die Nachrichtenübertragung der Kolonien untereinander und in den Kolonien selbst. Es bot sich die Möglichkeit, mit Hilfe der Funktechnik die Kabelwege, die größtenteils in engli-

Lager der Expedition am Okowango mit Offizierszelt, rechts daneben das »Offizierskasino«, davor das Funkerpersonal mit Jagdtrophäen

scher Hand waren, zu meiden. Deshalb sollte ein weltweites deutsches Funknetz hergestellt werden. Den Auftrag dafür erhielt Telefunken. Am 12. Juni 1913 wurde dem Unternehmen die Genehmigung für Herstellung und Nutzung funkentelegrafischer Verbindung zwischen Deutschland und Togo sowie zwischen Togo und Deutsch-Südwestafrika für 20 Jahre erteilt. Der Auftrag lautete, »in Kamina (Togo) eine Großfunkstelle zu errichten und 20 Jahre zu betreiben, die mit der Großfunkstation Nauen sowie mit einer Großfunkstelle in Deutsch-Südwestafrika geplanten Großfunkstelle zu verkehren hat; die Großfunkstation Nauen so zu vergrößern und zu verbessern, dass zwischen ihr und der Großfunkstelle Togo wechselseitiger Verkehr möglich ist; in Windhuk eine Großfunkstelle zu errichten und 20 Jahre zu betreiben, die imstande ist, mit der Funkanlage in Togo und der in Deutsch-Ostafrika (Tabora) geplanten Großfunkstelle zu verkehren«, wie es in der 1939 von Willy Schmidt und Hans Werner herausgegebenen »Geschichte der Deutschen Post in den Kolonien und im Ausland« hieß.

Zum Bau der Großstation in Tabora kam es wegen des Weltkrieges nicht mehr. Der Bau der Stationen in Kamina und in Windhuk hingegen begann bereits kurze Zeit nach Aufragsvergabe. Dass der Baubeginn in Windhuk vor dem Start in Tabora erfolgte, war eine Entscheidung von Staatsekretär Wilhelm Heinrich Solf (1862-1936). Der Chef des Reichskolonialamtes, von 1900 bis 1911 Gouverneur in der Kolonie Deutsch-Samoa, verschob den Baubeginn für Tabora im zentralen Hochland von Tansania auf das Jahr 1914.

Alle Großfunkstationen sollten mit dem System der tönenden Löschfunken ausgerüstet werden.

Die technischen Vorbereitungen für die Großfunkstation Windhuk begannen im April 1913, die baulichen Vorbereitungen im September 1913 mit der Einebnung des Geländes, das mit großen Dornenbüschen bewachsen war.

Die Monteure von Telefunken starteten am 23. September 1913 mit dem Bau des ersten von fünf Türmen, die eine Höhe von 120 m erreichen sollten. Er wurde in der ersten Dezemberwoche 1913 fertig. Bis zum 15. Februar 1914, so der Plan vom Ingenieur Eickhoff, sollten alle Türme aufgestellt sein. Man legte zwischen den Türmen eine Schmalspurbahn, die zu wesentlicher Zeitersparnis führte. Für die Arbeiten zog man Afrikaner hinzu. Zu ihnen gehörten auch zehn Gefangene, die über das kaiserliche Bezirksamt angefordert wurden.

Von Telefunken waren die Ingenieure und Techniker Rüde, Kühn, Jatow, Reymann, Simons, Weitkowitz, Kaspar und König mit vor Ort.

Vom Eisenbahnanschluss bis zum Baugelände war ein 1,6 km langes Anschlussgleis gelegt worden. Damit ersparte man sich das Umladen der Bau-

Gesamtanlage der Großfunkstelle Windhuk, 1914. Unten: Eingeborenenunterkünfte auf der Großfunkstelle, im Hintergrund die Antennen

materialien. Die Gebäude für die Technik entstanden parallel zum Antennenbau. Im März 1914 ging die gesamte Anlage zur Erprobung in Betrieb.

Die ersten Probeversuche führte Ingenieur Eickhoff mit einer provisorischen Antenne durch. Mit dieser empfing er in den Nächten vom 9. bis 11. März 1914 den Sender Nauen auf Welle 4.500 m über eine Entfernung von 9.750 km. Zu jener Zeit sendete Nauen bereits mit dem neuen 100 kW-Sender und verbesserten Antennen.

Der Sender in Windhuk hatte ebenfalls eine Leistung von 100 kW.

Deutsches Wachpersonal des Großsenders Windhuk

Im Juli 1914 konnte eine stabile Funkverbindung aufgebaut werden. Damit war der geplante Funknachrichtenweg Windhuk-Kamina-Nauen Realität. Windhuk übernahm zudem den wichtigen Warnungsdienst für Schiffe und einen Horchdienst.

Die in der Kolonie Deutsch-Südwestafrika errichteten Sender fanden Beachtung bei den englischen Behörden, schließlich war das eine strategische Entscheidung. Die in englischer und französischer Hand befindlichen Kabelwege nach Europa wurden von Deutschland nicht mehr benötigt. Gezielt sammelten englische Diplomaten und Agenten Informationen für die Regierung und die Admiralität über die Sender in Nauen, Windhuk, Swakopmund und Lüderitzbucht. Sir David Murray Anderson (1874-1936) von der Admiralität in Whitehall ersuchte das Außenministerium, ihm eine Liste mit den deutschen Funkstationen und deren taktisch-technischen Daten zu übergeben. Die Informationen lieferten der britische Botschafter in Berlin, Sir William Edward Goschen (1847 als Göschen in Radebeul geboren), sein Militärattaché Russel und der britische Konsul in Lüderitzbucht.

Die Kriegserklärung Großbritanniens traf in Deutsch-Südwestafrika in der Nacht vom 4. zum 5. August 1914 auf dem Funkweg ein. Empfangen hatten sie die Funkstellen in Lüderitzbucht und in Swakopmund. Die Bestätigung

Großsender Windhuk, links Senderaum, rechts Maschinenraum, 1914

erhielt die Großfunkstelle Windhuk von der Großfunkstelle Kamina in Togo, nachdem diese voll betriebsfähig war. Über die Verbindung Nauen-Kamina-Windhuk konnten nun Telegramme empfangen und auch gesendet werden. Doch nach dem Ausfall der Großfunkstelle in Kamina in der Nacht vom 24. zum 25. August 1914 kamen nur noch sporadisch Direktverbindungen mit dem 8.500 km entfernten Nauen zustande. Nauen musste dafür die Sendegeschwindigkeit drosseln. Windhuk hingegen war in Nauen nur unter bestimmten klimatischen Bedingungen zu empfangen. Eine Verbesserung erhoffte man durch den Aufbau von zwei weiteren Antennenmasten mit 70 m Höhe und die Verlängerung der Antenne um fast 1.000 m.

Im April 1915 zeichnete sich ab, dass die Großfunkstelle Windhuk militärisch nicht zu halten war.

Premier Louis Botha (1862-1919), Premier der Südafrikanischen Union seit 1910, hatte bei Kriegsbeginn Großbritannien militärische Unterstützung angeboten. Er selbst stellte sich an die Spitze der Truppen, die Anfang 1915 in Deutsch-Südwestafrika einrückten. Am 14. Januar wurde Swakopmund besetzt, am 12. Mai 1915 Windhuk. Vorher hatte das Personal der Großfunkstelle die Antennen heruntergelassen und die Antriebsmotoren unbrauchbar gemacht. Die Antennentürme blieben in der Hoffnung auf eine künftige friedliche Nutzung stehen. Die Beamten setzten sich mit der Empfangsapparatur und den ausgebauten Teilen der Antriebsmotoren nach Tsumeb ab, wo sich eine Militärfunkstation befand. Im Juli 1915 erfolgte die Übergabe der Station an die Buren.

In der Küstenfunkstelle in Swakopmund fürchteten die verantwortlichen Militärs den Beschuss durch englische Kriegsschiffe. Deshalb entschied man

General Louis Botha (l.) und Gouverneur Theodor Seitz (1863-1949) bei Übergabeverhandlungen nahe Korab, 9. Juli 1915

Abzug der geschlagenen kaiserlichen Kolonialtruppen aus Windhuk. Mit der Inhaftierung von Ex-Gouverneur Seitz im Juli 1915 endete dort die deutsche Kolonialherrschaft. Seitz wurde 1919 durch die Briten ausgewiesen, 1920 wählte man ihn in Berlin zum Präsidenten der Deutschen Kolonialgesellschaft

sich, die Station am 13. August 1914 zu demontieren und sie in der Siedlung Aus, 125 km östlich von Lüderitz in der Namibwüste in 1.485 Meter Höhe gelegen, neu aufzubauen.

Auch die Station Lüderitzbucht schaltete am 15. November 1914 ab und ging ebenfalls in Aus am 16. November 1914 auf Empfang. Es stellten sich kaum Unterschiede bezüglich des Empfangsgebiets im Vergleich mit Lüderitzbucht heraus. Gezielt hörte das Militär Funkstationen in Angola und Südafrika (Durban) ab. Die nun feindlichen Funkstationen sendeten unchiffrierte

Einzug der südafrikanischen Truppen in Windhuk, 1915

Die Kriegsfunkstelle Aus, 125 km östlich von Lüderitz, war nur kurze Zeit auf Sendung und Empfang. Sie wurde von den flüchtenden deutschen Soldaten am 27. März 1915 gesprengt

Funksprüche über Truppentransporte und andere militärische Geheimnisse. Zu den weiteren Aufgaben der Funkstation gehörte die Störung und die Täuschung englischer Funkdienste.

Doch alle diese Aktivitäten verhinderten nicht das Vorrücken der südafrikanischen Truppen. So entschied man sich am 27. März 1915 zur Sprengung der Funkstation in Aus. Teile der Funkstation fanden Verwendung bei der Funkstation in Tsumeb im Norden des Landes, die zwischen dem 4. September und 24. November 1914 mit einem 85 m hohen Turm errichtet worden war. Der Empfang von Nauen gelang mit einer 800 m langen Antenne. Diese war vom Antennenturm bis zum Schornstein eines Bergwerks gespannt.

Am 6. Juli 1915 endete auch in Tsumeb der Krieg.

Die Station wurde kampflos übergeben.

11.2.2 Togo

Das westafrikanische Land Togo war am 5. Juli 1884 zur deutschen Kolonie erklärt worden, indem man in der Stadt Bagida die deutsche Flagge hisste. Das kleine Land am Atlantik hatte eine Fläche von 87.200 Quadratkilometern. Seit 1857 lebten dort einige hanseatische Handelsunternehmen, die durch regelmäßigen Dampferverkehr, der sogenannten Woermannlinie, mit Europa verbunden waren. Es wurden mit lokalen Stammesfürsten Verträge geschlossen und danach einige Orte zum »Deutschen Schutzgebiet« erklärt. In der Folgezeit schloss das Kaiserreich mit Frankreich und Großbritannien, als Kolonialmächte Anrainer von Togo, bilaterale Abkommen. Zunächst war Togo von Deutsch-Kamerun aus verwaltet worden, ab 1897 errichtete man die Verwaltung in Lome.

In der deutschen Kolonie lebten etwa eine Millionen Menschen, davon waren nie mehr als wenige Hundert deutscher Herkunft.

Der verkehrstechnischen Erschließung des Landes für koloniale Zwecke galt die besondere Aufmerksamkeit der Administration. Dafür baute man den Hafen in Lome aus und errichtete eine 366 m lange eiserne Landungsbrücke. Der Hafen verfügte über einen Gleisanschluss und fünf Kräne. Weiterhin verlegte man drei Eisenbahnlinien: 44 km ostwärts an der Küste entlang von Lome nach Anecho, 119 km von Lome nach Palime in Nordosten und 167 km von Lome in den Norden zu dem wichtigen Handelsplatz Atakpame.

Links: Afrikaforscher Gustav Nachtigal (1834-1885), seit 1884 Reichskommissar für Deutsch-Westafrika. Rechts: Gouverneur Edmund Brückner (1871-1935)

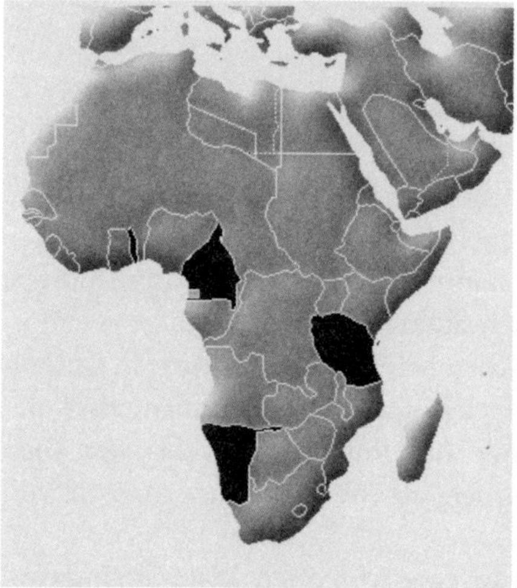

Die deutschen Kolonien in Afrika, die kleinste ist Togo, die mit einer Flaggenhissung durch Dr. Gustav Nachtigal am 5. Juli 1884 in Bagida in Besitz genommen worden war

Neben anderen verkehrstechnischen Projekten begann der Straßenbau von den Bahnlinien aus in die verschiedenen Regionen Togos.

In den Plänen der deutschen Regierung spielte Togo hinsichtlich der Nachrichtenverbindungen zu den anderen deutschen Kolonien in Afrika eine zentrale Rolle, weil die Reichweite der Sender und die Empfindlichkeit der Empfänger zu jener Zeit begrenzt war. Der Reichstag bewilligte 1912 eine Summe von 161.000 RM für die Errichtung einer Großfunkstation in Togo. Sie sollte die Funkverbindung mit Nauen, Windhuk (Deutsch-Südwestafrika), Duala (Deutsch-Kamerun) und Tabora (Deutsch-Ostafrika) herstellen und halten.

Die Auswahl eines Standortes für die künftige Großfunkstation hatte bereits 1911 mit Empfangsversuchen einer dafür zusammengestellten Spezialistengruppe unter der Leitung von Anton Freiherr Codelli von Codellisberg, Sterngreif und Fahnenfeld (1875-1954) begonnen. Der vielseitige Erfinder aus der k.u.k-Monarchie hatte 1907 die österreichische Marine mit Funkstationen ausgerüstet. Codelli konnte den 35 kW-Sender Nauen erstmals Anfang Juni 1911 mit einer provisorischen Antenne für fünf Minuten empfangen, ohne dass jedoch der Text vollständig aufnehmbar gewesen war. Damit aber war der Nachweis für eine mögliche Funkverbindung über 5.500 km zwischen Deutschland und Afrika erbracht. Weitere technische Entwicklungen in

Nauen, etwa höhere Senderleistungen und größere Antennen sowie verbesserte Empfangseinrichtungen, führten Anfang 1912 zu stabilen Ergebnissen bei der Funkverbindung. Ausdruck dessen war die Aufnahme einiger zusammenhängender Texte vom Sender Nauen. Das Frühjahr 1913 brachte die bis dahin besten Empfangsergebnisse. Innerhalb von 52 Tagen war Nauen an 37 Tagen empfangen worden, an 17 Tagen konnte man lesbare Texte aufnehmen.

Als Standort der Großfunkstation bestimmte man schließlich eine Fläche von etwa 48 ha bei dem Ort Kamina unweit der Bezirksstadt Atakpame. Dort endete die Eisenbahnlinie von Lome. Man errichtete eine Feldbahn von 5 km Länge beim Ort Agbonu, die nach Kamina führte. So konnten die im Hafen von Lome eintreffenden Frachten für die Großfunkstation schnell und günstig transportiert werden.

Die Bauarbeiten begannen im April 1913. Voraussetzung war die Sicherung der Trinkwasserversorgung. Dafür legte man eine Stauanlage an, baute einen Trinkwasserturm und bohrte einen Brunnen.

Die Bauarbeiten gingen zügig voran. Die Kolonialverwaltung stellte dafür ständig etwa 200 »Pflichtarbeiter« zur Verfügung. Am 7. Oktober 1913 war das Maschinenhaus fertig sowie vier 100m-Türme und drei 75m-Türme für die insgesamt 3.755 m langen Antennenleitungen. Am 8. Oktober empfing man die Signale aus Nauen.

Die Arbeiten im Auftrag von Telefunken leitete der Physiker Abraham Esau (1884-1955). Er hatte 1909/10 als Einjährig-Freiwilliger bei der Funk-

Errichten eines Antennenmastes in Kamina

abteilung des Telegrafenbatallions Nr. 1 Berlin gedient und war 1913 als Reserveoffizier nach Togo kommandiert worden.

Anfang 1914 begannen die zwischen dem Reichspostamt und Telefunken vertraglich festgelegten Empfangsversuche über 30 Tage. Während dieser Zeit sollten innerhalb von drei aufeinaderfolgenden fünftägigen Perioden 1.200 Wörter fehlerfrei empfangen werden. Bereits Ende Februar 1914 war diese Forderung erfüllt, obwohl die Signalstärke starken Schwankungen unterlag und nur eine Frequenz zur Auswahl stand.

Noch in der Bauphase, in der Nacht zum 1. April 1914, gab es die ersten Verbindungsversuche mit Nauen. Dort empfing man die Morsezeichen trotz eines dreistufigen Verstärkers wenngleich sehr schwach, aber vollständig. Das war der Durchbruch. Auch die Empfangsstation Kamina verfügte über diesen dreistufigen Verstärker. Inzwischen standen auch alle zwölf Antennentürme.

Die Bauarbeiten fanden im August 1914, im Monat des Kriegsbeginns, ihren Abschluss. Alle technischen Einrichtungen und die Unterkünfte für das Personal waren fertiggestellt.

Die Bedienung der wichtigsten Anlagen und Geräte erfolgte ausschließlich durch deutsches Personal. So sollte möglicher Spionage und Sabotage erfolgreich begegnet werden. Tatsächlich interessierten sich französische und britische Stellen für diesen zentralen Nachrichtenpunkt. Der britische Geheim-

Die Gebäude für Sender und Maschinenanlage in Kamina mit Bauarbeitern und dem Bedienungspersonal

dienstes hatte nachweislich erstmals im Frühjahr 1913 versucht, über einen afrikanischen Agenten Kamina auszukundschaften. Der farbige Offizier sollte das südliche Togo erkunden und Informationen über die Großfunkstelle sammeln, was jedoch aufgrund der deutschen Vorsichtsmaßnahmen nicht gelang.

Am 2. August 1914, nachts 1 Uhr, empfing Kamina aus Nauen ein folgenschweres Telegramm: »2. August erster Mobilmachungstag.«

Der Sender nahm den 24-Stunden-Betrieb auf. Abraham Esau gab als Aufgabe heraus: Alle deutschen Handelsschiffe, die sich im Südatlantik und in der Karibik befinden, über Funk informieren und auffordern, neutrale Häfen anzulaufen; Übermittlung von Befehlen, Heeresberichten und Nachrichten aus Berlin an alle Kolonien und in deren Gewässern kreuzende Kriegsschiffe (Kreuzer »Königsberg« vor Ostafrika, das Kanonenboot »Eber« vor Westafrika); alle aus den Kolonien eingehenden Meldungen nach Berlin weiterleiten; Aufrechterhaltung der Verbindungen von und nach Südamerika; Abhören und Stören des feindlichen Funkverkehrs.

Am 5. August 1914 empfing Kamina das Telegramm mit der Kriegserklärung des Vereinigten Königreiches an Deutschland: »England has declared war to Germany 4th of August.«

Am 21. August 1914 kam es zum einzigen größeren Gefecht mit britischen und französischen Soldaten in Togo. Danach zogen sich die deutschen Soldaten bis nach Kamina zurück. Adolf Friedrich Herzog zu Mecklenburg, seit 1912 Gouverneur von Togo, befand sich in Europa zum Urlaub. So amtierte sein Stellvertreter Major Hans-Georg von Doering. Auf seinen Befehl wurden in der Nacht vom 24. zum 25. August 1914 die Antennentürme und die Funkanlagen gesprengt. Nach etwa fünf Stunden gab es den Sender nicht mehr. Der letzte Funkspruch der eben erst fertiggestellten Großfunkstelle Kamina am 23. August lautete: »Wenn ihr einen Tag lang nichts mehr von uns hört, so ist Kamina, seine Besatzung und die deutsche Kolonie Togo nicht mehr in deutscher Hand.«

Britische und französische Truppen waren von Ost und West in Togo einmarschiert. Doering kapitulierte am 26. August bei den Briten und kam mit der Besatzung, keine 400 Rekruten und Reservisten, in Gefangenschaft. Zunächst wurden die Deutschen in ein 800 km entferntes Lager gebracht und von dort nach Frankreich verschifft.

Die Küstenfunkstation in Lome, von der ebenfalls die Funkstationen Lüderitzbucht und Windhuk in Deutsch-Südwestafrika erreicht werden konnten, hatte bereits am 7. August 1914 ihre Tätigkeit eingestellt.

11.2.3 Kamerun

Die flächenmäßig größte deutsche Kolonie – 1911 hatte das Land 790.000 Quadratkilometer und war damit 1,3mal so groß wie das deutsche Kaiserreich – waren von Dr. Gustav Nachtigal in gleicher Weise wie Togo unter die deutsche Flagge genommen worden. Die vorläufigen Grenzen wurden 1885 auf der Kongo-Konferenz (Kongo-Akte) in Berlin festgelegt worden. Der endgültige Grenzverlauf beruhte auf den Verträgen vom 3. Mai 1885 (mit Großbritannien), 24. Dezember 1885 (mit Frankreich), 27. Juli 1886 (mit Großbritannien), 2. August 1886 (mit Großbritannien), 14. April 1893 (mit Großbritannien), 15. November 1893 (mit Großbritannien), 15. März 1894 (mit Frankreich), 1901 und 1902 (mit Frankreich) und 1908 (mit Frankreich). Eine bedeutende Vergrößerung von Deutsch-Kamerun erfolgte noch einmal im Jahr 1911 im Marokko-Kongo-Abkommen auf Kosten der französischen Kolonien in Zentralafrika (Neukamerun). Ein kleineres Gebiet im Nordosten Kameruns, der sogenannte Entenschnabel, wurde stattdessen Französisch-Äquatorialafrika einverleibt.

Aus Sicht der deutschen Militärs war Kamerun als Standort für eine Großfunkstation strategisch besser geeignet als Togo. Allein die größeren Entfernungen bis zu einem möglichen Senderstandort hätten ganz einfach mehr Zeit und Kräfte eines Gegners erfordert. Die Entscheidung für eine Großfunkstation fiel trotzdem zu Gunsten Kaminas in Togo.

In Kamerun führte das Militär ab 1907 für ein Jahr mit zwei fahrbaren Funkstationen die ersten Reichweitentests durch. Bei den Funkstationen handelte es sich um die vom Funkerlehrstamm in Windhuk reparierten und wie-

Die deutsche Schutztruppe in Kamerun

Ein Funker im Empfangsraum der »Kriegsempfangs-Funkstelle Kamerun«, links die Funkstelle mit Antenne am Kilometer 20 der Mittellandbahn, Festpunkt 230 m Höhe. Am 27. September 1914 wurde Duala aufgegeben und gesprengt. Im Landesinnern wurde eine Kriegsfunkstation errichtet

der hergestellten Militärstationen, die im Kolonialkrieg gegen die Herero und Nama eingesetzt worden waren. Die Antennen wurden an Fesselballons befestigt. Nach einem Jahr kamen beide Stationen stark beschädigt wieder nach Windhuk zurück.

Für das Jahr 1911 stellte die Reichsregierung der Reichspostverwaltung 200.000 Mark für eine transportable Empfangsstation in Kamerun bereit. Mit dieser sollte ein günstiger Empfangsplatz für die Großfunkstation Nauen gefunden werden. Die Vorversuche erfolgten von Oktober bis Dezember 1911, die Entscheidung fiel auf Duala am Atlantik.
Die Bauarbeiten zur Errichtung der Küstenfunkstelle gingen sehr zügig voran, so dass am 1. Februar 1912 die Inbetriebnahme erfolgte. Für die Antennen wurde ein 100 m Stahlgittermast errichtet. Das Rufzeichen war *kbu* und die Wellenlänge 600 m. Den Generator für die Stromerzeugung trieb ein 40 PS starker Rohölmotor an.

Die Aufgabe der Küstenfunkstation Duala bestand darin, Funkverbindung zur Großfunkstation in Lome (Togo) zu halten. Auf diesem Wege gelangten Nachrichten aus der Kolonie Kamerun und von Schiffsfunkstationen nach Togo und von dort nach Deutschland und retour. Im Februar 1913 wurde der Funkverkehr mit der 3.000 km entfernten Funkstation in Swakopmund und der 3.400 km entfernten Lüderitzbucht aufgenommen.

Mit dem Beginn des Krieges änderte sich auch für Duala die Aufgabenstellung. Hinzu kamen der Horch- und Stördienst. Am 27. September 1914 wurde Duala militärisch aufgegeben und damit auch die Funkstation, die gesprengt wurde. Im Landesinneren errichtete man eine Kriegsfunkstation.

Diese hörte die englischen und französischen Küstenfunkstationen und feindliche Kriegsschiffe ab.

Am 15. Februar 1916 verließen die letzten deutschen Soldaten Kamerun. Das Gros der Truppe überschritt Anfang Februar 1916 die Grenze zum benachbarten spanischen Rio Muni-Gebiet und wurde auf Fernando Póo bzw. in Spanien interniert. Am 20. Februar 1916 begab sich die letzte Garnison in Mora (Nordkamerun) nach der Zusage eines freien Abzugs in die Hände der britischen Kolonialarmee. Damit war auch dieses Kapitel deutscher Kolonialgeschichte beendet.

11.2.4 Deutsch-Ostafrika (Tansania)

Der Aufbau von Funksende- und -empfangsanlagen vollzog sich in Tansania parallel zu den anderen deutschen Kolonien. Das Land war mit Hilfe von Schutzverträgen 1885 von Deutschland annektiert worden und umfasste die heutigen Länder Tansania (ohne Sansibar), Burundi und Ruanda. Mit rund 7,75 Millionen Einwohnern war Deutsch-Ostafrika die größte und bevölkerungsreichste Kolonie des Deutschen Reiches. Zentralfigur bei der Annexion war Dr. Carl Peters (1856-1918). Der Gründer der »Gesellschaft für Deutsche Kolonisation« war ein ausgemachter Rassist und Anhänger des Antisemiten Heinrich von Treitschke.

Es begann mit dem Aufbau von Küstenfunkstationen und territorialen Funkstationen in Ergänzung des vorhandenen Telegrafennetzes. Die Funkstationen unterschieden sich durch ihre Senderleistung, die in Abhängigkeit von den vorgesehenen zu überbrückenden Entfernungen berechnet wurde.

Eine Großfunkstation, die für Tabora mit einer Senderleistung von 200 kW geplant war, sollte den Funkverkehr mit Deutschland (6.700 km), Togo (Kamina 3.750 km) und Deutsch-Südwestafrika (Windhuk 2.600 km) sowie zu den Südsee-Kolonien Deutschlands (11.300 km) über eine Zwischenstation in Niederländisch- Indien (7.200 km) abwickeln. Innerhalb des Landes sollte die Verbindung mit der Küstenfunkstation in Daressalam aufgenommen werden. Von dort gab es ein Überseekabel.

Zum Bau dieser Großfunkstelle in Deutsch-Ostafrika kam es jedoch nicht. Dies verhinderte der Beginn des Krieges.

Die ersten Funkstationen entstanden in dichtbesiedelten Gebieten am Victoriasee im Norden des Landes. Der rege Handel dort und der Schiffsverkehr führten 1908 zu der Überlegung, dass je eine Funkstation in Muansa und Bukoba zu errichten sinnvoll wäre. In Muansa befand sich ein Anschlusspunkt der Telegrafenlinie nach Daressalam. Somit ergab sich die Konstellation einer Funkverbindung zwischen Bukoba und Muansa und die Weiterleitung der Informationen nach Daressalam und von dort weiter über die Überseekabel.

Die Realisierung dieses Projekts endete am 20. März 1911 mit der Eröffnung und Inbetriebnahme beider Funkstationen. Am 1. Oktober 1910 hatte es die erste Funkverbindung zwischen den beiden Städten gegeben. Betreiber war die Deutsche Reichspost, die auch das Personal stellte.

Die Funkstation in Bukoba hatte eine Reichweite von 200 km, die für den Funkverkehr mit Muanza (etwa 180 km) genügte. Auch Entebbe wurde erreicht. Als Antennenträger für die Schirmantenne diente ein 60 m hoher Stahlgittermast.

In Muanza war der Stahlgittermast 85 m hoch. Die Reichweite des Senders war mit 600 km angegeben, um mit der später geplanten Großfunkstation in Tabora verkehren zu können. Bei den Sendern handelte es sich um tönende Löschfunken. Die Stromversorgung sicherten Petroleummotore. Die technischen Einrichtungen waren in einstöckigen Stationshäusern untergebracht, wobei das Erdgeschoss als Postagentur diente.

Die nach ökonomischen Vorgaben der Reichstelegrafenverwaltung errichteten Funkstationen hatten auch eine Standardleistung bei der Textübertragung zu erbringen: 60 Buchstaben pro Minute.

Von April bis Juni 1914 wurden zwischen Muanza und Daressalam 16.868 Wörter übertragen.

Der Kriegsbeginn brachte für die Funkstationen Bukoba und Muanza zunächst keine Veränderungen. Das Kanonenboot »Graf Goetzen« verfolgte

Muanza 1911: links die Funkstation, rechts der Senderaum

Ein alter Baum diente in Kamaschuma als Antennenträger für die Kriegsempfangsfunkstelle, die nach der Zerstörung der Funkstation Buboka im Juni 1915 eingerichtet wurde. Doch auch in Kamaschuma war im Juni 1916 Schluss

alle Aktivitäten auf dem Tanganjikasee und funkte seine Beobachtungen an die festen Funkstationen.

Am 29. Oktober 1914 beschoss ein britischer Hilfskreuzer über zwei Stunden die Funkstation Bukoba mit nur geringer Wirkung. Am 21. Juni 1915 wurde die Funkstation jedoch von britische Truppen zerstört. Deshalb wurde unweit von Bukoba, bei dem Ort Kamaschuma, eine Empfangsstation errichtet. Als Antennenträger in Kamaschuma für eine 6/6 Schirmantenne mit je 80 m Antennenleitung und Gegengewichten musste ein 27 m hoher Baum herhalten. Damit waren die Funker in der Lage, Funksendungen aus Muanza aufzunehmen. Im Juni 1916 musste auch die Kriegsempfangsfunkstelle in Kamaschuma aufgegeben werden.

1912 war mit Bauarbeiten zur Errichtung einer Küstenfunkstation in Daressalam begonnen worden. Der Auftraggeber war die Reichspostverwaltung. Die projektierte Senderleistung sollte sichere Funkverbindungen über 1.500 km gestatten. Diese Reichweite war jedoch nur eine Orientierungsgröße, da sie von den konkreten Ausbreitungsbedingungen der elektromagnetischen Wellen, die von der Tages- und Jahreszeit abhängen, wesentlich bestimmt wurden. Für den Schiffsfunkverkehr ging man am Tage von einer Reichweite von 700 bis 1.000 km und in der Nacht von 2.000 km aus. Die Funkstationen in Muanza (über 875 km) und Sansibar (über 100 km), ebenso die geplante Großfunkstation in Tabora waren also erreichbar. Die Telegrammkosten lagen bei 30 Pfennig pro Wort.

Die Bauarbeiten wurden im März 1913 abgeschlossen. Vom 15. bis 20. März erfolgten die Abnahmetests, so dass am 20. März die Inbetriebnahme erfolgte.

Am 1. August 1914 gegen 4 Uhr konnte die 4.000 km entfernte Großfunkstelle Kamina in Togo empfangen werden. Diese stand mit Nauen in Funkverbindung. Das Telegramm mit der Kriegserklärung Großbritanniens an Deutschland ging in Daressalam am 5. August 1914 gegen 5 Uhr ein. Daraufhin funkte Daressalam diese Nachricht an alle Schiffe, darunter der Kleine Kreuzer »Königsberg«. Er befand sich im Golf von Aden in einer Entfernung von etwa 2.500 km.

Nach den Ausfällen der Großsender Kamina und Windhuk wurden die Heeresberichte und Pressemitteilungen aus Nauen aufgenommen.

Am 8. August 1914 beschoss ein britischer Kreuzer über zwei Stunden die Station, es deutete sich die Invasion an. Daraufhin entschied man sich zur Sprengung des Antennenturms, um diesen nicht den Briten zu überlassen. Anfang 1916 gab man den Standort auf.

Die Empfangstechnik nahm man an anderen Standorten wieder in Betrieb. Systematisch und gezielt wurden feindliche Funkstationen abgehört. Das traf auch für andere Stationen zu, die nun alle militärisch genutzt wur-

Bau- und Betriebspersonal der Küstenfunkstation Darressalam nach den bestandenen Tests im März 1913. Rechts die Gesamtansicht der Station mit Gittermast und Gebäuden

Sichtbare Schäden schon bei Kriegsbeginn. Oben der am 8. August 1914 gesprengte Antennenturm der Funkstation in Daressalam, darunter der Dampfer der Deutschen Reichspost »König« an der Hafeneinfahrt von Daressalam. Unten der an der Mündung des Rufiji von den Briten am 11. Juli 1915 schwer beschädigte und von der Besatzung versenkte Kreuzer »Königsberg«

den. Vom Kreuzer »Königsberg« baute man noch im Februar 1915 eine Verstärkerröhre in die Empfangseinrichtung ein und erzielte damit bessere Empfangsergebnisse. Dieser wurde an der Mündung des Rufidji versenkt.

Das Militär baute seine Funklinien verstärkt aus. Waren es im November 1914 noch 600 km, so entstanden bis Ende 1915 insgesamt 3.000 km Funkbrücken.

Zu den im Landesinneren errichteten Funkstationen gehörten Umbulu als Abhörstation, Kamaschuma (nach der Zerstörung Bukobas) als Abhörstation, Kigoma als Sende- und Empfangsstation (bis zum 22. Juli 1915), Tabora als Sende- und Empfangsstation. Sie war ursprünglich die Funkstation des Reichspostdampfers »König«, tauchte später noch an acht verschiedenen Standorten in Tansania auf und sendete von Dezember 1917 bis Oktober 1918 aus Portugiesisch-Ostafrika (Mosambik).

Von Mitte 1916 bis 1917 waren die deutschen Funkstationen an verschiedenen Standorten über längere Zeit aktiv. So in Utete, Njakisuki am Fluss Rufiji, Luwegu, Mahenge, Kahamba, Dapate.

Im März 1916 brachte das Hilfsschiff »Marie« Lautverstärker für die Empfangstellen. Mit diesen gelang es hin und wieder, Funksprüche aus Nauen zu empfangen. Ende 1916 eroberte eine deutsche Einheit eine defekte portugiesische Funkstation und reparierte diese. Sie war von Februar bis November 1917 in Betrieb.

Die letzte Schützenkompanie der Kolonialtruppe unter Paul von Lettow-Vorbeck (1870-1964), General der Infanterie sowie Kommandeur der Schutztruppe für Deutsch-Ostafrika, hielt sich noch jahrelang im Land auf. Deutsche und Briten mieden direkte Gefechte und versuchten, einander den Nachschub abzuschneiden. So wurden umkämpfte Gebiete verwüstet, arbeitsfähige Männer und Lebensmittel weggenommen. Viele starben so an Hunger und Krankheiten. Die Rekrutierung von Trägern für Nachschub und Materialtransport im wegarmen Land durch alle kriegführenden Seiten kostete nach sachkundigen Schätzungen mindestens 100.000 Trägern das Leben

Am 18. November 1918 erfuhren die letzten kämpfenden Einheiten beider Seiten von der Waffenruhe in Europa. Man vereinbarte mit den Briten den gemeinsamen Abmarsch nach Abercorn südlich des Tanganjika-Sees, wo Lettow-Vorbeck am 25. November 1918 offiziell die Waffen niederlegte.

11.3 Funktechnik in den asiatischen Kolonien

11.3.1 Yap

Die Landnahme im fernen Pazifik durch das Deutsche Reich erfolgte zur gleichen Zeit wie in Afrika. Sie war ökonomisch unsinnig und erfolgte einzig aus imperialen Interessen, die global demonstriert wurden. Auf den kleinen Inseln gab es weder Rohstoffe noch Plantagen, und das Prestige, das Berlin damit zu gewinnen hoffte, hielt sich in Grenzen. Als 1885 in der üblichen Weise ein deutsches Kriegsschiff auf Yap die Reichsflagge hisste, reklamierte Spanien »angestammte Rechte« und protestierte. Bismarck bat Papst Leo XIII. um Vermittlung. Der entschied wie erwünscht: Spanien behielt die Landeshoheit, Deutschland bekam das Handelsprivileg zugestanden und das Recht, eine Kohlenstation zu betreiben. Der spanisch-amerikanische Krieg von 1898 veranlasste Spanien, die Inseln Mikronesiens 1899 an das Deutsche Reich zu verkaufen, mit Ausnahme des ebenfalls zu den Marianen gehörenden amerikanischen Guam. Deutschland zahlte für alles 17,25 Millionen Mark.

Die erste Telegrafenanlage auf Yap nahm am 25. November 1909 ihren Betrieb auf. Da die Insel über Seekabel mit Tsingtau auf dem chinesischen Festland verbunden war und von dort Seekabelverbindungen nach Europa führten, konnten Telegramme aus Deutschland empfangen und gesendet werden. Doch die Überlegungen im Deutschen Reich gingen davon aus, dass die Seekabel im Kriegsfall gekappt und abgehört werden konnten.

Die Großfunkstation Tora auf der drei mal 18 km großen Insel Yap im Westpazifik, 1.300 km von Neuguinea und 870 km von Guam entfernt

Deshalb sollte Yap eine Großfunkstation erhalten, die mit Hilfe einer Relaisstation auf Sumatra und der geplanten Großfunkstation in Tabora (Deutsch-Ostafrika) Nachrichten aus Deutschland empfangen und senden konnte. Zur Umsetzung dieser Pläne gründete man die »Deutsche Südseegesellschaft für drahtlose Telegrafie«. Mit Lieferung und Aufbau der Station wurde Telefunken beauftragt. Das geschah im August 1912.

Vorgesehen war zunächst eine Senderreichweite von 600 km am Tag und 2.000 km in der Nacht. Zur Stromerzeugung war ein 60 PS-Rohölmotor mit einer Dynamomaschine gekoppelt. Das Rufzeichen der Station Yap war *kca*. Am 1. Juni 1913 erfolgte die offizielle Inbetriebnahme.

Für den Funkverkehr zwischen den deutschen Kolonien in Asien ergab sich nun eine günstige Konstellation, da die Erreichbarkeit der anderen Inseln auf dem Funkwege wahrscheinlich wurde. Auch auf den Inseln Rabaul, Nauru und Apia waren Großfunkstationen geplant. Mit der nur etwa 500 km von Yap entfernten Insel Angaur war der Funkverkehr gesichert.

Die Karte auf der nächsten Seite zeigt die Lage und die Entfernungen zu den Inseln Rabaul, Nauru und Apia.

Mit der wachsenden Anzahl von Telegrammen verlängerten sich auch die Betriebstunden. Im Juli 1914 war das von 17.00 bis 3.00 Uhr, am 31. Juli 1914 ging man zum 24-Stundenbetrieb über.

Am 1. August 1914 wurde der Kriegszustand über Yap verhängt, das Personal der Funkstation zu Reichsbeamten erklärt und unter Kriegsrecht gestellt. Die Verbindung mit Deutschland bestand nachweislich noch am 5. August 1914.

In den Hafen von Yap lief am 7. August 1914 das deutsche Kriegsschiff »Planet« ein. Um Verteidigungspunkte auf der 56 Quadratkilometer großen Insel festzulegen, nahmen der Kommandant und mehrere Offiziere des Schiffes eine Ortsbesichtigung vor. Am 8. August »organisierten« ein Kapitänleutnant, ein Oberleutnant und 30 Marineangehörige die Verteidigung der Station. Danach legte die »Planet« wieder ab. Am 12. August 1914 kappte die englische Marine die Seekabel nach Tsintau. Um 7.50 Uhr machten im Hafen von Yap der britische Kreuzer »Minotaur« und der Zerstörer »New Castle« fest. Daraufhin setzten die Großfunkstation und die Küstenfunkstation ab 8.15 Uhr auf verschiedenen Wellen das vereinbarte Signal »Überfall« ab.

Auch der Funker der »Minotaur« empfing die Signale und forderte die deutschen Stationen auf, sofort den Funkbetrieb einzustellen. Als das nicht geschah, forderten die Briten 8.50 Uhr das Personal der Funkstationen auf, das Gelände zu verlassen, anderenfalls würde ab 9.00 Uhr der Beschuss erfolgen.

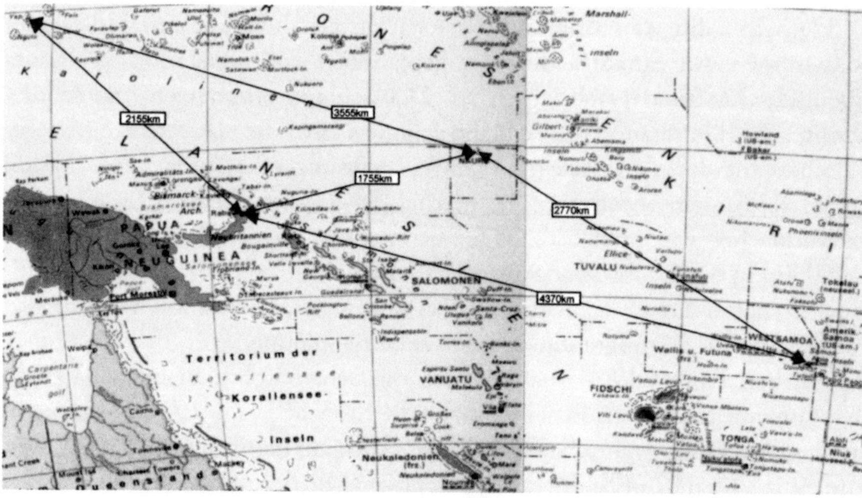

Die Verteilung der deutschen Kolonien in Asien und die Distanzen dazwischen. Links oben Yap, in der Mitte Rabaul auf Papua-Neuguinea, rechts oben Nauru und rechts unten Apia (Westsamoa)

9.00 Uhr wurde ein Warnschuss abgegeben. Der nächsten Schuss um 9.05 Uhr zielte auf den Antennenmast. Die Granate schlug 25 m vor dem Mast ein. Um 9.10 Uhr lag ein Treffer vor der Werkstatt, die Feuer fing. Den Antennenmast traf der englische Kreuzer erst mit dem zehnten Schuss.

Danach entfernten sich die Kriegsschiffe.

Eine Reparatur der Antenne war nicht möglich.

Nach fast zwei Monaten, am 7. Oktober 1914, erschien das japanische Linienschiff »Satsuma« und setzte etwa 150 Soldaten an Land. Ein Kommando übernahm im Namen des japanischen Kaisers die Station. Das deutsche Personal der Station verließ am 2. November 1914 mit dem japanischen Transporter »Kamakura Maru« die Insel Yap. Es wurde nach Nagasaki gebracht und dort interniert.

11.3.2 Rabaul

Mitte 1912 begann der Aufbau der Großfunkstation Rabaul auf Neuguinea. Telefunken errichtete in Bitapaka, bei der Herbertshöhe, im Auftrag der »Deutschen Südseegesellschaft für drahtlose Telegrafie« einen Sender und Gebäude. Die Baumaterialien mussten von der Landungsstelle in Kabakaul mit dem Lastauto nach Bitapaka transportiert werden. Die Arbeiten gestalteten sich schwierig und zogen sich längere Zeit hin. Im Juli 1914 waren das Maschinenhaus bis auf einige Zwischenwände im Empfangsraum, alle Maschinenfundamente und ein Wellblechschuppen für Reservematerialien fertiggestellt. Es stand ein 45 m-Abspannmast und die vier Fundamente für die geplanten 75 m-Antennenmasten waren gegossen.

Im Wellblechschuppen brachte man aprovisorisch einen 5 kW-Sender und einen 8 PS-Benzinmotor unter.

Am 5. August 1914 empfing man gegen 1.00 Uhr Ortszeit einen Funkspruch von der Kolonie Nauru. Er löste große Aufregung unter dem Personal aus: »Krieg mit Serbien, Russland, Frankreich, England.«

Den Funkspruch wiederholte Nauru mehrmals.

Daraufhin formierte sich eine »Schutztruppe« aus den 30 Deutschen auf der Insel und 200 Inselbewohnern. Für die Bewachung der Station wurden fünf Deutsche und 30 Einheimische abgestellt.

Um die volle Senderleistung zu erreichen, verwendeten die Techniker nun den leistungsstärkeren 60 PS-Rohölmotor für den Antrieb der Dynamomaschine. Doch die Versuche, mit Nauru in Funkkontakt zu treten, scheiterten. Daraufhin ersuchte man die Station in Yap um Vermittlung.

Am 12. August 1914 erschien im Hafen von Rabaul ein australisches Geschwader mit sechs Kriegsschiffen. Gegen 17.00 Uhr zog es ohne Beschuss wieder ab. Den Ernst der Situation erkennend wurde im Inselinneren bei Toma eine Buschstation errichtet, die am 10. September 1914 betriebsbereit war. Der 60 PS-Rohölmotor leistete auch dort gute Dienste. Die australischen Kriegsschiffe kehrten am 12. September zurück und setzen 3.000 Soldaten auf der Insel ab.

Transport von Baumaterial auf Rabaul. Links: Albert Hahl (1868-1945), von 1902 bis zum 13. April 1914 Gouverneur von Deutsch-Neuguinea, ein eher liberaler und umsichtiger Mann

Links: Provisorische Wohnhäuser des Montagepersonals in Bitapaka (Rabaul). Rechts: Die bei Kriegsbeginn errichtete Behelfsstation in Toma

Die letzten Funksignale wurden 16.00 Uhr am 12. September 1914 abgesetzt. Danach zerstörte das Personal die Station. Den Australiern gelang die Instandsetzung nicht.

11.3.3 Nauru

Die Insel Nauru, eine Koralleninsel von wenig mehr als zwanzig Quadratkilometern auf der Spitze eines unterirdischen Vulkans, wurde nach einem 1886 zwischen Deutschland und Großbritannien geschlossenen Abkommen über die Einflusssphären im Westpazifik 1888 von Deutschland annektiert, angeblich zum Schutze der deutschen Seefahrer. Nachdem 1900 die riesigen Phosphatvorkommen entdeckt worden waren, beteiligte sich Deutschland am Abbau.

Die am Abbau beteiligte Hamburger Gesellschaft stellte bei den deutschen Behörden 1906 den Antrag zur Errichtung einer Funkstation auf Nauru. Doch die Arbeiten zum Bau der geplanten Großfunkstation begannen erst im Sommer 1912. Der Auftragnehmer war, wie bei den anderen Großfunkstationen auch, Telefunken.

Die Inbetriebnahme des Senders erfolgte am 1. Juni 1913.

Am 9. September 1914 lief der britische Kreuzer »Melbourne« im Hafen von Nauru auf. Ein Landungskommando beschlagnahmte und demontierte die Funktechnik. Was nicht transportfähig war, wurde zerstört.

Am 6. November 1914 besetzte ein britisches Kommando Nauru.

Damit existierte auch diese deutsche Kolonie nicht mehr.

11.3.4 Apia

Nordöstlich der Fidschi-Inseln lagen (und liegen) die Samoainseln, die beiden größten waren (und sind) Savai'i (1.708 Quadratkilometer) und Upolu (1.118). Seit Mitte der 1850er Jahre ließ sich das Hamburger Handelshaus Johann Cesar Godeffroy auf Upolu nieder und dominierte bald den Handel mit Samoa. Das florierende Geschäft mit Kopra, aus dem Palmöl gewonnen wurde, rief – neben Unternehmen aus den USA und Großbritannien – auch andere deutsche Unternehmen auf den Plan. 1878 erhielten die USA einen Hafen auf Ostsamoa zugesprochen, 1879 Deutschland einen auf Westsamoa.

Der kleine Reichspostdampfer »Lübeck« des Norddeutschen Lloyd startete am 7. September 1886 in Sydney erstmals auf der vereinbarten Zweiglinie nach Tonga und Apia. Im Frühjahr 1893 wurde dieser Dienst wieder aufgegeben. Am 14. Juni 1889 fand die Berliner Samoa-Konferenz mit Deutschland, dem Vereinigten Königreich und den Vereinigten Staaten statt, auf der die langjährigen Machtkämpfe durch das Samoa-Abkommen von Berlin (*Berlin Treaty*) zunächst beigelegt wurden. Im Abkommen wurde Samoa als ein formal unabhängiges Königreich unter dem Protektorat der drei Mächte (Three Powers) anerkannt. 1899 einigte man sich nach neuerlichen Auseinandersetzungen auf die Zweiteilung der Inselgruppe, wobei Großbritannien durch andere pazifische Inseln entschädigt wurde.

Am 17. Februar 1900 wurde Ostsamoa US-Territorium, Westsamoa zur deutschen Kolonie (»Schutzgebiet«) Samoa und Wilhelm Solf zum Gouverneur berufen.

Wilhelm Solf (1862-1936), seit 1899 auf Samoa als Präsident des Munizipalrates tätig, wurde 1900 zum Gouverneur der neuen deutschen Kolonie Deutsch-Samoa berufen, was er elf Jahre lang blieb. 1911 übernahm er als Staatssekretär das Reichskolonialamt in Berlin, 1918 wurde er der letzte kaiserliche Außenminister. Von 1920 bis 1928 war er Botschafter in Tokyo, Nach dem Tod Solfs bildete sich um seine Witwe, Hanna Solf, der Solf-Kreis, der dem Widerstand gegen den Nationalsozialismus angehörte.

Die »Deutsche Südseegesellschaft für drahtlose Telegrafie« erteilte Telefunken den Auftrag zur Errichtung einer Großfunkstation. Die Arbeiten begannen Mitte 1912. Dazu baute man eine Feldbahn von 10 km Länge vom Hafen bis zum Stationsplatz mit einer Eigenbau-Lokomotive, die mit dem Benzinmotor eines Steinbrechers betrieben wurde.

Bereits in der Erprobungsphase der Station im Juli 1914 bestand Funkkontakt mit dem deutschen Pazifik-Geschwader unter dem Kommando von Graf Maximilian von Spee. Er wurde auch von der Großfunkstation Apia über die drohende Kriegsgefahr informiert.

Der 1. August 1914 war der Tag der offiziellen Inbetriebnahme. Der Antennenmast hatte eine Höhe von 120 m. Die Antennenenergie wurde mit 35 kW angegeben. Ein 60 PS-Rohölmotor sorgte für die Stromversorgung. Es bestand Funkkontakt mit Nauru und Yap.

Am 5. August 1914 gegen 2.00 h Ortszeit empfing Apia den Funkspruch aus Yap: »Officially: England has declared war to Germany.«

Umgehend wurde ein Horchdienst organisiert. Zur Bewachung der Station wurden 20 Mann abgestellt. Um das Personal und die Bevölkerung zu informieren, richtete man in der Station einen Raum als Zeitungsredaktion ein, die die über Funk empfangenen Nachrichten vervielfältigte. Der Sender in Apia störte englische und französische Küsten- und Seefunkstationen.

Am 29. August 1914 machte ein Geschwader von acht Kriegsschiffen unter neuseeländischer Flagge im Hafen von Apia fest und 1.500 Soldaten

Baufreiheit für die Station Apia. Rechts: Die Telefunkenstation nach ihrer Fertigstellung am 1. August 1914

Flaggenwechsel in Apia und Inselübernahme durch die Briten am 30. August 1914. Damit ist die Kolonie Deutsch-Samoa Geschichte

gingen an Land. Die deutsche Besatzung entschloss sich daraufhin zur Sprengung der Station, ließ aber den Antennenmast stehen.

Am Tag darauf trafen englische Parlamentäre ein und hissten die englische Flagge. Damit endete auch in Apia auf Upoluauf die deutsche Kolonialgeschichte. Die Wiederinbetriebnahme der Station durch die Briten gelang nicht.

11.3.5 Angaur

Die Insel Angaur gehörte wie Yap zur Inselgruppe der Karolinen. Beide Eilande waren »nur« 550 km voneinander entfernt. 1899 wurde die acht Quadratkilometer große Insel Angaur gemeinsam mit den übrigen Palauinseln Bestandteil der Kolonie Deutsch-Neuguinea.

Unter dem Namen Deutsch-Neuguinea fasste das Deutsche Reich 1899 die Kolonialgebiete der deutschen Handelsgesellschaft »Neuguinea-Kompagnie« zusammen. Deutsch-Neuguinea umfasste, abgesehen von Deutsch-Samoa, die Gesamtheit aller im Südpazifik gelegenen deutschen Kolonien. Das waren das Kaiser-Wilhelms-Land auf der Insel Neuguinea, die Inseln im

Bismarck-Archipel mit Neupommern, Neumecklenburg und Neuhannover, die nördlichen Salomon-Inseln, die Karolinen, die Nördlichen Marianen (ohne Guam), Palau, Nauru und die Marshall-Inseln. Die Gesamtfläche Deutsch-Neuguineas betrug etwa 240.000 Quadratkilometer. Bei der einzigen Volkszählung 1912 wurden 478.843 einheimische und 772 deutsche Einwohner gezählt. Die deutsche Kolonialregierung saß in Rabaul (deutsche Bezeichnung bis 1918 Simpsonhafen) in Papua-Neuguinea.

Mit der Inbetriebnahme der Küstenfunkstation in Angaur am 25. November 1909 bestand Funkkontakt zur Insel Yap. Ein 10 PS-Zweizylinder-Benzinmotor trieb eine Gleichstromdynamomaschine an, die 110 bis 150 V bei 50 A erzeugte.

Am 26. September 1914 tauchte der britische Kreuzer »Sidney« vor der Insel auf. Die Marineinfanterie machte die deutsche Funkstation unbrauchbar. Die Antenne blieb jedoch von der Zerstörung verschont. So konnte das Personal eine Ersatzfunkstelle einrichten, die ab dem 2. Oktober 1914 sendete und empfing.

Am 9. Oktober 1914 machte ein japanischer Kreuzer im Hafen fest, der die Ersatzfunkstelle zerstörte. Die wichtigsten Teile waren zuvor demontiert und versteckt worden. Ein weiterer Funkbetrieb kam damit jedoch nicht zustande.

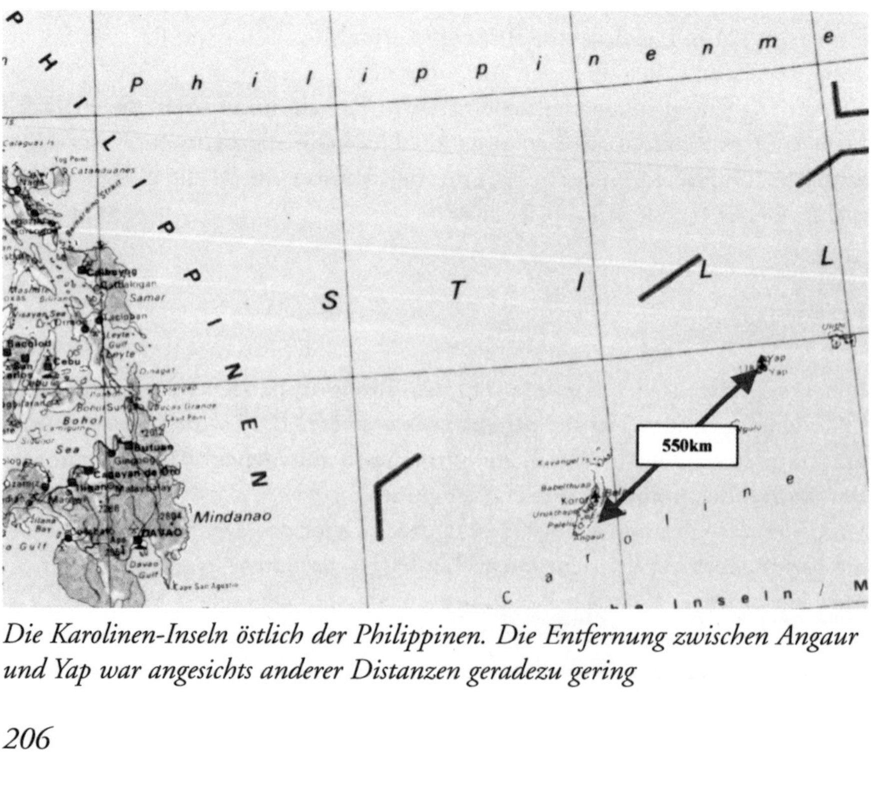

Die Karolinen-Inseln östlich der Philippinen. Die Entfernung zwischen Angaur und Yap war angesichts anderer Distanzen geradezu gering

11.3.6 Tsingtau

Tsingtau (heute Qingdao) im Nordosten Chinas, etwa auf Höhe der koreanischen Halbinsel gelegen, war seit dem ausgehenden 19. Jahrhundert ein deutscher Kolonial-Handelsstützpunkt. Bestrebungen Preußens, im ostasiatischen Raum einen Brückenkopf zu besitzen, lassen sich bis in das Jahr 1859 zurückverfolgen, als dort erstmals ein deutsches Geschwader operierte. Handels- und Marinekreise waren seit der Öffnung Chinas in den Opiumkriegen daran interessiert, dem deutschen Chinahandel den notwendigen militärischen Rückhalt zu verschaffen, ohne den deutsche Kaufleute nur schwer hätten Fuß fassen können.

1896 beschloss die Reichsregierung, den Erwerb eines Stützpunktes aktiv zu betreiben. Ein Übergriff auf deutsche Missionare, bei dem zwei von ihnen getötet wurden, lieferte Berlin den Anlass, ein Kreuzergeschwader der Kaiserlichen Marine unter Konteradmiral Otto von Diederichs zu entsenden und China ein Ultimatum zur Überlassung eines Pachtgebiets zu stellen. Angesichts der militärischen Übermacht gab China nach: Am 6. März 1898 wurde ein Pachtvertrag für 99 Jahre unterzeichnet. Tsingtau war 552 Quadratkilometer groß und zählte 83.000 Einwohner, es wurde zur Hauptstadt des »Deutschen Schutzgebiets Kiautschou« erklärt. Zum ersten Gouverneur von Kiautschou wurde Oskar von Truppel berufen.

Die Küstenfunkstation der deutschen Marine in Tsingtau arbeitete ab 1911. Ihre Reichweite betrug am Tage 990 km und in der Nacht 3.600 km . Ab 1914 erhielt sie das Rufzeichen *kbs*. Zu ihren Aufgaben gehörte das Sen-

Oskar von Truppel (1854-1931), ein Marineoffizier, war von 1901 bis 1911 Gouverneur von Kiautschou. Am 19. August 1911 trat von Truppel überraschend von seinem Posten zurück. Der Admiral kehrte nach Deutschland zurück und unterrichtete fortan wieder an der Marineakademie. Sein Nachfolger wurde Alfred Meyer-Waldeck

Deutsche Kriegsschiffe im Hafen von Tsingtau. Unten: Chinesische Würdenträger beim deutschen Gouverneur von Truppel

Die chinesische Hafenstadt Tsingtau um 1930

Alfred Meyer-Waldeck (1864-1928), letzter Gouverneur des deutschen »Schutzgebietes« Kiautschou (1911-1914). Als am 23. August 1914 die japanische Kriegserklärung an das Deutsche Kaiserreich erfolgt war, telegrafierte er an Kaiser Wilhelm II.: »Einstehe für Pflichterfüllung bis zum Äußersten.« Das sollte später Schule machen. Am 7. November, nach einwöchiger Belagerung durch Briten und Japaner, kapitulierte er. Erst 1920 wurde er aus japanischer Kriegsgefangenschaft entlassen.
Rechts: Die am 31. Oktober 1914 in Brand geschossene deutsche Raffinerie

den von eilbedürftigen Nachrichten, Zeitsignalen, Wetter-Telegrammen und Taifun-Warnungen. Diese Informationen waren nicht nur für die Marine von Interesse, sondern auch für Handelsschiffe, die diese Meldungen mithörten.

Am 27. August 1914 blockierten etwa 78.000 japanische Soldaten von Land und etwa 35 japanische und britische Schiffe von See Tsingtau. Nach verlustreichen Kämpfen kapitulierte Gouverneur Meyer-Waldeck am 7. November 1914.

Das war auch das Ende der Küstenfunkstation.

12. Militär- und Geheimdienstfunktechnik

1866 wurden erstmals Telefongespräche aus europäischen Staaten in die USA in London abgehört. Dort liefen die Überseekabel zusammen.

Die drahtlose Telegrafie eröffnete völlig neue Möglichkeiten der Informationsbeschaffung. Die ersten von Marconi in England gebauten Funkstationen, streng patentiert und rechtlich geschützt, standen für den Nachbau nicht zur Verfügung. Sender und Empfänger sowie die Funker vermietete man und hatte damit auch Zugriff auf die gesendeten und empfangenen Informationen. Das ging so weit, dass es untersagt war, auf Schiffen Funktechnik anderer Hersteller, etwa von Telefunken, zu benutzen. Erst ein langer Rechtsstreit von Schiffseigener beendete das Marconi-Monopol.

So ließ sich Russland einen Teil seiner Kriegsschiffe mit Funktechnik von Telefunken ausrüsten. Das deutsche Unternehmen übernahm Lieferung und Einbau der Technik und schulte russische Marinefunker in der Bedienung der Geräte. Im russisch-japanischen Krieg von 1904 passierte etwas Ungeheuerliches. Kleine Kreuzer der japanischen Flotte lockten die halbe Marine des Zaren aus dem Hafen von Port Arthur und versenkten diese mit Torpedos.

Die russische Marineführung beschuldigte daraufhin Telefunken, dass deren Funktechnik nicht funktioniert habe, wodurch dieses Fiasko eingetreten sei. Telefunken wiederum gab den Marinefunkern die Schuld. Sie seien nicht in der Lage gewesen, die Technik gemäß den Vorschriften zu bedienen.

Diese Erklärung war plausibel: Die Russen hätten die Absichten der japanischen Marine durchaus mitbekommen können, wenn sie deren Funksprüche abgehört und entschlüsselt hätten.

Eine weitere technische Möglichkeit hätte sich durch die Ortung der japanischen Kriegsschiffe und der von dort ausgehenden Fernsteuersignale für die Torpedos ergeben. Doch zu jener Zeit existierten Ortungsgeräte noch nicht. Das änderte sich mit der Entdeckung der Richtwirkung von elektro-magnetischen Wellen durch Prof. Braun im Jahre 1913. Es entstand der erste Mehrwindungspeilrahmen.

Die Entwicklung von Peiltechnik, also Peilempfänger und Peilantennen, setzte sich fort. Dazu gehörten drehbare Rahmenantennen ebenso wie weiter in ihren Abmessungen verkleinerte Empfänger. Ihre Entwicklung sollte die Möglichkeit schaffen, eine leichtbewegliche und in kürzester Zeit zu errichtende Peilanlage zur Verfügung zu haben. Die Anlage bestand aus dem zusammenlegbaren Peilrahmen, dem Hochfrequenzverstärker (vier oder fünf Röhren kaskadiert), der Anodenbatterie, dem Abstimmkondensator für den Peilrahmen, dem Kopfhörer und einem Akkumulator. In einem halbjährlichen Test nahmen Funkstationen aus Entfernungen bis zu 6.000 km Signale auf, die auch mit einem Morseschreiber aufgezeichnet wurden, was für die hohe Empfindlichkeit des Peilrahmens und des Eingangsverstärkers sprach.

Mit dem Beginn des Ersten Weltkriegs führte das Militär im großen Umfang Funktechnik ein. Das besondere Interesse galt den militärischen Funkverbindungen, die mit dem Ziel der Informationsgewinnung systematisch abgehört wurden – bis zur Ermittlung der Standorte feindlicher Funkstationen durch die Richtempfangstrupps, um das Aufmarschgebiet militärischer Formationen festzustellen. Die Heeres-Funkertruppen Ost und West bestanden im August 1916 aus zwei schweren Funkenstationen, einer Funkempfangsstation (Personalstärke 16 Mann), zwei Richtempfangstrupps (Personalstärke 28 Mann) sowie aus einem oder zwei Fliegerstörern.

Die Funkempfangsstationen waren ausschließlich für das Abhören des gegnerischen Funkverkehrs vorgesehen. Eine solche Abhörstation zeigt die Abbildung rechts unten. Bei dem Empfänger handelt es sich um den Pultempfänger Z.E.85 von Telefunken für den Wellenbereich von 200 bis 3.500 m.

Nach dem Weltkrieg wurde das militärische Nachrichtenwesen Deutschlands zwangsläufig völlig neu gegliedert. In den Ausführungsbestimmungen des Reichswehrministeriums von 1920 sollte eine Divisions-Nachrichten-

Die damals kleinste Rahmenpeilanlage von Telefunken, 1913

Abhörstation von Telefunken mit Pultempfänger Z.E.85 in einem Zelt im Einsatz in der Türkei, 1916

abteilung aus zwei Kompanien bestehen. Der jeweils 4. Zug der 2. Kompanie war der »Horchzug«. Eine ähnliche Aufteilung galt für die »Horchzüge« der festen Horchstellen und Festungs-Funkstellen der sieben Wehrbereiche: 1. Division Königsberg, 2. Division Stettin, 3. Division Berlin, 4. Division Dresden, 5. Division Stuttgart, 6. Division Münster, 7. Division München.

1919 bot Telefunken ein Peilgerät an, das auch für den Einsatz im Nahfeld geeignet war. Dabei handelt es sich um den bis 1925 hergestellten ersten Drehrahmenpeiler E.276. Der drehbare Rahmen, verbunden mit einer 360°-Skala, hatte einen Durchmesser von etwa 80 cm. Die drei Hilfsantennen bewirkten ein scharf ausgeprägtes Minimum der Peilung, die der Richtung zu dem gepeilten Sender entsprach. Der Röhrenempfänger hatte einen Wellenbereich von 275 bis 6.000 m. Der Wellenbereich war in vier Teilbereiche unterteilt, für die jeweils ein gesonderter Peilrahmen zur Verfügung stand: 1. Wellenbereich: 275 bis 750 m, 2. Wellenbereich: 550 bis 1.500 m, 3. Wellenbereich: 1.100 bis 3.000 m, 4. Wellenbereich: 2.200 bis 6.000 m.

Die Erprobung des Peilers brachte bei 90 Prozent der gepeilten Funkstationen keine Peilabweichung (also 0° Fehler) bei Senderleistungen von etwa 2 kW und Entfernungen zwischen 200 bis 300 km.

Der Drehrahmenpeiler E.276 von Telefunken. Links: beim Einsatz ohne Hilfsantennen, oben mit vier Peilrahmen und Hilfsantennen. Er wurde bis 1925 produziert

Die Erschließung der Kurzwelle und die Entwicklung der Röhrentechnik zu Beginn der 20er Jahre führten dazu, dass sich die Sender und die Empfänger in ihren Abmessungen im Vergleich mit der Längst- und der Langwellentechnik reduzieren ließen. Das schaffte die Voraussetzung für den nichtlegalen Einsatz der Kurzwellentechnik in Ländern, für die es auf bestimmten Sach- und Fachgebieten bevorzugtes Interesse gab.

Die Geheimdienste erkannten und nutzten sofort die neue Möglichkeit, mit Hilfe der Funktechnik schnell und sicher an Informationen zu gelangen. War das vorher nur auf dem Postweg oder mit Kurieren, unter der Benutzung von Kassibern möglich, so war der Funkweg eine unvergleichlich effektivere Variante. Die so ausgerüsteten Agenten konnten nun ihre Informationen unkontrolliert und unbemerkt – das glaubten jedenfalls ihre Auftraggeber - übermitteln. Der Röhren-Kurzwellenempfänger der Lorenz AG von 1925 stellte ein dafür geeignetes Gerät dar. Auf dem Bild links unten sind die Morsetaste und der Kopfhörer erkennbar.

Die Feststellung solcher Funksendungen hatte man nicht dem Zufall überlassen. Dafür waren die in Frage kommenden zu kontrollierenden Wellenbereiche viel zu groß und die Sendedauer der interessierenden Funksendungen im Verhältnis dazu viel zu kurz. Das Problem der Feststellung der Funksendungen ließ sich nur durch die systematische Überwachung von Frequenzbereichen lösen. So entstanden die ersten mobilen und stationären Horchstellen. Die Aufgaben der Horchstellen bestanden neben der Feststellung der Funk-

Kurzwellensender und -empfänger von Lorenz, um 1925

Horch- und Peilempfänger HE.1, 1937

sendungen darin, den gesendeten Text aufzunehmen und die Standortermittlung des Senders einzuleiten.

Dafür gab es Richtempfangsstationen, welche die Signale peilten. Das Peilergebnis wurde der Horchstelle mitgeteilt, wo es auf eine Karte übertragen wurde. Aus dem sich ergebenden flächigen Schnittwinkelgebiet konnte der Senderstandort ermittelt werden.

Die Horchstellen unterstanden der Abteilung Abwehr im Reichswehrministerium. Die festen Horchstellen in Königsberg, Breslau, Stuttgart, Münster und München waren der Horchleitstelle in Frankfurt/Oder unterstellt, die gleichzeitig für die Wehrkreise Berlin und Stettin zuständig war.

Ab 1933 begann der Aufbau der mobilen Funkaufklärung.

Hierzu zählten auch die Funk-Horchtrupps der Funkkompanien, von denen es zwei motorisierte Funk-Horchtrupps (8 bzw. 16 Mann) und einen motorisierten Funk-Auswertungstrupp (26 Mann) gab. Sie wurden bis zum Beginn des Zweiten Weltkriegs mit Empfängern und Peilern für den Lang-, Mittel- und Kurzwellenbereich ausgerüstet.

Im Jahr 1935 wurden Funk-Horchkompanien gebildet, die den territorial zuständigen Nachrichtenabteilungen jeweils als dritte Kompanie angegliedert wurden. Das waren bei der Divisions-Nachrichtenabteilung 3 in Potsdam die Funk-Horchkompanie 3, bei der Divisions-Nachrichtenabteilung 7 in München die Funk-Horchkompanie 7, bei der Divisions-Nachrichtenabteilung 9 in Hofgeismar die Funk-Horchkompanie 9, bei der Divisions-Nachrichtenabteilung 18 in Liegnitz die Funk-Horchkompanie 18 und bei der Divisions-Nachrichtenabteilung 5 in Stuttgart die Funk-Horchkompanie 5.

In dieser Struktur zogen die mobilen Formationen der Heeres-Funkaufklärung 1939 in den Krieg. Es gab bis dahin zwölf stationäre Funk-Horchstellen und sieben motorisierte Funk-Horchkompanien. Im Laufe des Krieges erhöhte sich deren Anzahl bedeutend.

Ihre technische Ausrüstung begann jedoch bedeutend früher.

Ein als Horch- und Peilempfänger, mit der entsprechenden Zusatz-Kreuzrahmenantenne zu verwendendes Gerät für den Längst-, Mittel- und den unteren Kurzwellenbereich, war der HE.1 von 1937, wie er auf der vorangehenden Seite abgebildet ist.

Weiterhin hatte man Peiltechnik für den stationären, halbstationären, mobilen und manuellen Einsatz entwickelt. Diese Peiler wurden im militärischen Bereich, aber auch zur Funkfahndung illegaler Sender eingesetzt.

Der Peiler war unter verschiedenen Bedingungen im Einsatz. So hatte man ihn in einen Anhänger eingebaut, der die Bezeichnung »fahrbare Peilanlage 105 N« trug. Deklariert war er für die Bearbeitung von Sonderaufgaben, die sich

Horchempfänger der Heeres-Funkaufklärung für den KW-Bereich.
Rechts: Peilstation 111 von Telefunken

Links: Fahrbare Peilanlage 105 N. installiert in einem Wagen und für Observationen über längere Zeiträume eingesetzt

über längere Zeiträume erstreckten. Die Peiler »HE u1« der Firma Kapsch und »P 57 N« von Telefunken (Frequenzbereich 3 bis 20 MHz) waren Nahfeldpeiler, wie sie bei Funkfahndungen nach illegalen Sendern eingesetzt wurden.

So war der »P 57 N« als Peiler für »wissenschaftliche Unternehmungen und zum Auffinden von Kurzwellensendern« in Entfernungen zum Sender von 25 km ausgewiesen. Das entsprach etwa der Bodenwelle im angegebenen Frequenzbereich. Der absolute Peilfehler soll 1,5° betragen haben. Der Betrieb war im Freien oder in Spezialfahrzeugen mit Aufbauten aus Holz möglich.

Um Senderstandorte letztlich eindeutig zu bestimmen, bedurfte es der Nächstfeld-Peiltechnik. Dazu verwendete man Gürtelpeiler, also solche, die

Links: Peiler HE u1, rechts: Tornister-Funkgerät auf dem Marsch in Betrieb

direkt am Mann zu tragen waren. So konnten die Funksignale der zu fahndenden Funkstation in der Bewegung immer wieder gepeilt werden, bis deren Standort erreicht war. Einen Gürtelpeiler der Firma Kapsch zeigt untenstehende Abbildung. Für die Anzeige der Signalfeldstärke war ein Messgerät vorhanden. Die Peilantenne befand sich getarnt am Körper des Funkfahnders. Der Peiler hatte einen Frequenzbereich von 3 bis 20 MHz, aufgeteilt in 10 Steckmodule. Die Stromversorgung sicherten sieben Batterien. Den Gürtelpeiler setzte die Nazi-Abwehr in allen okkupierten Gebieten und in Deutschland ein.

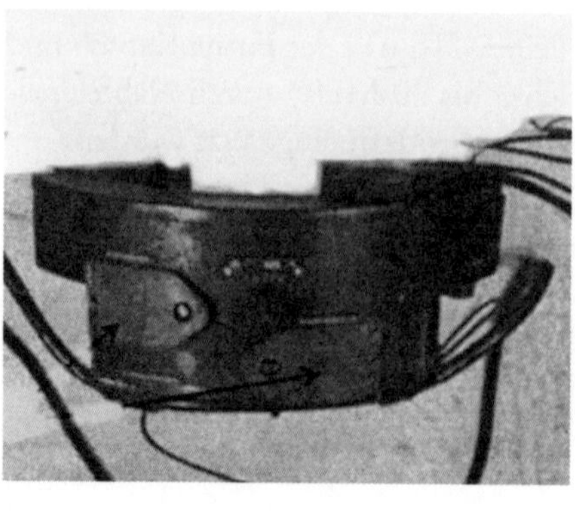

Gürtelpeiler der Firma Kapsch, der von den Nazis in den besetzten Ländern und in Deutschland zum Aufspüren illegaler Sender eingesetzt wurde

Die Funktrupps der Nachrichtenabteilungen erhielten im Laufe der 30er Jahre neue Geräte, etwa Sender mit 5, 20 und 200 W Ausgangsleistung. Dazu zählte auch ein Tornister-Funkgerät für den militärischen und den Einsatz im Hinterland.

Die Industrie entwickelte und produzierte diese Spezialtechnik für die Abwehr, den Geheimen Funkmeldedienst des Oberkommandos der Wehrmacht (OKW), hinter dem sich die Wehrmacht, die Marine und die Luftwaffe verbargen. Die Funktechnik zur Feststellung und Standortbestimmung illegaler Funkstationen war qualitativ und quantitativ vorhanden. Sie wurde gegen operierende Partisaneneinheiten und Widerstandskämpfer in den okkupierten Gebieten und in Deutschland eingesetzt. Eines der bekanntesten Beispiele dafür ist die Widerstandsorganisation Rote Kapelle, deren Funkverkehr mit der Zentrale abgehört wurde. Die Fahndungsmaßnahmen der faschistischen Abwehr führten schließlich zur Festnahme und Hinrichtung von Widerstandskämpfern.

Die Abwehr verfügte auch über ein großes Arsenal von speziell entwickelter Funktechnik für ihre im Ausland eingesetzten Agenten. Diese war kompakt aufgebaut und hatte typischerweise Senderleistungen von 20 Watt. Es waren durchgängig mit Röhren ausgeführte Geräte. Dazu gehörten auch die nachfolgend abgebildeten und beschriebenen Agenten-Funkgeräte.

Der Empfänger R3 (links unten) von Telefunken hatte einen Frequenzbereich von 3 bis 6,5 MHz, der für in Großbritannien eingesetzte Geräte auf 9 MHz erweitert war. Bei dem Sender RS20M betrug die maximale Sendefrequenz 14 MHz. Die Sendefrequenz erzeugte ein aufsteckbarer Quarz. Die Spannungsquelle konnte 6, 12 oder 24 V betragen, was einen Anschluss an Autobatterien erlaubte. Das Zubehör befand sich in einem Transportkoffer, in dem sich auch die Sendequarze befanden. Die offizielle Bezeichnung der Abwehr lautete »Kleinabwehrstelle für Abwehrkommandos (beweglich)«.

Der 14 W-Sender SE85/14 von 1938 verfügte über zwei und der Geradeausempfänger über drei Röhren.

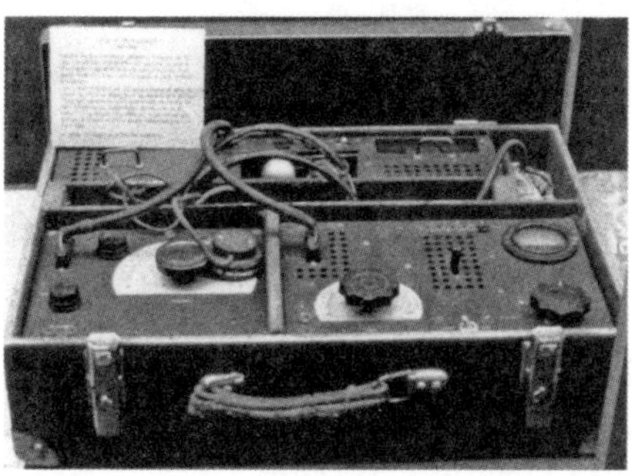

Empfänger R3 (links) und RS20M, 1938. Rechts: deutscher Agentensender und -empfänger SE90/40, 1940/41

Im umseitig abgebildeten Kofferfunkgerät SE90/40 befand sich links der Empfänger, rechts der 40 W-Sender und im hinteren Teil das Netzgerät. Die Abwehr Hitlerdeutschlands setzte das Gerät SE90/40 im gesamten europäischen Raum ein.

Das SE92/3, seit 1940 ebenfalls vom OKW eingesetzt, war ein 3 W-Funkgerät zur Überbrückung geringer Entfernungen, um der Funkabwehr der Gegenseite zu entgehen. Deutsche Soldaten nutzten es in Westeuropa und der Sowjetunion. Bei einem täglichen Betrieb von 15 Minuten sollten die Batterien angeblich ein Jahr den Funkverkehr garantieren.

Bei dem SE98/3 soll es sich um das am meisten von der Abwehr eingesetzte Gerät handeln.

Das sehr kompakte 10 W-Gerät SE99/10 bestand aus dem Sender, dem Empfänger und dem Netzteil und hatte die Größe einer Zigarrenkiste. Es verdeutlicht das Bestreben nach der Verkleinerung der Agententechnik.

Das SE108/10 sah im geschlossenen Zustand aus wie eine Pralinenschachtel. Sie enthielt den Empfänger, das Netzteil und einen 10 W-Sender.

Der seit 1943 eingesetzte SE108/3 war ein kleiner Batterie-Sender/-Empfänger mit drei Watt Sendeleistung und für den Nahbereich ausgelegt.

Alle aufgeführten Beispiele der Agenten-Funktechnik waren charakterisiert durch geringe Abmessungen, einfache Bedienung, schnelle Entfaltung, hohe Zuverlässigkeit und große Reichweiten. Darauf orientierten sich die Entwickler dieser Technik seit den Anfängen der drahtlosen Nachrichtenübertragung. Dieser Trend wurde seit Beginn der 30er Jahre intensiviert. Während des Krieges waren diese Elemente von besonderer Bedeutung. Mit Hilfe der Funktechnik wurden Informationen in kurzer Zeit an die Entscheidungsstellen übermittelt.

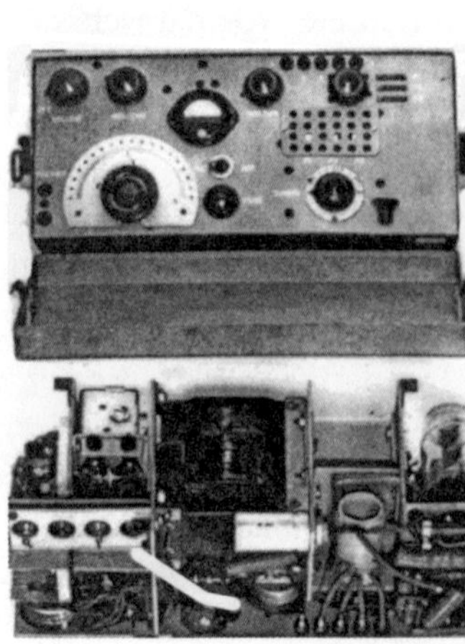

SE98/3 mit Morsetaste und Kopfhörer, das seit 1939 am meisten vom OKW genutzte Gerät (oben). Rechts das kompakte 10 W-Gerät SE99/10, das seit 1943 zum Einsatz kam

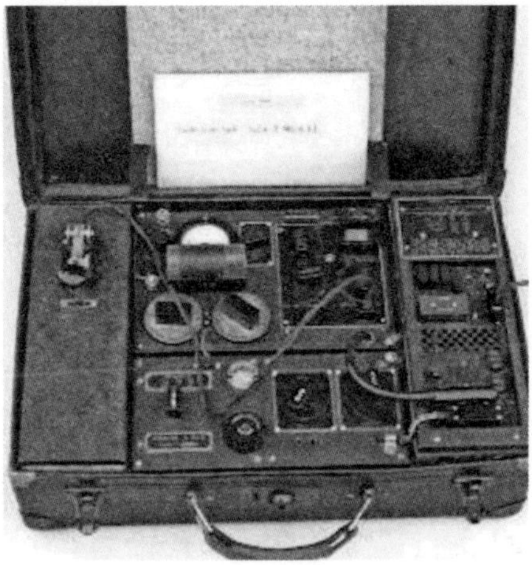

Britische Agentensender.
Oben der 1941 entwickelte Transmitter Mk. VII, rechts der MK.II im Koffer mit einer Senderleistung von 16 bis 20 Watt

In jener Zeit entstanden auch Funkgeräte in den Staaten der Antihitlerkoalition, die zumeist in kleinen Handkoffern untergebracht waren und kleinere Empfänger besaßen. Die Informationen setzte man chiffriert im Morsekode ab. Der Funkverkehr mit der Zentrale dauerte meistens 30 Minuten und länger.

1940 wurde in Großbritannien die »Special Operations Executive« (SOE) gebildet. Sie sollte in den von Deutschland besetzten Ländern Widerstandsgruppen bei ihren Aktionen gegen die Besatzer unterstützen.

John Brown, ein britischer Funkoffizier in der Forschungsabteilung der SOE, erhielt 1941 den Auftrag zur Entwicklung von Agentenfunkgeräten. So entstanden verschiedene Typen vom Transceiver bis zu sehr kleinen Agentenempfängern.

Vom Transceiver A Mk.II mit Netzteil wurden etwa 1000 Exemplare produziert. Damit rüstete der SOE insbesondere seine Agenten in Dänemark aus. Der Frequenzbereich umfasste 3 bis 4,5 MHz und 6 bis 9 MHz in zwei Bändern. Das Gesamtgewicht betrug 10 kg.

Der »Secret Intelligence Service« (SIS), der älteste Geheimdienst Großbritanniens, auch »Military Intelligence Section 6« (MI6), rüstete seine Agenten in Deutschland, Frankreich, Norwegen und den Niederlanden vorwiegend mit dem seit 1940 produzierten MK16 aus. Der Empfänger besaß drei Röhren und deckte einen durchgehenden Frequenzbereich von 3 bis 13 MHz ab und wog 14,5 kg. Die ersten sechs Geräte setzten die Briten in einer Operation am 4. März 1941 ein.

Den Transceiver A Mk.III produzierte Marconi Ende 1942/43 für den britischen Dienst. Er diente den in Dänemark operierenden SOE-Agenten als

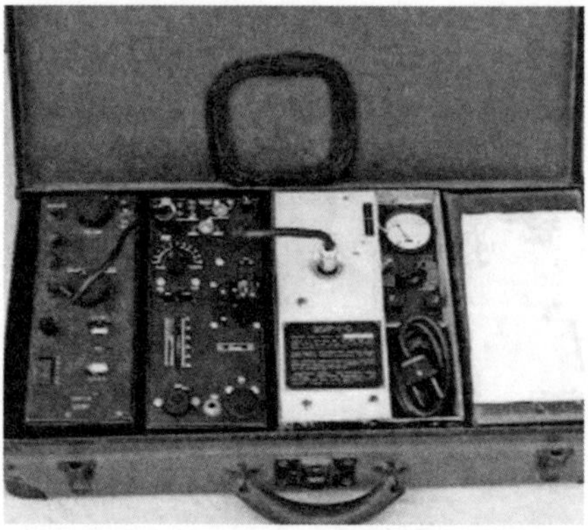

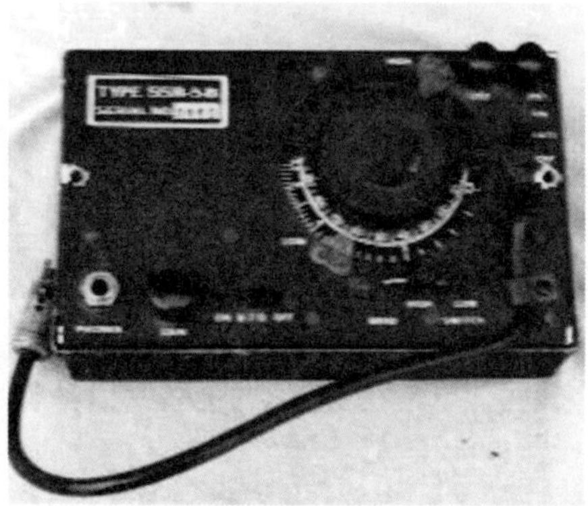

Die USA entwickelten für ihren Geheimdienst OSS verschiedene kompakte Agentensender, darunter 1942 den SSTR-1 (links), ein Transceiver. Gegen Kriegsende entstand der SSR-5-B (r.), ein batteriebetrieber Receiver, der ab Juli 1945 hergestellt wurde – nach der Kapitulation Hitlerdeutschlands

Reservegerät. Der Frequenzbereich war in zwei Bänder unterteilt: 3,2 bis 5,2 MHz und 5,0 bis 9,0 MHz.

Der Receiver MCR-1 (Miniature Communication Receiver) aus dem Jahr 1943 war ein spezieller Agentenempfänger. Das sogenannte Keksdosen-Radio setzte der SOE in allen von Deutschland okkupierten Gebieten in großen Stückzahlen ein.

1944/45 bauten die Briten für den SIS den M 51/3, einen Transmitterfür den Frequenzbereich 3 bis 10,5 MHz und drei bis vier Watt Senderleistung. Der quarzgesteuerte Sender war zur Überbrückung geringer Entfernungen geeignet und konnte mit einer Batterie oder vom Netz betrieben werden.

Polnische Ingenieure im englischen Exil entwickelten und produzierten ab 1945 in Stanmore den Transceiver BP-5 für den SIS. Der Frequenzbereich von 2 bis 8 MHz war in zwei Bänder unterteilt.

In den USA wurde im Juni 1942 das »Office of Strategie Services« (OSS) mit dem Ziel gegründet, antifaschistische Widerstandsorganisation in den von Nazideutschland besetzten Gebieten zu unterstützen und selbst Geheimdienstaktionen zu realisieren. Die ersten Agenten des OSS wurden mit dem Funkgerät SSTR-1 ausgerüstet, das von Major Henry Shore für den OSS entwickelt worden war. Das komplette Gerät befand sich in einem Handkoffer. (Abbildung links oben).

Ab Juli 1945 wurde der Batterie-Empfänger SSR-5-B für den OSS hergestellt. Da war der Krieg bereits beendet, und die Frage stellte sich: Wofür wurde solche Agententechnik noch benötigt?

Bruchlos setzte sich die Entwicklung fort. Die CIA rüstete im beginnden Kalten Krieg ihre Agenten jenseits des »Eisernen Vorhangs« und Geheimdienstgruppierungen (»Stay Behind«) in Westeuropa seit 1950 mit dem Transceiver RS-1 aus. Die Sendeleistung betrug 10 bis 15 Watt

Bekanntlich zerbrach die Antihitlerkoalition, noch bevor im August 1945 die Großen Drei in Potsdam zusammenkamen und über die europäische Nachkriegsordnung diskutierten. Die Sowjetunion betrachtete das geschlossene Abkommen als verbindlich, die Westmächte hingegen nicht. Churchill befand, das man »das falsche Schwein« geschlachtet habe und wollte am liebsten gleich gegen die Sowjetunion marschieren. Die im Frühsommer in Großbritannien erarbeiteten Pläne wurden aber fallengelassen. Die Völker waren kriegsmüde und das Ansehen der Roten Armee, die die Hauptlast bei der Befreiung des Kontinents vom Faschismus geleistet hatte, zu groß, dass ein Waffengang gegen die UdSSR 1945/46 nicht glaubhaft hätte vermittelt werden können.

Aber wenn es schon zu keinem heißen Krieg gegen den Kommunismus kommen konnte, so sollte er denn mit einem kalten zunächst eingedämmt (»containment«), später zurückgerollt (»roll back«) werden.

Wesentliches Element dieses Kalten Krieges gegen die Sowjetunion und deren Verbündete, dem nachmaligen Warschauer Vertrag (»Ostblock«), waren die Geheimdienste. Sie sollten umfassende Informationen über die Entwicklung in Osteuropa auf allen strategischen Feldern, insbesondere auf militärischem Gebiet, beibringen. Die Ausspähung und Übermittlung von Daten erfolgte auch mit funkelektronischen Mitteln.

Ab etwa 1958 stellten die Geheimdienste die Übertragung von Funksprüchen um. Statt der Morsetaste verwendeten sie schrittweise Schnellgeber, oder, wie es in ihrem Sprachgebrauch hieß, Kurzspruchgeräte (KSG). Die mechanisch aufgebauten KSG ersetzte man mit der fortschreitenden Entwicklung der Halbleitertechnik durch elektronische KSG.

Die Agenten-Transceiver und KSG setzten jedoch nicht mehr nur die Geheimdienste ein. Er kam ab Anfang der 60er Jahre massenhaft auch in den militärischen Fernspähkräften der NATO (Special Forces), einschließlich der sechs Fernspäheinheiten der Bundeswehr, gegen die Staaten des Warschauer Paktes zum Einsatz. Die Senderleistung der für den HF-Bereich entwickelten Transceiver lag in der Regel zwischen 10 und 20 Watt. Die Bezeichnungen unterschieden sich für die gleichen Geräte danach, ob sie geheimdienstlich oder ob sie militärisch eingesetzt wurden.

Eine Auswahl von Agenten-Funkgeräten, mit denen westliche Geheimdienste auch Spione in der DDR ausrüsteten, sowie militärisch genutzte Funkgeräte, sollen die Entwicklungstrends auf diesem speziellen Gebiet belegen.

Die 1947 gebildete CIA (»Central Intelligence Agency«) diente der Auslandsaufklärung der USA, war aber zugleich auch ein Instrument im aktiven Kampf gegen »den Kommunismus« und alle nationalen Bestrebungen, sich von der Bevormundung durch die früheren Kolonialmächte und anderer imperialistischer Staaten zu befreien. Es gab in der zweiten Hälfte des 20. Jahrhunderts keine Schweinerei, wie es in informierten Kreisen hieß, an der nicht die CIA und ihre Agenten aktiv beteiligt gewesen sind. Das Repertoire reichte von der Ausspähung und Unterwanderung von Organisationen bis hin zur Vorbereitung von Staatsstreichen und Militärputschen in aller Welt.

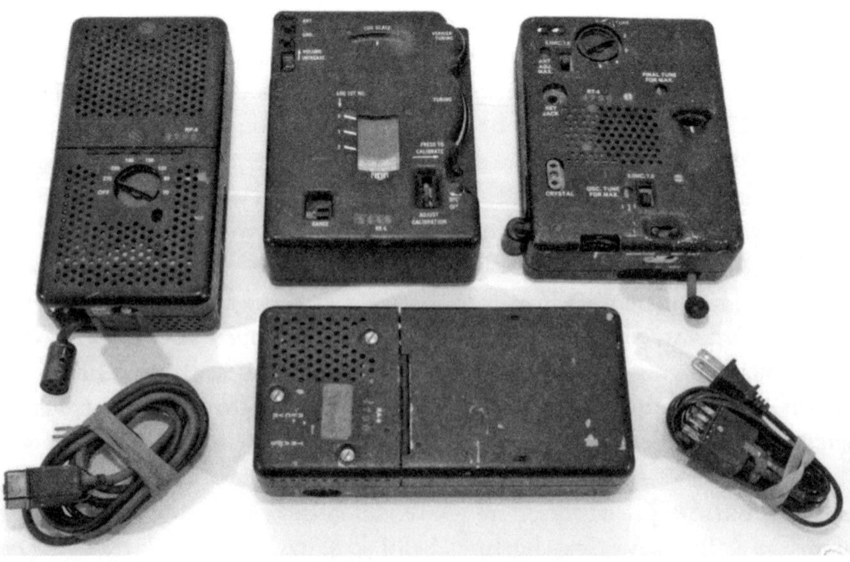

Der von der CIA seit 1951 weltweit eingesetzte Transceiver RS-6.
Er wurde auch von den in der DDR operierenden US-Agenten benutzt

Die CIA setzte den Transceiver RS-1 weltweit ein, so in Südost-Asien und Osteuropa, darunter auch in der DDR, sowie in Lateinamerika ein. Er wurde bis 1964 produziert. Etwa 1961 komplettierte die US-Army den Transceiver mit dem Schnellgeber AN/GRA-71 und gab ihm die Bezeichnung T784/AN/GRC-109. Die CIA-Bezeichnung in dieser Konfiguration lautete RT/D-3.

Das Nachfolgemodell, der Transceiver RS-6, war eines der am häufigsten von der CIA weltweit eingesetzten Agentengeräte und kam auch in der DDR zum Einsatz, wie die Abwehr des MfS feststellte.

Dass die USA und ihre Nachrichtendienste in ihrem antikommunistischen Feldzug gegen die Sowjetunion nicht auf die Erfahrungen verzichten wollten, die die Geheimdienste des Nazireiches im Krieg gegen den Bolschewismus gesammelt hatten, versteht sich von selbst. Unter der Codebezeichnung »Operation Rusty« begann man schon bald Personal zu sammeln und zu sichten, das sich in den Westzonen zu einem Geheimdienst zusammenschließen ließ. Schlüsselfigur war der ehemalige Wehrmachtgeneral Reinhard Gehlen (1902-1979), der im deutschen Generalstab die Abteilung »Fremde Heere Ost«, also die Geheimdienstorganisation des OKW im Kampf gegen die Sowjetunion, geleitet hatte.

Die nach Gehlen benannte Organisation – aus der Mitte der 50er Jahre der Bundesnachrichtendienst (BND) hervorgehen sollte – bekam nicht nur den Segen sondern auch Geld von den USA. Am 6. Dezember 1947 (Codename Nikolaus) zog sie in die ehemaligen Rudolf Heß-Reichssiedlung in der Heilmannstraße in Pullach ein. Am 1. Juli 1949 übernahm die CIA die Organisation Gehlen, die damit eine Doppelfunktion hatte: Sie diente gleichzeitig der USA und der BRD. Die OG war ähnlich aufgebaut wie ihr Vorläufer Fremde Heere Ost: Leitung durch Gehlen, Gerhard Wessel wurde für die Auswertung und Hermann Baun für den Aufbau eines Agentennetzes verantwortlich gemacht. Dabei setzte man auch ihre in der Nazizeit bewährten Methoden ein: Kriegsgefangene, ehemalige Zwangsarbeiter und Flüchtlinge wurden in Auffanglagern systematisch ausgefragt, einige zum Spionieren in den Osten geschickt und/oder dort konspirativ Agenten und Kollaborateure angeworben. Darauf reagierte man im Osten mit dem Aufbau von Staatssicherheitsorganen, die sich mit den gleichen konspirativen Mitteln und Methoden zur Wehr setzten.

Im November 1948 hatte die CIA einen Kontrolleur nach Pullach geschickt, der eine Bestandsaufnahme vornahm. Im Ergebnis legte er einen Bericht vor. RUSTY gliederte sich in Informationsbeschaffung, also die Spionage, Auswertung und Verdichtung der Materialien, Berichterstellung, Presseauswertung, taktische Funkaufklärung, die Geheimschriftanalyse, Nachrichten, Abdeckung und Dokumentation und in die operative und interne Sicherheit. Die Air Force zeigte besonderes Interesse an Informationen von RUSTY beim Abhören, der Peilung und der Decodierung des Funkverkehrs der sowjetischen Luftstreitkräfte.

In Pullach verfügte man, drei Jahre nach dem Ende des Weltkriegs, über einen detaillierten Notfallplan für den Kriegsfall. Er sah u. a. die Evakuierung der Zentrale nach Spanien und die Informationslinien aus West- und Ostdeutschland über Funk vor.

Für RUSTY, das heißt die Organisation Gehlen, waren rund 600 Agenten in Ostdeutschland aktiv. Schwerpunkt bildete die Schaffung von Funkverbindungen bei strategisch kritischen Punkten auch in Polen, der CSR und der westlichen Sowjetunion.

Zu RUSTY gehörten etwa 4.000 Mitarbeiter.

Die enge Verbindung zwischen dem wiedererstandenen deutschen Geheimdienst und der CIA bewies endgültig der Einzug eines CIA-Stabs in das »Bormann-Haus« auf dem RUSTY-Gelände in Pullach am 1. Juli 1949.

Die Organisation RUSTY hatte sich nun als Organisation Gehlen etabliert. Intensiv vervollständigte sie den Personalbestand und deren technische Ausrüstungen und Qualifikationen. Dazu gehörte die Schaffung eines Netzes mit Schweigefunkern. Es bestand hauptsächlich aus ehemaligen Wehrmachtfunkern, die mit Kurzwellensendern und mit Empfangskonvertern ausgerüstet und daran geschult wurden. Zur Ausbildung gehörte weiterhin die Abwicklung des Funkverkehrs mit der Zentrale, der Umgang mit dem Zeit-Frequenz-Plan und mit den Chiffreunterlagen. Die Schweigefunker sollten im Spannungsfall für die Übermittlung der Spionagemeldungen sorgen. Die Funkausrüstung war in Verstecken untergebracht.

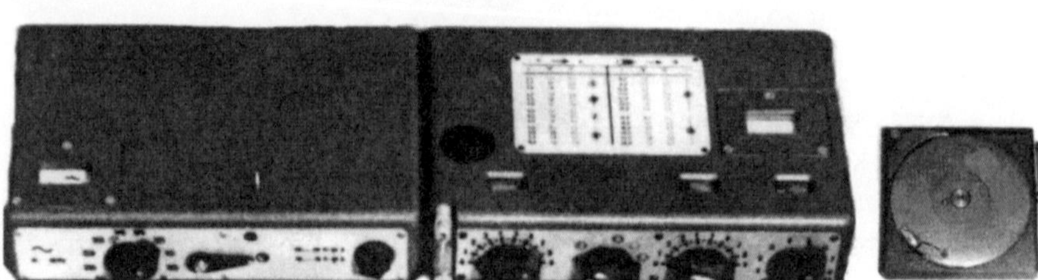

Seit Ende der 50er Jahre gehörte der SP-15 (»Sender Pfitzner«) zur Standardausrüstung der Funkagenten des BND. In der DDR waren aktive und Schweigefunker damit ausgerüstet. Links Netzteil, der Sender, der Geber

Zur Standardausrüstung der Funkagenten des BND gehörte ab Ende der 50er Jahre der HF-Sender »SP-15« (Sender Pfitzner – 15 Watt) in unterschiedlichen Konfigurationen. In der DDR waren die aktiven und die Schweigefunker mit dem Sender und einen Schnellgeber ausgerüstet. Die Funksprüche setzte der Agent nach einem Zeit-Frequenzplan ab und empfing seine Informationen von der BND-Zentrale in München nach dem gleichen Prinzip mit einem Empfangskonverter oder einem handelüblichen Radio, dessen Kurzwellenbereich den Empfang von A3A-Signalen auf der Frequenz 3.370 kHz zuließ.

Ende der 70er Jahre erhielten die Agenten den miniaturisierten Empfänger FE-10. Die Zentrale sendete die Kennnummer des Agenten, wenn für ihn Informationen vorlagen. War das der Fall, dann hatte der Agent mehrmals in der Woche zu unterschiedlichen Zeiten die Möglichkeit, den Funkspruch in Form von gesprochenen 5er Zifferngruppen aufzunehmen.

Die Sendetechnik bestand aus dem Sender, dem Netzteil , der Antenne (oft als Wäscheleine getarnt) und dem mechanischen Geber.

Die Firma Heinrich Pfitzner in Frankfurt am Main hatte den Sender im Auftrag des BND unter der Bezeichnung BN-22 entwickelt. Für die schaltungstechnische Realisierung setzte man die Röhren EL81 und EL95 sowie für die Signaltastung den Transistor DC450 ein. Die Frequenzerzeugung übernahmen extern zu wechselnde Quarze. Je nach der Quarzfrequenz war der Gesamtfrequenzbereich von 2,5 bis 24 MHz in einen der sechs Teilbereiche zu schalten. Zur Vereinfachung der Bedienung des Sender waren die Teilbereiche farbig gekennzeichnet. Die Senderleistung war umschaltbar für 10 oder 20 Watt. Das Netzteil war für den Betrieb mit Wechselspannungen zwischen 105 und 235 V ausgelegt. Die Betriebsspannung betrug 12 Volt.

Der BND bezeichnete den Sender als FSS 7.

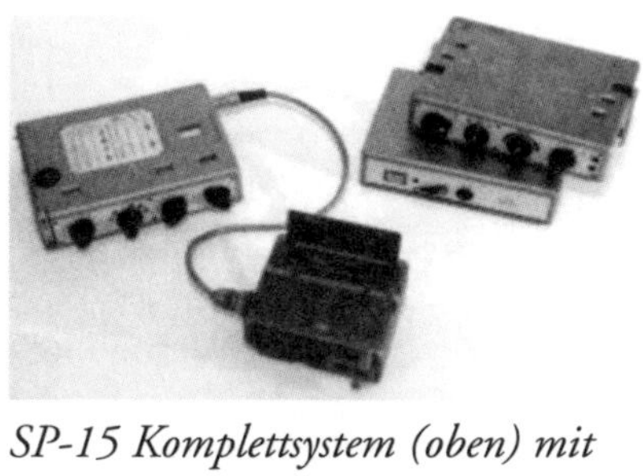

SP-15 Komplettsystem (oben) mit Schnellgeber RT-3. Links der SP-15 verpackt in einer Transporttasche für »Fernspäher« der Bundeswehr

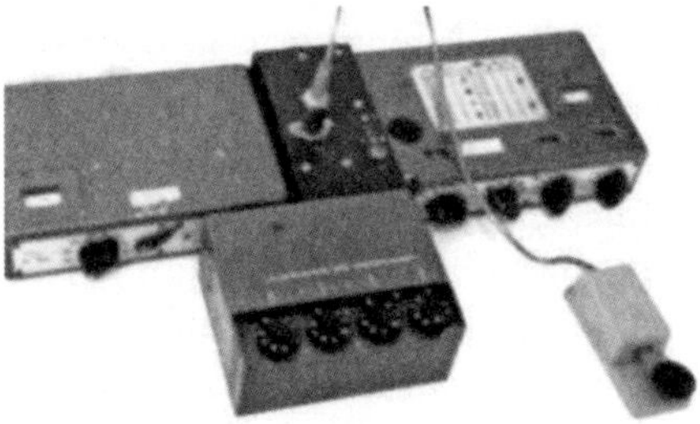

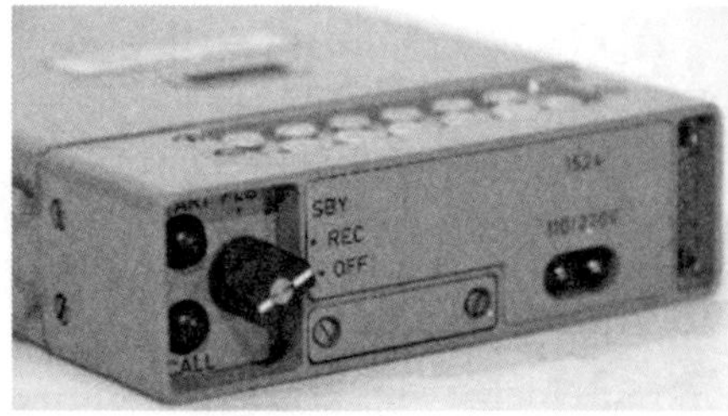

Komplettsystem FSS 7 mit Synthesizer-Adapter, Synthesizer und Morsetaste (l.). Rechts: Schnellgeber für Gladio (»stay behind«), niederländisches Fabrikat

Parallel zur Senderentwicklung bei der Fa. Pfitzner erhielt die Fa. Wandel & Goltermann den Auftrag zur Entwicklung eines Empfängers. Unter der Bezeichnung BN-58 entstand der später als FE8 (BND-Bezeichung) geführte Empfänger für den Frequenzbereich von ebenfalls 2,5 bis 24 MHz.

Das Komplettsystem für die Fernspäher der Bundeswehr der BRD enthielt außer dem Sender und Empfänger noch einen elektro-mechanischen Schnellgeber für 25 Ziffern mit der Bezeichnung RT-3 (Rapid Transmitter). Die Sendegeschwindigkeit des RT-3 betrug 250 Wörter pro Minute. Der Sender erlaubte eine maximale Geschwindigkeit von 800 Baud. Die Stromversorgung des SP-15 konnte auch mit 10 NiCd-Batterien 1,2 V/10 Ah gesichert werden.

Die Niederlande rüsteten in den 60er Jahren ihre Überrollagenten, also *stay-behind* (Gladio) – im NATO-Staat Holland als »Operatien en Inlichtingen« (O&I) bezeichnet –, mit dem SP-15 aus. In den 70er Jahren kam eine technisch verbesserte Version des Komplettsystems zum Einsatz.

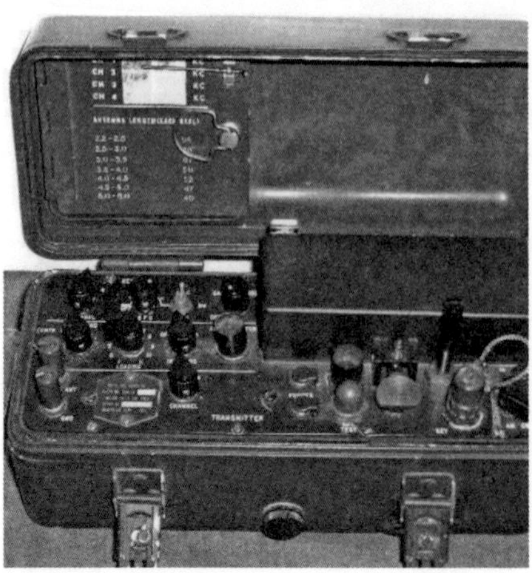

Delco 5300 – im Auftrag der CIA 1960 entwickelter Transceiver, der vom Geheimdienst und in der US-Army eingesetzt wurde

Die Erzeugung der Sendfrequenz übernahm statt der Quarze ein Synthesizer der britischen Firma RACAL. Die Sendefrequenzen konnten damit in 1 kHz-Schritten eingestellt werden. Ein dafür entwickelter Synthesizer-Adapter gestattete auch den Anschluss einer Morsetaste oder eines Schnellgebers. Die Bezeichnung des Senders war FSS 7.

Das Komplettsystem befand sich in einem wasserdichten Behälter, der in einem Versteck gelagert wurde und nur auf Weisung der Steuerzentrale von den Überrollagenten in Betrieb genommen werden sollte.

Den im Auftrag der CIA entwickelten Transceiver »Delco 5300« übernahm die US-Army für die Special Forces in modifizierter Form. Eingesetzt wurde das Gerät auch im Vietnam-Krieg.

Der Transceiver SP-20 war der Nachfolger des SP-15. Die Entwicklung übertrug der BND 1975 der AEG Telefunken und der Fa. Heinrich Pfitzner in Frankfurt am Main. In zweijähriger Entwicklungszeit entstanden der Sender S 6800 – Erzeugung der Sendfrequenz mittels Quarzen (AEG Telefunken), Modulationsarten A1A und F1A (Frequenzhub 200, 400 oder 800 Hz), Tuner ASG 6800 – Antennenanpassgerät mit »Flüsterabstimmung« des Senders mit 10 mW, Batterieladegerät BLG 6800, Synthesizer KS-30 – Erzeugung der Sendfrequenz von 2 bis 24 MHz in 1-kHz-Schritten (Fa. Heinrich Pfitzner), Empfänger KE-30 – Kleinserie für Erprobungen, KueG – Kurzzeitübertragungsgerät mit elektronischer Tastatur, LCD-Anzeige, Senden/Empfangen von 200 Baud im ASCII-Kode – Kleinserie.

Das SP-20 war volltransistorisiert, die Abmessungen der Geräte betrugen einheitlich 110 x 155 x 35mm.

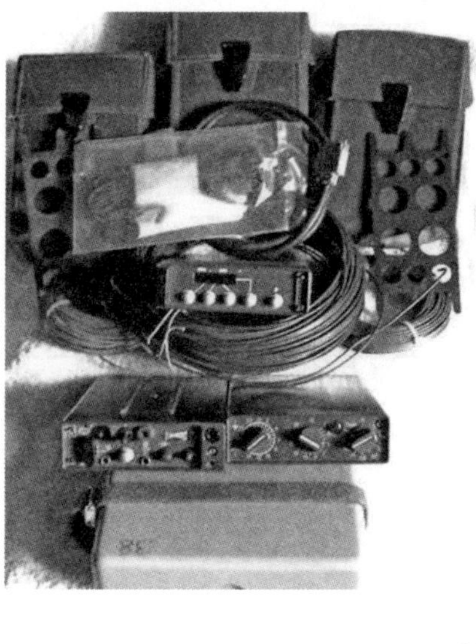

Empfänger SP-20E (oben), rechts das Komplettsystem SP-20, 1975 bis 1977 von der AEG Telefunken und der Fa. Heinrich Pfitzner für BND und »stay behind« entwickelt

Mit dem SP-20 rüstete der BND Stay-behind-Agenten aus. Anfang der 80er Jahre erhielten die Fernspäher der Bundeswehr und die Special Forces anderer NATO-Staaten ebenfalls den SP-20. Da der Empfänger KE-30 nicht rechzeitig zur Verfügung stand, setzten die Fernspäher den FE-8 des SP-15 unter der Bezeichnung SP-20E ein. Die Bezeichnung bei der Bundeswehr lautete *Sendegerätesatz, Funk, tragbar, Typ SP-20*, die Versorgungsnummer der Bundeswehr war 5820-12-197-2765.

Das SP-20 wurde auch bei Fernspäheinheiten anderer NATO-Staaten eingesetzt.

Für den Empfang von Blindfunksendungen der BND-Zentrale benutzten deren Agenten den Empfänger FE-10. Mithilfe von Quarzen wurde die Empfangsfrequenz eingestellt Die Feinabstimmung erfolgte manuell durch den Agenten. Die Modulationsart war A3J (Einseitenband). Zur Ausrüstung gehörten neben den Quarzen ein Ohrhörer, eine Antenne und eine Masseleitung sowie ein handelsüblicher 9 V-Block für die Stromversorgung. Die Abmessungen des Empfängers FE-10 betrugen 80 x 55 x 20 mm und erlaubten einen unkomplizierten Transport an den Empfangsort.

Die Agentenunterlagen bestanden aus dem Rufzeichenverzeichnis, dem Zeit-Frequenz-Plan, den Gammagruppen und den Dechiffrieranweisungen für die empfangenen Funksprüche der Zentrale.

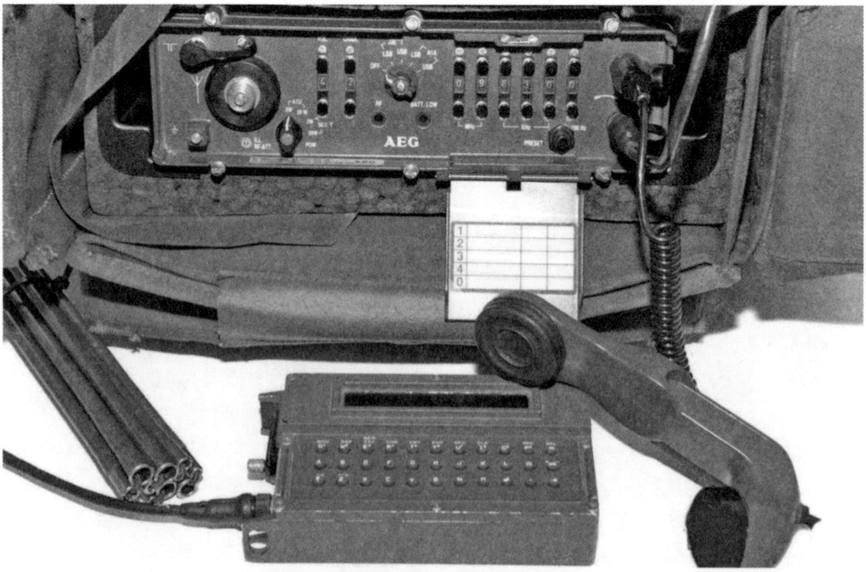

Der 1980 von der AEG Telefunken entwickelte Transceiver SE 6861 mit Sprechgarnitur, der in der Bundeswehr und Armeen der NATO üblich war

Die in der DDR und anderen Staaten des Warschauer Vertrags eingesetzten BND-Agenten waren mit dem seit 1978 für den BND produzierten SSB-Receiver FE-10 ausgerüstet.

Den Transceiver SE 6861 entwickelte AEG Telefunken 1980 in Ulm für die Fernspähkräfte der Bundeswehr und weitere NATO-Staaten. Die Frequenzen waren in 100-Hz-Schritten einstellbar. Die Senderleistung betrug wahlweise 2 oder 20 Watt. Die überbrückbaren Entfernungen lagen dann bei 30 bis 1.500 km. Die Modulationsarten waren A1A, A3J und F1A. Für die Datenübertragung stand ein Kurzspruchgerät (EMU – *electronic message unit*) zur Verfügung. Es waren aber auch andere Kurzspruchgeräte anschließbar. In Großbritannien und den Niederlanden waren das die MEROD MA 4248 oder MA 4480.

Die Funktaktik der Geheimdienste veränderte sich sehr im Laufe der Jahrzehnte durch die Weiterentwicklung der Nachrichtentechnik. Das traf für die Geheimdienste der USA, der BRD, Großbritanniens und Frankreichs ebenso zu wie für die Militärfunknetze der NATO-Mitgliedsstaaten.

Während des Zweiten Weltkrieges und bis etwa Ende der 50er Jahre verwandte man für die Nachrichtenübertragung den Morsecode. Diesen beherrschten nur ausgebildete Militärfunker. Nur sie waren in der Lage, den Funkverkehr entsprechend bestimmter Regeln abzuwickeln und die Funktechnik, Sender und Empfänger, zu bedienen.

Doch fehlten diese Vorkenntnisse, musste eine zeitlich begrenzte funktechnische Ausbildung für diesen Zeitraum gut legitimiert sein, denn dadurch riskierte man die Enttarnung. Hinzu kam, dass die menschlichen Fähigkeiten zum Erlernen des Morsens unterschiedlich ausgeprägt waren und sind. Das ließ sich aber erst im Verlaufe einer Ausbildung feststellen.

Das Tempo der Aufnahme und des Sendens von Morsezeichen ohne technische Hilfsmittel liegt bei den befähigten Menschen im Durchschnitt zwischen 20 bis 120 Zeichen pro Minute. Eine mehr typische Größe geht von 70 bis 80 Zeichen pro Minute aus. Bei einer Ausbildungsdauer von 4 bis 6 Wochen schaffte man im günstigsten Fall 40 bis 50 Zeichen pro Minute. Je geringer das Sendetempo, desto länger aber dauerte die Übertragung der Nachrichten. Das wiederum erhöhte das Risiko des Entdeckens durch die gegnerische Funkabwehr.

Die Sende- und Empfangstechnik der Agenten musste zudem möglichst klein sein und sich schnell entfalten lassen. Ein entscheidendes Problem stellte die Stromversorgung der Geräte dar. Sie sollten an das Stromnetz anschließbar sein und aber auch mit Batterien betrieben werden können. Die Funkunterlagen, zu denen die Zeit-Frequenz-Pläne und die Schlüsselunterlagen zählten, sowie die Bedienungsanleitung der technischen Geräte waren kompakt und verständlich zu halten.

Die Einstellung der Sendefrequenz war bei der früheren Technik relativ ungenau. Man konnte mit Abweichungen von einigen kHz rechnen. Das bedeutete für die Empfangzentrale, dass sie die sehr leisen Signale suchen musste. Somit ergab sich ein längerer Zeitraum zur Herstellung der Funkverbindung zwischen der Zentrale und dem Agenten. Die quarzgesteuerten Sender beendeten diesen Nachteil.

In den Nachkriegsjahren setzte man die Entwicklung und den Bau von Agentenfunktechnik fort, wie aus den angeführten Beispielen erkennbar ist. Sie spielte eine nicht zu unterschätzende Rolle in den Jahren des Kalten Kriegs. Mit dieser Technik rüsteten die Geheimdienste ihre Agenten mit dem Ziel aus, möglichst schnell an Informationen militärischer und wirtschaftlicher Art zu gelangen.

Bei der Entwicklung der Funkgeräte ging man davon aus, dass die Agenten ausgebildete Funker waren. Sie beherrschten das Morsealphabet, kannten wesentliche Teile des internationalen Q- und Z-Codes, die internationalen Verkehrsabkürzungen und konnten den Funkverkehr mit ihrer Geheimdienstzentrale abwickeln. Der BND versuchte das Risiko des Entdecktwerdens ihrer Agenten dadurch zu minimieren, indem die Zentrale während des Funkverkehrs den Agenten häufig die Frequenz wechseln ließ und dieser sich nur auf die Übermittlung des Notwendigsten beschränkte. Dennoch nahm der Funkverkehr bei dieser Art der Abwicklung mehr als eine Stunde in Anspruch.

Deshalb konzentrierte man sich auf die Verkürzung der Sendedauer durch die Anwendung neuartiger Morsegeber. Damit verbunden war die zeitlich stark reduzierte Ausbildungszeit für die Erlangung der Grundkenntnisse des Funkverkehrs. Nun konnten auch Agenten angeworben werden, die keine Vorkenntnisse auf dem Gebiet der Funktechnik besaßen. Zudem war man bei den Geheimdiensten der Annahme, dass mit der Verkürzung der Sendedauer auch die Feststell- und Peilwahrscheinlichkeit kleiner wurde.

Anfang der 60er Jahre rüstete die CIA ihre Agenten mit einem neuen Funksystem aus, das diesen Anforderungen entsprach. Als Geber verwandte man ein spezielles Magnetbandgerät, auf welchem mit einer Tastatur der zu sendende Morsecode zu speichern war. Der so gespeicherte Text wurde dann mit hoher Übertragungsgeschwindigkeit, etwa fünf bis zehn Sekunden, gesendet.

Diese Geräte verwendeten CIA-Agenten auch in der DDR.

Die gleiche Ausrüstung erhielten auch die Special Forces der US-Army.

Vollständige Funkausrüstung eines CIA-Agenten in den 60er, 70er Jahren: Sender, Empfänger, Antenne, Gegengewicht, Schnellgeber AN/GRA, Kopfhörer, Anschlusskabel und Verpackung

Das Grundgerät war ein kompakter Sender/Empfänger für den HF-Bereich. Anschließbar waren eine Sende-Empfangsantenne, ein Kopfhörer, ein mechanischer Morsegeber oder eine Morsetaste.

Zum Speichern der Morsezeichen verwandte man ein Magnetband. Die Speichervorrichtung, eine Entwicklung im Auftrag der CIA – ein miniaturisiertes Magnetbandgerät – trug die Bezeichnung AN/GRA-71. Zwei Geräte standen zur Verfügung: der halbautomatische Morsecodierer MX-4496, bei dem über eine Wählscheibe das zu speichernde Morsezeichen eingestellt und durch das Drücken einer Taste der Speicherprozess erfolgte. Bei dem anderen Gerät, dem manuellen Morsecodierer MX-4495, hat man drei Tasten für den Punkt, den Strich und das Leerzeichen zur Verfügung. Soweit bekannt, nutzten Funkagenten des US-Geheimdienstes in der DDR das zuerst beschriebene Gerät. Bei diesem verband man das als Tonbandkassette mit Morsenachricht bezeichnete Gerät mit dem Blockcodierer, der wiederum mit dem Sender verbunden war, und konnte dann manuell das Magnetband mit der gespeicherten Nachricht am Magnetkopf vorbeiführen.

Die Technik war für minimal funktechnisch ausgebildete Agenten ausge-

Links der Transportkoffer AN/GRA-71 für das Militär. Rechts das Agentenfunkgerät RS-6 mit Schnellgeber, wie es auch in der DDR eingesetzt worden war

legt. Das ging nicht zuletzt aus der Frontplatte des Senders/Empfängers hervor. Dort waren die Morsezeichen und wichtige Phrasen des Funkverkehrs eingeprägt.

Bei den Bezeichnungen der Bestandteile des AN/GRA-71 handelt es sich um die militärischen Abkürzungen. Die CIA-Bezeichnungen hingegen trugen zivilen Charakter. Militärische Einheiten benutzten ebenfalls diese Textspeichervorrichtung. Sie konnte auch an andere Agentenfunkgeräte angeschlossen werden. So an die Geräte RS-6, GRC-109, PRC-64, PRC-74A, PRC-74B und PRC-104

Für den militärischen Einsatz des AN/GRA-71 verwendete man den oben links abgebildeten Behälter.

Das bereits vorgestellte Funkgerät RS-6 war auch für den Schnellgeber AN/GRA-71 geeignet und dementsprechend eingesetzt (Abbildung oben rechts). Mit dem RS-6 waren ebenfalls CIA-Agenten in der DDR ausgerüstet.

Den Burst-Coder AN/GRA-71, wie er in der US-Army bezeichnet wurde, setzten die Special Forces A-Teams im Vietnam-Krieg ein. Die dabei verwandten Funkgerätetypen waren: RS-49, RT/D-3, T-784, PRC-64, PRC-74A und PRC-104.

Die Agenten des BND wurden in den 50er Jahren ausgerüstet mit dem Sender WG301 (WG stand für den Entwickler und Hersteller Wandel & Goltermann). Der Agententext war mittels einer Morsetaste zu senden. Der komplette Vorgang der Vorbereitung bis zum Senden von Spionagemeldungen war in einer Anleitung für den Agenten zusammengefasst.

Der Übergang zu mechanischen Gebeeinrichtungen für den Morsecode wurde dann auch vom BND Ende der 50er, Anfang der 60er Jahre vollzogen. Auch die Sendetechnik änderte sich. Der bis dahin verwendete quarzgesteuerte KW-Sender WG301 wurde durch den SP-15 abgelöst. Diese Agentenfunktechnik war modular aufgebaut und in ihren Abmessungen minimiert. Die Bedienung der Funktechnik war in kurzer Zeit erlernbar. Kenntnisse des Morsecodes waren nicht erforderlich.

Anweisungen und Instruktionen durch die Zentrale erhielten die Agenten auf dem Funkweg. Die Sendefrequenzen betrugen 3.370 kHz und 4.010 kHz. Gesendet wurden jeweils zweimal gesprochene 5er-Zifferngruppen. Die Funksprüche für die einzelnen Agenten wurden täglich zu verschiedenen Zeiten wiederholt. Die jeweils günstigste Zeit zum Empfang und der Aufnahme der Sprüche konnte sich der Agent aussuchen. Jeder hatte seine Rufnummer, an welcher er den für ihn bestimmten Spruch erkennen konnte.

Als Empfangsgeräte konnten handelsübliche Rundfunkempfänger mit entsprechendem Frequenzbereich verwendet werden. In der DDR aktive BND-Agenten benutzten oft den Kleinempfänger »Ilmenau 210«, aber auch der japanische Weltempfänger von Sony ICF 701 wurde für diese Zwecke genutzt.

In den Jahren nach 1978 setzte der BND den bereits beschriebenen miniaturisierten Empfänger FE10 ein.

Agentenfunkgerät SP-15 mit mechanischem Schnellgeber, 20 Sendequarzen, Schlüsselrolle, Signaltabellen, Zeit-Frequenz-Plan und Empfangskonverter

13. Getarnte Übertragungsverfahren bis 1990

Anfang der 70er Jahre begann die Digitalisierung elektronischer Schaltungen, was nicht ohne Auswirkungen für die Entwicklung neuartiger Agenten- oder Militärfunkgeräte blieb. Daraus ergaben sich gewisse Vorteile für dieses spezielle funktechnische Gebiet. So entfiel etwa die langwierige Ausbildung der Funker. Außerdem konnten zum Empfang digitalisierter Funksprüche der Zentrale Geräte mit elektronischem Speicher eingesetzt werden. Die Übertragungsdauer der Funksprüche reduzierte sich erheblich, und der Agent musste nur zur Empfangszeit dafür sorgen, dass das Gerät eingeschaltet war.

Unter der Bezeichnung »digitale Kurzspruchgeräte« (KSG) brachten mehrere westliche Hersteller verschiedene Gerätetypen auf den Markt, die auch in den NATO-Armeen zum Einsatz kamen.

Aber auch die einsetzende Entspannung führte zu Veränderungen in der Spionagetätigkeit. Durch die wachsende Reisetätigkeit wurde »die Mauer« in jeder Hinsicht durchlässiger. Die Geheimdienste mussten ihre mit Funksendetechnik ausgerüsteten Agenten nur noch in dringenden Fällen zu nachrichtendienstlichen Tätigkeit auffordern. Zur Militärspionage etwa wurden nunmehr im großen Stil Transitreisende eingesetzt. Die hier in stark reduzierter Form wiedergegebenen Entwicklungstrends möglicher nachrichtendienstlicher und militärischer Funkverbindungen im HF-Bereich beziehen sich auf den damaligen technischen Stand in führenden Industriestaaten.

13.1 Unbekannte Funksendungen

Anfang der 80er Jahre wurde ein zahlenmäßiges Ansteigen von Funksendungen mit einer Sendedauer bis 60 Sekunden in der BRD und in Mitteleuropa registriert. Bei 80 Prozent der Sendung erfolgte eine synchrone Signalübertragung. Weil die Start- und Stopbits fehlten, konnte man nicht ohne Weiteres Beginn und Ende eines Zeichens feststellen. Der gesendete Text blieb somit verborgen. Die Modulationsarten dieser Funksendungen waren bei etwa 50 Prozent der Sendungen A1A und bei 40 Prozent F1A. Die restlichen zehn

Prozent verteilten sich auf phasenmodulierte Funksendungen mit 0° und 180° bzw. 0°, ±90° und 270° Phasensprung.

Die Übertragungsgeschwindigkeit bei 75 % aller Sendungen lag zwischen 100 und 350 Baud. Baud (Bd) bezeichnet die Schrittgeschwindigkeit in der Nachrichten- und Fernmeldetechnik. 1 Baud heißt 1 Symbol pro Sekunde. Die Baudrate einer Datenübertragung muss auf Sende- und Empfangsseite gleich sein. Die Maßeinheit wurde nach Jean-Maurice-Émile Baudot benannt, der 1874 den *Baudot-Code* erfand.

13.2 MEROD (Message Entry and Read Out Device)

Seit Dezember 1981 und in den Monaten Mai, Juni und Juli 1982 registrierte die Funkabwehr neuartige schnellautomatische Funksendungen. Die Standorte dieser Sender lagen in der BRD, den Niederlanden und in England. Die Standortverteilung und die Art des Funkverkehrs führten zu dem Schluss, dass es sich um Funkaktivitäten britischer Streitkräfte handelte. Die verwendeten Sendefrequenzen lagen in dem Frequenzbereich von 2,6 bis 9,2 MHz. Die Übertragungsgeschwindigkeit betrug 266,6 Baud und die Modulationsart war F1A mit einem Frequenzhub von 800 Hz.

Das von den Briten Anfang der 80er Jahre entwickelte Datenterminal MEROD, mit einem Sender verbunden. Es kam in allen NATO-Staaten zum Einsatz

Es gab fünf verschiedene Typen des Beginns der Nachrichtenübertragung mit einem konstanten Teil von 64 Bit und einem konstanten Teil am Ende des Funkspruchs von 60 Bit. Die konstanten Teile dienten der Blocksynchronisation und enthielten den Adressteil. Die Sendedauer lag im Sekundenbereich.

Bei diesen Funksendungen handelte es sich um MEROD, eine Entwicklung der britischen Firma RACAL. Im Verlaufe der nächsten Jahre rüstete man die Fernspähkompanien der NATO-Staaten mit diesem Datenterminal aus und sie wurden massenhaft, besonders in Manövern, registriert.

Das Grundgerät war ein übertragungssicheres Terminal mit integriertem Modem, dass mit HF-, VHF- und UHF-Funkstationen gekoppelt werden konnte. Der Sendespeicher umfasste 1.000 Zeichen. Die hohe Übertragungssicherheit erreichte man durch ARQ, also die automatische Fehlererkennung und -korrektur von empfangenen Funksprüchen, d. h. sieben Fehler in 127 gesendeten Bit konnten korrigiert werden. Die Daten wurden über eine Tastatur eingegeben. Die Darstellung der Daten erfolgte auf einem 32-stelligen LCD-Display. Bis zu 64 Adressen waren speicherbar und konnten selektiv abgerufen werden. Maximal acht Datensprüche mit 2.000 Zeichen waren zu speichern möglich. Sie konnten einzeln aufgerufen werden. Die erforderliche Betriebsspannung betrug 11 bis 32 V. Es gab eine Druckerschnittstelle am Terminals

13.3 »stay behind« (Gladio)

Zu Beginn der 80er Jahre fanden neuartige Funksendungen einer Funkzentrale vom Territorium der BRD statt. Dem Charakter nach entsprachen sie Militär- bzw. Geheimdienstsendungen. Die Funksprüche der Zentrale konnten teilweise entschlüsselt werden und verschafften Klarheit darüber, dass es sich um Funksendungen des BND handelt. Es gab darin Hinweise über die Verstecke von in Containern untergebrachten Funkgeräten.

Die mit diesen Funkgeräten durchgeführten Funksendungen waren sehr kurz, etwa 2,5 Sekunden. Die Übertragungsgeschwindigkeit betrug 800 Baud.

Die Agenten setzten ihre Funksprüche »blind« nach einem Zeit-Frequenzplan ab, d. h. ohne zeitgleichen Funkkontakt mit der Zentrale. Die wiederum gab ihre Anweisungen und Informationen nach einem Sendeplan ebenfalls »blind« an den Agenten, wie die Funkabwehr der DDR feststellte.

Doch was verbarg sich hinter diesem Funknetz? Welche Ziele hatte es?

Die entschlüsselten Funksprüche der Zentrale gaben Aufschluss. Am 3. August 1984 wurde in einem Bericht der Hauptabteilung III des MfS vermerkt: »Auf der Grundlage der Analyse geheimer Funksignale des BND, die wir dechiffrieren konnten, [...] haben wir zuverlässige Einzelheiten über besondere BND-Agenten gesammelt.« Die Funkabwehr bezeichnete diese Agenten als »Überrollagenten«, in der NATO als »stay behind«. Dieser Netzwerkorganisation unbekannter Agenten soll im Falle der Besetzung des Landes durch eine feindliche Macht nachrichtendienstlich tätig werden und Sabotage im Hinterland organisieren. Dazu gehören die als »Gladio« bekannt gewordene, intern »stay behind« genannte Organisation der NATO, die P-26 in der Schweiz und der »Österreichische Wander-, Sport- und Geselligkeitsverein« (ÖWSGV), der von MI6 und CIA in Österreich aufgebaut worden war.

Ein MfS-Bericht vom 6. November 1984 nahm Bezug auf die Untergrundkämpfer der NATO: »Diese Agenten sind männliche und weibliche Bürger der BRD, viele leben entlang der Grenze zur DDR und der CSSR. Sie kennen ihr Einsatzgebiet gut und operieren alleine oder in 3er- und 4er-Gruppen und führen Aufträge im Umkreis von 40 km um ihren Wohnort durch. Soweit wir bisher wissen, kommunizieren 16 bis 20 Agenteneinheiten regelmäßig mit dem BND. Die Gesamtzahl der Agenten wird nach Quellen innerhalb des BND auf 80 geschätzt.«

Im Falle einer Invasion durch die Warschauer Vertragsstaaten sollten sie sich überrollen lassen, um dann im Rücken des Gegners »Propaganda, Wirtschaftskrieg, vorbeugende Direktmaßnahmen, einschließlich Sabotage, Antisabotage, Zerstörung, Evakuierungsmaßnahmen« zu organisieren und durchzuführen. Diese Aufgaben resultierten aus den Dokumenten des US-Sicherheitsrates NSC 10-2 und NSC 68-48 aus dem Jahre 1948. Die Umsetzung dieser Forderungen oblag dem in den 50er Jahren gegründeten *Allied Clandestine Committee* (ACC) der NATO mit Sitz im Hauptquartier der NATO bei Brüssel. Das war der Anfang zum Aufbau streng geheimer Agentenstrukturen in den NATO-Staaten und auch in neutralen Ländern wie der Schweiz, Norwegen, Schweden und Finnland. Die Koordinierung dieser geheimen Netze lag in den Händen des ACC.

1952 gab der ehemalige Obersturmführer Hans Otto an, dass ein deutsches Stay-behind-Netzwerk mit der Bezeichnung BDJ-TD (Bund deutscher Jugend-Technischer Dienst) existiert und aus etwa 100 ehemaligen SS- und Wehrmachtangehörigen bestünde. Den TD unterstützte die CIA mit monatlich 50.000 DM und mit der Lieferung von Waffen, Munition, Sprengstoff und auch mit Funktechnik. Weitere Stay-behind-Netzwerke leiteten die ehemaligen Wehrmachtangehörigen Heinrich Hoffmann und Hans Rues.

Unter der Bezeichnung »Kiebitz-15« wurde der ehemalige Wehrmachtsangehörige Walter Kopp geführt. Nach Angaben eines ehemaligen CIA-Offiziers und in einem im Jahr 2005 freigegebenen Dokument vom 24. Oktober 1952 war Kopp mit einem Transceiver RS-6 ausgerüstet worden. Von Oktober 1951 bis Juni 1952 agierte er als hauptamtlicher Instrukteur in diesem Netz. Vor der Übernahme dieser Funktion war er bei der Rhein-Militär-Post in Kaiserslautern in der Funkabteilung.

Im Netzwerk »Kiebitz-15« bildete er 14 Agenten an Funktechnik, im Chiffrieren und im Umgang mit Funkunterlagen aus, so am RS-1, am RS-6 und SSTR-1 der US-Army.

Nach dem gleichen Schema verfuhr man bis 1990.

Federführend beim Aufbau waren die CIA und der britische Geheimdienst MI6, die auch halfen, geheime Waffen- und Sprengstofflager anzulegen.

Die Schweizer Geheimarmee P-26, aufgebaut vom MI6, wurde direkt in die NATO-Planungen einbezogen. Das zeigt u. a. die Ausrüstung mit dem speziell für diese Geheimarmeen entwickelten Harpoon-Funkgerät im Wert von 20 Millionen Schweizer Franken. Es sind die gleichen Geräte, wie sie auch in den geheimen Armeen der anderen Staaten angeschafft worden waren. Insgesamt sollen 854 Harpoon-Funkgeräte produziert worden sein.

Der Auftrag für die Entwicklung und Produktion in einem Wertumfang von 130 Millionen DM ging an AEG Telefunken. Der BND übernahm die Rolle des Vermittlers und kaufte die Harpoon-Geräte, um sie dann an die Geheimarmeen weiterzuverkaufen, so auch an die P-26 in der Schweiz. Für den Eigenbedarf behielt der BND Geräte im Wert von 20 Millionen DM.

Demnach blieben in seinem Besitz 131 Funkgeräte, 723 lieferte er an andere Staaten.

Die Fertigung der Funkgeräte unter der Bezeichnung FS-5000 erfolgte in der Telefunken-Niederlassung in St. Wendel in der Bundesrepublik. Die Erprobung der Funkstationen erfolgte in der »Erprobungsstelle 81« der Bundeswehr in Lechfeld in Bayern.

Das FS-5000 war modular aufgebaut und bestand aus sieben Boxen mit den Gesamtabmessungen 330 x 330 x 430 mm. Diese wurden in einem Metallbehälter in einem Dauerversteck deponiert. Die einzelnen Module hatten die Bezeichnungen A (Antennen-Auto-Tuner), B (2 Batterien), C (Ladegerät), M (AC-Stromversorgung), R (Empfänger), T (Sender und Sender-Controller) H und F (Zubehör).

Technische Merkmale:

Empfänger: Frequenzbereich 50 kHz bis 29,999 MHz in 1-kHz-Schritten abstimmbar, Modulationsarten A1A, A7J (USB), Bandbreiten umschaltbar 300/3.000 Hz, fünfstellige LED-Frequenzanzeige, Teleskopantenne 1 m, Ohrhöreranschluss

Das komplette Funkgerät FS-5000 in zusammengesteckter Form ohne Sender-Controller

Sender: Frequenzbereich 250 kHz bis 30,199 MHz, Modulationsart QPSK, kein Anschluss für Morsetaste oder Mikrofon

Sender-Controller: Tastatur für Dateneingabe, Eingabe der Sende- und Empfangsfrequenz, Auswahl des Crypto-Codes, Anzeige für Frequenz, Sendetext, Anzahl der Funkwiederholungen, Eingabe von Datum und Uhrzeit bei unbemanntem Betrieb, 3,5 V Lithiumbatterien für Sicherung der Datenspeicherung

Sowohl der Sender als auch der Empfänger konnten separat verwendet werden. Als Spannungsquelle dienten die zwei Batterien oder ein AC-Netzteil. Als Sendeantenne war eine Draht von 30 m vorhanden. Die Antennenanpassung übernahm der Antennen-Auto-Tuner. Die Tastatur des Sender-Controllers diente zur Eingabe des Crypto-Codes und der Agentennachricht. Dann konnte das Datum und die Uhrzeit für das Senden der Nachricht programmiert werden. Danach löschte sich wahrscheinlich der Crypto-Code automatisch, um eine Dechiffrierung der Nachricht durch andere Personen auszuschließen. Der Agent konnte sich danach vom Senderstandort entfernen, da die Sendung nun entsprechend der Programmierung ablief.

Der Empfänger des FS-5000 nahm die Funksprüche der Agentenzentrale automatisch auf und speicherte diese. Eine Dechiffrierung erfolgte erst, nachdem der Agent den Crypto-Code eingegeben hatte.

In seinem Buch »Bedingt dienstbereit« beschrieb der BND-Aussteiger Norbert Juretzko die Vorbereitungen bei einem für »stay behind« geworbenen Ehepaar. Zunächst präparierten BND-Mitarbeiter aus Pullach den Schreibtisch mit Geheimfächern zur Unterbringung der Agentenunterlagen. In dem Einfamilienhaus installierte man sodann die 30 m Langdrahtantenne, getarnt als Wäscheleine, auf dem Dachboden. Der Sender befand sich im Keller und wurde mit der Antenne verbunden. Dazu legte man die Zuleitung unter Putz, nahm Deckendurchbrüche vor und renovierte zum Schluss alles wieder.

Als Stay-behind-Agenten rekrutierten die Werber des BND unauffällige Bürger. Sie sollten möglichst in einem Einfamilienhaus wohnen, um dieses entsprechend präparieren zu können.

In der BND-Führungsstelle »Sattelhof« in der Karl-Theodor-Straße 55 in München-Schwabing, zuständig für geheime Aktionen gegen die DDR, befand sich die Unterabteilung 12. Zu ihr gehörte 12C, hinter der sich »stay behind« verbarg. Eine Außenstelle in Bremen trug die Bezeichnung 12B. Die 12C war zuständig für den Aufbau der geheimen paramilitärischen Organisation.

Die Ausbildung, auch die militärische, bei welcher der Umgang mit Waffen und Sprengstoff gelernt wurde, fand im BND-Objekt »Reitstall« auf dem hohen Peißberg bei Weilheim statt. Zur Ausbildung an der Funktechnik gehörte auch die Nachrichtenübertragung in die USA (»Long Range Test«). Dafür suchte man sich mit dem Auto einen geeigneten Senderstandort und verband die 30 m lange Antenne mit dem im Fahrzeug installierten Sender, um eine Nachricht zu übermitteln. Hier muss angemerkt werden, dass mit einer Senderleistung von ca. 30 W und einer Senddauer von 2,5 Sekunden eine Überbrückung von 6.000 km nur mit einer sehr geringen Wahrscheinlichkeit möglich ist. Der Standort der tatsächlichen Empfangszentrale(n) wird aus Geheimhaltungsgründen nur einem anderen begrenzten Personenkreis bekannt gewesen sein.

Die festgestellten Sendefrequenzen der Agenten waren für die Überbrückung der Entfernung zu diesen Sendezeiten nach den Frequenzprognosen völlig ungeeignet. Das unterstützt die These von dem oder den unbekannten Standort(en) der Empfangszentrale(n), die sich aber wahrscheinlich im Ausweichstandort des BND in Spanien befand(en).

Wie intensiv der BND die Schaffung der Stay-behind-Organisation vorantrieb, geht aus den Zahlen der dafür zuständigen hauptamtlich eingesetzten Mitarbeiter hervor. Von 1987 stieg die Zahl der Führungskräfte von 26 auf 75 und die deren Helfer von 104 auf 500. Bis April 1991 sollte die Auflösung von »stay behind« erfolgen. Ob dies tatsächlich geschah?

13.4 Breitbandige Übertragungsverfahren

Die breitbandigen rauschähnlichen Übertragungsverfahren haben ihren Ursprung in der Weltraumtechnik. Sie ermöglichen die Lesbarkeit der empfangenen Signale selbst noch dann, wenn deren Feldstärke so gering ist, dass sie unter dem Rauschen liegen. Dafür muss die Trägerfrequenz mit einem dem Empfänger bekannten Code moduliert sein. Dieser ist als M-Folge (Maximalfolge) bezeichnet und besteht beispielsweise aus 127 Bit. Der bekannte Code und die ebenfalls bekannte Empfangsfrequenz ermöglichen mittels mathematischer Methoden die Signale unter dem Rauschen herauszufiltern. Das geschieht mit Hilfe der Autokorrelation. Hierbei vergleicht man das empfangene Signal mit dem über eine Verzögerungsleitung verzögerten Signal. Bei einer genügend hohen Anzahl der Messungen ist das gesendete Signal eindeutig lesbar. Als Modulationsfrequenz hatte sich der sogenannte Barker-Code als effektiv erwiesen.

Im HF-Bereich ist diese Methode der Signalübertragung und des Empfangs sehr erschwert. Das ist auf die Ausbreitung der elektro-magnetischen Wellen zurückzuführen. Die Mehrwegeausbreitung führt zu Signalverzögerungen im ms-Bereich, deshalb versagt die Methode der Autokorrelation.

Als Übertragungsverfahren für geheimzuhaltende Funksendungen wäre ein hoher Tarnungsgrad möglich, da die Sendefrequenzen nur mit hohem Aufwand feststellbar wären. Das breitbandige Übertragungsverfahren, so das Fazit, kann verhindern, dass Unbefugte den gesendeten Text nicht ohne weiteres lesbar machen können.

Dazu erfolgten Experimente im Herbst/Winter 1979 in Norwegen. Es sollten die anwendbaren Bandbreiten im HF-Bereich getestet werden. Die Entfernung zwischen dem Sender in Bodø und dem Empfänger in Kjeller betrug 840 km. Auf der Grundlage der Frequenzprognose hatte man die Sendefrequenz 8.100 kHz ausgewählt. Sie lag nahe der maximal anwendbaren Frequenz (MUF) für die F2-Schicht. Die Sendungen erfolgten phasenmoduliert, wobei zur Modulation der beiden Signale eine M-Folge von 63 Bit, welche ständig wiederholt wurde, zur Anwendung kam. Im Ergebnis des Tests in Norwegen kam man zu dem Schluss, dass die Signallaufzeiten durch die Mehrwegeausbreitung etwa 1,1 ms betrugen und dass die günstigsten Bandbreiten bei =< 80 kHz lagen.

13.5 Frequenzsprungverfahren

Dieses breitbandige Übertragungsverfahren ist dadurch gekennzeichnet, dass die Informationen nur abschnittsweise auf einer Frequenz gesendet werden und dann der Sprung zu einer anderen Frequenz erfolgt. Damit soll das Stören, das Peilen und das Abhören von Funksendungen stark erschwert werden. Die Anzahl der Sprünge ist vom Gesamtumfang des zu sendenden Textes abhängig. Die Frequenzfolge ist unsystematisch in einem festgelegten Frequenzbereich. Man zählt deshalb dieses Verfahren auch zu den breitbandigen, obwohl die eigentliche Sendefrequenz der Informationsteile schmalbandig ist.

13.6 Schmalbandige Übertragungsverfahren

Zu Beginn der 60er Jahre gab es Informationen, dass Frankreich schmalbandige Sender für die Rettung von in Seenot geratenen Menschen einsetze. Das physikalische Grundprinzip dieser Art der Nachrichtenübertragung beruht darauf, dass sich die Sendeenergie über die Bandbreite verteilt. Wenn sich also die Energie eines leistungsschwachen Senders in nur einem sehr schmalen Band verteilt, dann sind damit Entfernungen zu überbrücken, die sonst nur von leistungsstarken Sendern mit einem breiten Frequenzband erreichbar sind.

Das nutzten die französischen Entwickler des Rettungssystems aus. Die Senderleistung lag im mW-Bereich, und die Frequenzstabilität, die bei der Schmalbandigkeit gegeben sein muss, erreichte man dadurch, dass der Sender unter der Achselhöhle eines Schiffbrüchigen angebracht war, weil dort eine relativ konstante Körpertemperatur herrscht. Die Seenotsignale konnten gepeilt, und die Menschen gerettet werden.

In den 70er Jahren setzte sich der Gedanke von schmalbandigen Übertragungen in Seitenbändern von Rundfunkstationen im MW- und im VHF-/UHF-Bereich durch. Systeme mit unterschiedlichen Funktionen gab es in den USA, der BRD, den Niederlanden, Schweden, Großbritannien und der DDR.

In der DDR war es der Senderstandort Helpterberg, wo auf vier VHF- und zwei UHF-Frequenzen Zusatzinformationen im Seitenband von Rundfunk- und Fernsehsendern abgestrahlt wurden. Über einen MW-Rundfunksender versorgte man im Seitenband der Rundfunkübertragung mit 100 Hz Bandbreite die Fischfangflotte der DDR mit Informationen mittels Funkfernschreiben mit einer Übertragungsgeschwindigkeit von 50 Baud. Die Systeme arbeiteten zuverlässig, und so wurde vorgesehen, diese Art der Informationsübertragung künftig auch für die Landesverteidigung zu verwenden.

Entscheidend für die Übertragungsgeschwindigkeit ist die Bandbreite. Je langsamer diese ist, desto schmaler kann die Bandbreite sein. Eine zulässige Vereinfachung des Zusammenhangs zwischen diesen beiden Größen im Rahmen dieser Beschreibungen besteht in der Annahme der Verdopplung der Bandbreite in Hz für die geforderte Übertragungsgeschwindigkeit in Baud.

13.7 Sprachübertragungen

Die Siemens AG entwickelte Anfang der 80er Jahre ein digitales Verfahren zur chiffrierten Sprachübertragung im HF-Bereich mit einer Geschwindigkeit von 2.400 Baud. Das Grundprinzip beruhte auf der parallel-seriellen Sprachüber-

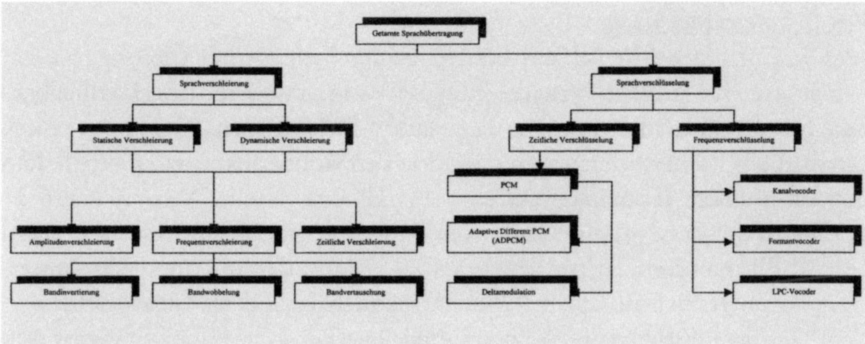

Schema der Sprachübertragungsverfahren

tragung mittels der vierwertigen Phasendifferenzmodulation. Das Sprachfrequenzband gliederte man in 32 Kanäle auf, in denen mit jeweils zwei mal 50 Baud gesendet wurde. Die Kanäle mit einem Frequenzabstand von 60 Hz gliederten sich in 24 Informationskanäle, acht Redundanzkanäle für die Fehlerkorrektur, zwei Kanäle für Referenzsignale zur Takt- und Frequenzregelung sowie zur Ableitung der Bezugsphase bei der Demodulation.

13.8 Sprachverschleierung

Die Verschleierung der Sprache kann durch die künstliche Änderung der Amplitude, die Verzerrung der Frequenz oder die zeitliche Vertauschung von Spektralanteilen erreicht werden. Auch Kombinationen der einzelnen Verfahren sind möglich. Unterschieden wird zwischen statischer und dynamischer Verschleierung. Im Allgemeinen bilden diese Verfahren jedoch keine hohe Sicherheit bezüglich der Erkennung im Vergleich mit Verschlüsselungsverfahren.

Amplitudenverschleierung

Bei diesem Verfahren wird das Sprachsignal mit einem Pseudorauschsignal überlagert. Auf der Empfangsseite ist diese Folge bekannt und durch die Subtraktion der Amplituden des Rauschsignals kann die Verständlichkeit hergestellt werden. Man geht von einer Restverständlichkeit von >70 Prozent aus, was einem nur geringen Tarnungsgrad entspricht. Problematisch ist die Synchronisation zwischen Sender und Empfänger. Bedingt durch die Mehrwegeausbreitung im HF-Bereich kommt es zur Minderung der Sprachqualität, wodurch sich zeitliche Verschiebungen der Pseudorauschfolgen zwischen dem Sender und dem Empfänger ergeben.

Frequenzverschleierung

Die einfachste Möglichkeit besteht in der Frequenzinvertierung. Sie hat jedoch nur eine geringe Verschleierungswirkung und ist relativ schnell erlernbar. Der Bandwobbler hat eine Restverständlichkeit von 50 Prozent. Auch hier tritt das Problem der Synchronisation der Wobbelfrequenz zwischen dem Sender und dem Empfänger auf.

Durch die Bandvertauschung ist ein höherer Verschleierungsgrad erreichbar. Wählt man fünf Teilbänder zu je 620 Hz aus, dann können diese untereinander in zeitlich unregelmäßigen Abständen vertauscht (verwürfelt) werden. Der Sprachrhythmus bleibt erhalten. Die Bandvertauschung eignet sich als Übertragungsverfahren für den HF-Bereich, da die Mehrwegeausbreitung ohne wesentlichen Einfluss bleibt.

Zeitverschleierung

Dieses Verfahren basiert auf der Zeitabschnittsvertauschung des zu übermittelnden Sprachsignals. Zu diesem Zweck werden Signalabschnitte gebildet, deren Übermittlung zeitlich verschoben erfolgt. Das setzt die Speicherung bzw. Verzögerung von Signalabschnitten voraus, was zu einem höheren technischen Aufwand führt. Es handelt sich um ein Synchronverfahren, welches im HF-Bereich kaum anwendbar ist. Zudem ist der Verschleierungsgrad sehr niedrig.

Sprachverschlüsselungsverfahren

Die Sprachverschlüsselung setzt eine Umwandlung des analogen Sprachsignals in digitale Signale voraus (A/D-Wandlung), wie das von den Mobilfunksystemen bekannt ist. Das so digitalisierte Sprachsignal kann danach mit Hilfe eines Verschlüsselungsverfahrens zu einem Geheimtext umgewandelt werden. Am Empfangsort erfolgt dieser Vorgang in umgekehrter Reihenfolge.

Für eine gute Sprachqualität beträgt die Bitrate 16 kBaud. Die zur Übertragung dazu erforderliche Bandbreite liegt bei 32 kHz. Im HF-Bereich sind derart große Bandbreiten wegen den international abgestimmten Frequenzplänen nicht realisierbar. Wie das eingangs beschriebene Beispiel des Systems von der Siemens AG zeigt hat man deshalb nach technischen Auswegen aus diesen Zwängen gesucht.

Zeitverschlüsselung

Das analoge Sprachsignal setzt man in Abhängigkeit von der Zeit in ein digitales Signal um. Für die Umsetzung kommt die adaptive Differenz-Puls-Code-Modulation (ADPCM), häufiger jedoch die Deltamodulation zur Anwendung. Die Abtastung des Analogsignals ist mit der doppelten Taktfrequenz der größten zu erwartenden Sprachfrequenz durchzuführen (Abtasttheorem).

Bei der Reduzierung des Sprachfrequenzbereichs von 10 kHz auf 1,2 kHz, was zu einer starken Qualitätsminderung der Sprache führt (Sprachverständlichkeit), ergibt sich eine Bandbreite von 4,8 kHz bei der Übertragung. Die Taktfrequenzen von Sender und Empfänger müssen dabei synchronisiert sein.

<u>Frequenzverschlüsselung</u>

Von praktischer Bedeutung war seinerzeit als Verschlüsselungsart nur der Kanal-Vocoder, während die Formant- bzw. LPC-Vocoder nur als Untersuchungsgegenstand bekannt waren.

Beim Kanal-Vocoder unterteilt man den Sprachfrequenzbereich in Teilbereiche (z. B. 18), die mit einer Taktfrequenz abgetastet werden (z. B. 50 Hz). Mit Hilfe der Deltamodulation oder anderer PCM-Verfahren werden die Frequenzteilbereiche digitalisiert und sind anschließend verschlüsselbar. Eine Verbesserung der Sprachqualität ist durch das Hinzusetzen von Informationen über stimmlose und stimmhafte Abschnitte möglich.

	Hersteller	Gerätebezeichnung	Verwendung	Signalübertragung	Verfahren	Übertragungsgeschwindigkeit	Anwendung	Verschlüsselung	Baugruppen	Tarnungsgrad
1	Philips		Funksprechgerät	digital	synchron		HF-Bereich, mit MODEM über Linie	PN-Folge 10^{20}		Sprachidentifizierung möglich
2	Telemit /München	AN/PSQ-101	Sprachschlüsselgerät	digital						
3	Marconi Space and Defence System	Crypflex					HF-/VHF-Bereich	über 10 Drehknöpfe einstellbar	Vocoder,Kryptograf, Stromversorgung, Mehrtonmodem	
4	SIEMENS				synchron		VHF-/UHF-Bereich	10^{15} Kombinationen		
5	TCC	Frontspruchschutzgerät XL-280	AM/FM (SSB / Fernsprechen)		synchron (automatisch oder manuell)			$18x10^{12}$Kombinationen		
6	TCC				synchron			137 nichtlineare Schlüssel;Verfahren "Miary"		
7	Philips	Sprachverschlüssler 9EC755						$4,71x10^{21}$Kombinationen		
8	Tele Securuty Timmann	Verschlüsselungsgerät						PN-Generator		
9	MILCOM Electronics Corporation	GRC-100	HF-Sender / Empfänger		synchron		HF-Bereich	10^{9}Kombinationen (Drehknöpfe)	KY-100 Verschlüsselungs-Syntesierschaltung	
10	Marconi	Digitaler Sprachverschlüssler Growler				2,4kBd oder 1,8kBd mit FEC				
11	MILS-Elektronik GmbH & Co	Digitales Sprachchiffriergerät VSDN5000			synchron ca.11ms bei 2400Baud			Grundschlüssel $2,54x10^{7}$ Tagesschlüssel $1,85x10^{19}$ Spruchschlüssel $1,85x10^{19}$ insgesamt $8,7x10^{45}$ Kombinationen	für Funkübertragungen sind Vocoder auf der Sender- und Empfängerseite erforderlich	
12	Telemit /München	Sprachverwürfler SCU 800-S/D								
13	Telefunken	Sprachverschleierer Televoice2	Band-Zeit-Verwürfelung					10^{14} Kombinationen		

Systeme zur getarnten Sprachübertragung, 1981

Hier sei auch auf die Sprachübertragung in der Modulationsart SSB (Einseitenband) erwähnt. Dieses Verfahren der Sprachübertragung fand bei militärischen Verbänden der NATO Anwendung, so bei den Funkverbindungen der 56. Atomraketenbrigade der US-Streitkräfte in der BRD.

Mehrfrequenzkodierung (MFC)

Dieses Übertragungsverfahren ist auch unter der Bezeichnung »Piccolo« bekannt. Zunächst nur für die Informationsübertragung über Telefonleitungen entwickelt, hielt es auch im HF-Bereich Einzug. Das technische Grundprinzip besteht darin, dass die Information im Senden von unterschiedlichen Frequenzen liegt. Es gibt verschiedene Verfahren hinsichtlich der Kodierung, der Frequenzabstände, der Frequenzanzahl und der Übertragungsgeschwindigkeit.

Die Spektrumsbreite bewegte sich hauptsächlich zwischen 200 bis 400 Hz. Für die Übertragung von Buchstaben, Ziffern und Zeichen beträgt der typische Wert etwa 350 Hz und bei der ausschließlichen Übertragung von Ziffern 60 Hz.

Es ließen sich zwei Aspekte für die Verwendung von Nachrichtenübertragungen nach dem System »Piccolo« erkennen. Das war einerseits eine Erhöhung der Übertragungsgeschwindigkeit, ohne dabei die Bandbreite zu vergrößern. Der Informationsumfang konnte im Vergleich mit dem Morsecode bei gleicher Sendedauer erhöht werden. Das kam dadurch zustande, weil pro Zeichen nur eine Frequenz erforderlich war. Der Informationsinhalt lag in der Frequenz und nicht in der Spannung der Einzelbits.

In Frankreich existierte das Piccolo-Übertragungssystem unter der Bezeichnung »Coquelet«.

13.9 Funkverbindungen über Satelliten

Die Satellitenfunkverbindungen sind im Vergleich mit den anderen Arten der Nachrichtenübertragungen ein technisches Gebiet, dass unmittelbar mit der Erschließung immer höheren Frequenzbereiche und deren Nutzung im Zusammenhang steht, weil die höheren Frequenzbereiche größere Bandbreiten und damit hohe Übertragungsgeschwindigkeiten zulassen.

Der Nachteil dieser hohen Frequenzen über 30 MHz besteht darin, dass sie sich quasi-optisch ausbreiten, also nicht der Erdkrümmung folgen wie die Frequenzen bis 3 MHz, bzw. eine Reflexion der Wellen bis 30 MHz in der Ionosphäre erfolgt. Die hohen Frequenzen mit den besseren Übertragungsparametern sind also immer nur in »Sichtweite« der Antennen untereinander übertragbar. Größere Reichweiten erreicht man durch den Einsatz von Umsetzern. Doch bei der drahtlosen Signalübertragung mittels Umsetzer ist eine entscheidende Besonderheit zu beachten: Die Zahl der Umsetzer vergrößert sich in Abhängigkeit von den konkreten landschaftlichen Bedingungen. So hilft man sich in bergigen Gebieten oder bei anderen Hindernissen mit zusätzlichen Umsetzern.

Die Nachteile der terrestrischen Nachrichtenübertragung erkennend, begann man bereits in den 60er Jahren damit, künstliche Bedingungen für die Reflexion der elektro-magnetischen Wellen im Weltraum zu schaffen. Das waren Ballons mit einer metallisierten Außenhaut. Das Signal wurde über Richtantennen von der Erde aus zum Ballon gesendet, reflektiert und auf die Erde zurückgestrahlt. Nun konnte das Signal von oben, also extraterrestrisch, empfangen werden. Bekannt geworden sind die Ballons »Echo I« und »Echo II« der USA. Die Ballons hatten einen Durchmesser von 30 bzw. 41 m und befanden sich in einer Höhe von 1.600 bzw. 1.320 km. Die Abbildung 607 beinhaltet weitere technische Angaben.

Auf die Ballonaußenhaut aus dem Kunststoff Mylar war die reflektierende Aluminiumschicht aufgebracht. Bei »Echo II« ganze zwei Kilo. Beide Ballons dienten umfangreichen Forschungszwecken. Im Mittelpunkt stand dabei die Übertragung unterschiedlicher Signalarten. Bereits mit »Echo I« stellte man zahlreiche Funkverbindungen über mehrere tausend Kilometer her.

Die umfangreichsten Experimente fanden zwischen der West- und der Ostküste der USA statt. Für etwa 16 Minuten war »Echo I« von beiden Standorten, Hohndel im Osten und Goldstone im Westen, »sichtbar«. Gesendet hat man auf 960 bzw. 2.390 MHz mit einer Senderausgangsleistung von 10 kW. Die Ergebnisse waren sehr zufriedenstellend, da sich die theoretischen Berechnungen nur unwesentlich von den praktischen Ergebnissen unterschieden.

Mit »Echo II« fanden erstmals experimentelle Fernsehübertragungen zwischen den USA und dem Zemanki-Observatorium im sowjetischen Gorki statt.

Ein weiterer Weg der passiven Signalretranslation besteht in der Nutzung des Mondes als Reflektor, sogenannte Erde-Mond-Erde-Verbindungen (EME) der Funkamateure, oder auch von Meteoritenschwärmen (Scatterverbindungen). Bei den Scatter-Verbindungen übernimmt ein Metereoitenschwarm die Reflexion der elektro-magnetischen Wellen. Ihre Flugbahnen stehen unter Beobachtung und sind berechenbar. Diese Angaben bilden den Ausgangspunkt für den Aufbau von Funkverbindungen.

Mit dem Start von Sputnik 1 am 4. Oktober 1957 vollzog sich eine sehr rasche Entwicklung auf dem Gebiet der Raumforschung in der Sowjetunion und den USA. Bereits am 3. November 1957 startete Sputnik 2 und am 31. Januar 1958 Explorer 1 (USA). Zwischen dem 4. Oktober 1957 und dem 7. August 1961 brachte die Sowjetunion 13 und die USA 28 Satelliten auf eine Umlaufbahn. Sie dienten hauptsächlich Forschungszwecken, besonders der Erkundung der Erdatmosphäre (Temperaturen, Druckverhältnisse, Strahlungen).

Mit Wostok 1 flog am 12. April 1961 erstmals ein Mensch in den Weltraum – der Fliegerkosmonaut Juri Gagarin. Während er nur einmal die Erde umkreiste, vollzog das German Titow mit dem am 6. August 1961 gestarteten Raumschiff Wostok 2 bereits siebzehnmal. Nachdem genügend erste praktische Erfahrungen auf dem Gebiet der Raumfahrt vorlagen ging man dazu über, weitere Anwendungsgebiete zu erschließen.

Die Funkverbindungen zwischen Bodenstationen und Satellit oder über Satelliten begannen bereits bei Sputnik 1 am 4. Oktober 1957. Die Sendefrequenz lag bei 20 MHz, also im HF-Bereich. Diese Signale wurden auch in der DDR empfangen und auf Magnetband aufgezeichnet. Auch bei den ersten bemannten Raumflügen waren die Raumkapseln mit HF-Sendern ausgerüstet, deren Signale gepeilt und für die Standortbestimmung zusammengefasst wurden. Sie dienten den Sucheinheiten für das schnelle Auffinden der in den Kapseln befindlichen Kosmonauten nach der Landung.

Die militärische Verwendung von Satelliten durch die NATO, vor allem aber die USA, war zu erwarten. Hier interessierte ihr Einsatz für die Kommunikation und sogenannte Datensammelplattformen. Ab 1961 begannen die USA mit dem Einsatz von Aufklärungssatelliten. Zwischen 1961 und April 1970 sollen es etwa 295 gewesen sein. Ab 1962 standen dabei Satelliten vom Typ »Ferret« zur Verfügung. Sie dienten der Überwachung und Speicherung des Funkverkehrs. Die Daten vom Satelliten empfingen Bodenstationen auf Hawaii, in Kalifornien und in New Hampshire. Das Gewicht des Satelliten betrug 56,57 kg und er hatte einen Durchmesser von 90cm.

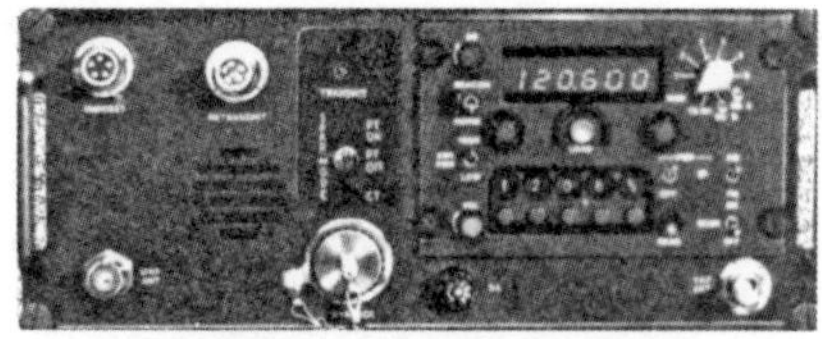

Oben: Satellitenfunkgerät AN/URC-100 von Motorola. Links: Das satellitengeschützte Funkgerät AN/URC-100 als »Manpack«, also als Rucksack

Ab 1976 kam eine neue Art von Spionagesatellit der USA zum Einsatz, der KH-11. Dieser Satellitentyp lieferte im Echtzeitbetrieb Bilder an die Bodenstelle. Motorola entwickelte dafür militärische satellitengestützte Kommunikationstechnik, etwa tragbare Sprechfunkgeräte. Als Beispiel sei das ab 1981 eingesetzte Gerät AN/URC-100 bzw -101 genannt. Das Gerät verfügte über 8.360 Kanäle in den Frequenzbereichen von 30 bis 88 MHz und von 225 bis 400 MHZ oder von 116 bis 150 MHz und 225 bis 400 MHz.

Die Funkverbindungen liefen über geostationäre Satelliten.

Die mögliche Verwendung von Satelliten für militärische und geheimdienstliche Funkverbindungen Erde-Satellit-Erde war offenkundig. Ein Kriterium ist die Auswahl der Satellitenbahn.

Satelliten kreisen in geostationären (36.000 km), niedrigen (2.000 km) und elliptischen (1.700 bis 30.000 km) Umlaufbahnen

Zunächst sind die Hörbarkeitszonen auf der Erde für alle Satellitenbahnarten zu berechnen. Diese ergeben sich durch die Erdkrümmung. Sie werden mathematisch, ohne Berücksichtigung der beim Satelliten vorhandenen Antennen mit konkreten Öffnungswinkeln berechnet. Je höher die Flugbahn, umso größer die Hörbarkeitszone auf der Erde. Sie ist entscheidend dafür, dass Funkverbindungen Erde-Satellit möglich sind und wenn ja, zu welcher Uhrzeit und wie lange.

Satelliten auf geostationären Bahnen

Diese sind über der Äquatorachse in einer Höhe von ca. 36.000 km positioniert. Ihre Umlaufgeschwindigkeit entspricht der der Erde und damit stehen sie quasi immer am gleichen Standort. Mit drei um je 120° versetzten geostationären Satelliten wäre die Erdoberfläche theoretisch für den Funkverkehr abgedeckt. Das entspricht einem Radius der Hörbarkeitszone von über 9.000 Kilometern. In diesem Gebiet können jederzeit Funkverbindungen aufgebaut werden.

Satelliten auf niedrigen Bahnen

Die Hörbarkeitszonen verkleinern sich bedeutend, je niedriger die Erdumlaufbahn des Satelliten. Bei einer Bahnhöhe von 230 km ergibt sich eine Hörbarkeitszone mit dem Radius von 1.700 km.

Diese Gebiete überfliegt der Satellit nur zu bestimmten Zeiten für eine definierte Zeitdauer bei sich gleichzeitig verändernder Entfernung zum Senderstandort. Es können demzufolge nur zu bestimmten Zeiten für eine gewisse Zeitdauer Funkverbindungen aufgebaut werden. Das führt auch zur ständigen Änderung der Signalfeldstärke an der Empfangsantenne des Satelliten.

Die Bahnhöhe entscheidet auch über den Zeitplan für Funkverbindungen. Eine annehmbare Lösung besteht darin, dass sich der Satellit immer zu gleichen Zeiten am gleichen Ort befindet. Das wäre z. B. für eine Umlaufdauer von 120 Minuten der Fall, was einer Bahnhöhe von etwa 1.700 km entspricht. Die Hörbarkeitsdauer des Satelliten ändert sich entsprechend dem Bahnverlauf. Sie kann zwischen einigen Sekunden bis zu mehreren Minuten betragen. Bei der Bahnhöhe von 1.000 km beträgt das Maximum, also wenn die Bahn direkt über den Senderstandort führt, etwa 15 Minuten.

Außer den aufgeführten charakteristischen Merkmalen, die bei den Funkverbindungen über Satelliten zu berücksichtigenden sind, gibt es eine zu beachtende Besonderheit. Befindet sich ein Satellit in der Hörbarkeitszone, dann tritt beim Empfang von Satellitensignalen der Doppler-Effekt auf. Die Empfangsfrequenz ändert sich in Abhängigkeit von der relativen Geschwindigkeit zwischen Sende- und Empfangsort.

Satelliten auf elliptischen Bahnen

Die Hörbarkeitszone ist auch hier von den Bahnparametern abhängig. Sie ändert sich ständig, da sich auch die Bahnhöhe ständig verändert. Diese Bahnart ermöglicht Funkverbindungen über längere Zeit.

Die relativ geringe erforderliche Senderleistung für die Funkverbindungen zu

Satelliten (*uplink*) auf niedrigen Umlaufbahnen lässt sich auch auf größere Entfernungen reproduzieren. Wenn mit 1 Watt Senderleistung Entfernungen von 8 000 km überbrückbar sind, dann kann mit entsprechend höheren Senderleistungen für Militärfunkgeräte auch ein geostationärer Satellit in 40.000 km Entfernung erreicht werden.

Das sollte sich durch die Feststellung von US-Sonden auf dem Territorium der DDR in den 80er Jahren bestätigen. Diese Sonden sendeten im UHF-Bereich. Sie sollten Fahrzeugbewegungen im Umfeld von Garnisonen melden, radioaktive Strahlungen messen und elektro-magnetische Strahlungen erfassen. Die Entdeckung dieser Sonden sollte durch verschiedene optische Tarnungsmethoden verhindert werden. Bekannt geworden ist ein elektronisches Aufklärungsgerät in der Form eines aus Plaste geformten Baumastes von etwa einem Meter Länge. Er war farblich und von der Formgebung von echten Ästen nicht zu unterscheiden.

Eine andere Art von Sonde in der DDR stellte auf einer Pressekonferenz im November 1989 das MfS/Amt für Nationale Sicherheit vor. Diese waren etwa 20 cm tief in der Erde vergraben. Nur hauchdünne Drähte, die Antennen und das Gegengewicht, befanden sich über der Erde. Die Antennenhöhe konnte verstellt werden, um bei der Tiefe des ausgehobenen Erdreichs flexibel zu sein. Im Inneren befanden sich die kompakte Elektronik und die Stromversorgung.

Das vollautomatische elektronische Aufklärungssystem registrierte über die integrierten Sensoren Erschütterungen von Fahrzeugen und konnte diese klas-

Im Herbst 1989 in der DDR aufgefundene Sonde und deren Stromversorgung. Mit ihr wurden militärische Objekte via Satellit ausgespät

sifizieren, die Daten speichern und zu einer Meldung zusammenfassen, die dann über Funk an einen Satelliten gesendet wurden. Der Transponder des Satelliten gab die Informationen an die Bodenstation auf einer anderen Frequenz weiter. Bei dem Satelliten handelte es sich um einen geostationären, was aus der Analyse der empfangenen Sendungen hervorging. Sie fanden teilweise in einem Abstand von einer Stunde statt, was für elliptische und niedrige Satellitenbahnen aufgrund der daraus resultierenden Bahnhöhe nicht möglich und nicht zweckmäßig ist. In diesem Fall wurde Marisat 1 (Atlantik 15° W) ermittelt.

Die Sendedauer betrug in Abhängigkeit vom Informationsumfang etwa zwischen einer und 2,5 Sekunden. Die verwendete Modulationsart war PHDM (Phasen-Differenzmodulation) mit einem Phasensprung von 135°. Dieser völlig unübliche Phasensprung sollte wohl die Erkennung einer Bitstruktur unmöglich machen oder zumindest sehr erschweren.

Natürlich ergab sich sofort die Frage, wer sich dieser technischen Spionagemittel bediente. Es war der zentrale Geheimdienst der US-Landstreitkräfte mit dem Hauptsitz in Arlington Hall Station/Virginia, der *Intelligence and Security Command* (INSCOM). Die Sonden waren vergraben an militärischen Objekten der NVA und der Sowjetarmee in der DDR.

Stiftung Deutsches Technik-Museum Berlin, AEG-Telefunkenarchiv; Kommunikationsmuseum und Archiv Berlin; Sender- und Funktechnikmuseum Königs-Wusterhausen; Archiv der Funkstadt Nauen; Festschrift »30 Jahre Telefunken«, Festschrift »30 Jahre Lorenz AG«, Festschrift »100 Jahre Sender Nauen«, 2006; Akte des Reichskolonialamts: drahtlose Telegrafie, Deutsch-Südwestafrika; Akt. Nr. 1933: Telegramm von Flaskamp in Warmbad an Kommando der Schutztruppe in Karibib, 3. Mai 1906; Archiv des Autors; Bayer M.: Mit dem Hauptquartier in Südwestafrika, Berlin 1909; Bollé, M.: Die Großfunkstation Nauen und ihre Bauten von Hermann Muthesius, Berlin 1996; Chef der Feldtelegrafie: Behelfsmäßige Mast- und Antennenbauten der Funkertruppe, Kattowitz 1917; C. Lorenz AG: 25 Jahre Drahtlose Abteilung. o. O., o. J.; C. Lorenz AG: Kleinfunkgeräte und kommerzielle Empfänger, o. O., o. J.; C. Lorenz AG: Die Entwicklung der Lorenz-Kurzwellensender, o. O., o. J.; Eltester: Nachrichtentruppen in der Schlacht bei Tannenberg-Funkstationen 1937. o. O., o. J.; Flaskamp P.: Tätigkeit der beiden Funkentelegraphen-Abteilungen in Südwestafrika 1904-1907, Berlin 1910; Fuchs, F.: Merkblätter zum technischen Unterricht über drahtlose Telegrafie, München 1915; Günther, H.: Telegraphie und Telephonie, Stuttgart 1912; Hilfsbuch für die Ausbildung des Landfunkers, o. O., 1916; Kampe, H.-G.: Nachrichtentruppe des Heeres und Deutsche Reichspost, o. O. 1999; Leutwein, T.: 11 Jahre Gouverneur in Deutsch-Südwestafrika, Berlin 1906; Murray, O.: The Secretary of Admirality, London August 1912; Polatzek, M.: Die physikalisch-technischen Grundlagen des Funkwesens, Leipzig 1925; Rothammel, K.: Antennenbuch, Berlin 1979; Schmidt, W./Werner, H.: »Geschichte der Deutschen Post in den Kolonien und im Ausland«, Leipzig 1939; *Telefunken-Zeitungen,* Berlin 1911-1922; V. Liebscher: Relais AeroLit, o. O., 2008; Norbert Juretzko: Bedingt dienstbereit, Ullstein Verlag; G. K. Weiße: Geheime Funkaufklärung in Deutschland, o. O., o. J.; R. Felber/D. Weidemann: Asien. Kleines Nachschlagwerk, o. O., o. J.; G. Breme/H. Kramer: Afrika. Kleines Nachschlagwerk , Berlin o. J.; R. C. Dixon: Spread Spectrum Systems, New York o. J.; Klaus Behling: Der Nachrichtendienst der NVA, edition ost, Berlin 2005; Klaus Eichner/Gotthold Schramm: Angriff und Abwehr, edition ost, Berlin 2007; W. Ritter von Schramm: Geheimdienste im 2. Weltkrieg, München 2002; Vollzugsordungen für den Funkdienst Atlantic City 1947, Frankfurt am Main 1950; Erich Schmidt-Eenboom: Der BND, München 1997; J.Piekalkiewicz: Spione-Agenten-Soldaten, München 1992; A. I. Pali: Funkelektronischer Kampf, Militärverlag, Berlin 1986; R. Grabau Funküberwachung und elektronische Kampfführung, Stuttgart 1986; Limbach: Nachrichtenverbindungen mit Kampfschiffen, Militärverlag, Berlin 1988; I. S. Kukes/M. E. Starik: Grundlagen der Funkpeilung, Moskau 1964; W. A. Wartenesjan: Funkpeilung, Moskau 1967; Sch. G. Schlijonskij: Untersuchung der Ausbreitung der Kurzwellen, Moskau 1973; L. J. Kantor: Satellitenfunk, Moskau 1981; W. I. Alexejew: Funknavigation, Moskau 1978

Inhalt